JN492739

Health family theory

[개정판]

건강가정론

곽미정 박상진 손경화 오현숙 윤동화 전대성 정명희 공저

양 성 원

머리말

인간은 가정을 통해 성장하면서 경험하는 심리적 역동관계 및 애착관계 등의 이해와 함께 인간을 둘러싼 생태 에너지의 흐름과 사회적 관계를 포함한 전반적 성장과정을 학습하게 된다. 즉, 인간 개인 간의 심리, 정서적 문제를 함께 나누는 과정은 인간에게 매우 중요하다. 또한 인간의 생활 및 성장과 관련하여 교류하게 되는 총체적 에너지 교환과 환경을 조망하는 기본에 건강가정이 있다. 즉, 인간을 둘러싼 가정과 환경에 대하여 가정을 중심으로 하여 인간과 환경 간의 상호작용의 과정에 대한 창의는 중요하다.

인간은 가족 내에서 사회성을 배우며 성장하고 부모와 자녀 및 형제간의 관계를 통하여 상호 이해와 신뢰관계를 통하여 성장하게 된다. 이러한 성장과정을 통해 심리와 정서의 상태가 영향을 주고받는 가운데 사회화와 역할 모델링 등이 일어나며 이를 통하여 경험하는 가정은 매우 중요한 의미를 갖는다고 할 수 있다. 즉, 인간 개인이 살아온 경험과 가치관은 자신의 가족의 환경과 사회에 영향을 주며 소속한 사회를 통하여 다시 영향을 주고 받게 되므로, 인간 간의 상호관계의 기본인 가정에 대한 학습은 한 개인뿐 아니라 사회적으로도 국가의 미래에 있어서도 매우 가치가 있으며 탐구해 나가야 할 영역으로 현대사회에서 더욱 중요시되는 부분이다.

따라서 고도 성장의 시대에서 소외되기 쉬운 인간의 심리의 탐구의 근간에서 인간의 애착관계를 형성하게 되는 가정에 대한 학습은 더 높게 평가되고 있으며 이를 바탕으로 다양한 인간에 대한 이해의 근간이 될 것이다. 한편으로는 인간 개인의 차원에서도 배우자의 선택이나, 스스로 더 나은 인간 및 사회인이 되기 위한 가정에서의 준비과정은 다른 어떤 성취 과제보다 중요하며 이에 대한 기본은 가정을 통하여 학습된다. 특히 인간 간의 관계에 있어서 올바른 관계 형성은 개인과 개인의 사이에 대한 관계성을 바탕으로 하므로 향후 공동 생활을 하게 되는 사회에도 영향을 미치게 된다. 이는 인간의 자아실현과 행복추구, 건강 증진 등에 중요한 영향을 미치며 개인과 사회의 밀접한 두 영역 간의 교류에 있어서 모두 중요한 삶의 과정이라 할 수 있다. 인간은 태어나서 일련의 발달과정을 거치며 궁극적으로 한 개인이 도달해야 하는 "일생동안 잘 살았다"라고 하는 자아 통합감을 이루게 되는데 이는 개인 자신의 단독으로 이루어지는 것은 아니며 가정에서 기본적 관계가 형성되며 차후 이루어지는 만남과 관계 속에서 총체적으로 이루어지는 사회적 상호작용의 결과이기도 하다.

그러므로 건강가정의 학습은 개인의 신체적 · 정서적 건강 유지, 능력개발, 자아실현 등을 바탕으로 개인이 특유의 성장과정을 거치면서 사회와 사회 구성원들 간의 원활한 의사소통에 기여하는 상호관계의 학습에 도움을 주며, 개인이 타인에 대한 배려를 배우고 책임감 있는 사회인으로의 성장하도록 하는 것에 도움을 줄 것이다. 따라서 이러한 학문의 이해는 인간이 사회와 소통하는 기본 원리를 배우고 인간의 신뢰감의 배경을 배우며, 개인적으로 추구하는 자아실현을 촉진하는 과정을 다루게 되므로 가정과 관련하여 인간을 이해하는 가장 중요한 과정이 될 것이다.

2023년 8월

저자 올림

차 례

건강가정의 개념

Chapter

01

1 건강가정의 개념

가정의 건강은 사회의 건강과 밀접한 관련이 있다. 한 가정이 건강하게 기능할 때 사회가 건강할 확률이 높아진다. 모든 인간은 건강하게 성장할 권리를 가지며 이는 사회와 무관하지 않다. 세계 인권선언(Universal Declaration of Human Rights, 1948)의 제1조에 "모든 인간은 태어날 때부터 자유롭고 존엄성과 권리에 있어서 평등하다."라고 정의내리고 있고, 우리나라 헌법 제35조에서는 인권으로 모든 국민이 건강하고 쾌적한 환경에서 생활할 권리가 있으며 국가는 국민들이 권리를 누릴 수 있도록 보호할 의무가 있다고 하였다. 또한 헌법의 제10조는 "모든 국민은 인간으로 존엄과 가치를 지니며 행복을 추구할 권리를 가지고 국가는 개인이 가지는 불가침의 기본적 인권을 확인하고 이를 보장할 의무를 지닌다."고 명시하고 있다. 이러한 인권의 개념은 인간이 천부적인 인권을 가지고 있으며 인간의 존엄과 가치를 토대로 행복하게 살 권리를 가지고 있음을 뜻한다.

1) 사회구조의 변화와 인간의 성장

인간에게 있어서 가정은 인간이 성장하는 장소이자 인간과의 기본적인 관계, 애정, 신뢰와 정서를 배우고 느끼고 학습하는 곳이며, 가족구성원 간의 관계 및 의사소통 방식은 사회에서의 소통과도 밀접한 관계가 있다. 이것은 가족 간의 상호작용의 중요성과 함의를 가지고 있으며 현대사회에서 사회 속에서의 상호작용의 관계를 통하여 가족의 건강성이 지니는 중요한 기능을 설명하고자 하는 움직임이 일어나고 있으며 개인은 가정을 통하여 성장하고 가정은 사회 안에서의 기본 단위인 공동체라는 개념으로 건강가정을 접근하고 있다.

가족은 구성원 간의 역동성을 전제로 가정 외에도 경제, 환경과의 관계를 통하여 다양한 사회와의 역동적 체계들이 함께 하는 공동단위로, 가정은 성장 및 재생산하는 공간이기도 하다. 그러므로 가정은 권리와 의무가 공존할 뿐 아니라 사회환경과의 연계와 같은 특수성을 동시에 지닌다. 따라서 가족구성원 간의 갈등이나 사회적 관계, 경제관계, 심리적 상황은 다른 구성원에게도 매우 밀접한 영향을 미치게 되며, 따라서 한 사회와 국가에서 가정의 건강이 가지는 함의는 매우 크다.

2) 다양한 인간에 대한 이해

현대사회에서 도시화, 핵가족화에 따른 가족구조의 변화는 산업화에 따른 인간 소외현상을 가져왔으며 이러한 시기 일수록 가족의 건강성은 더욱 중요한 개념으로 평가를 받고 있다. 가족이 건강함을 유지하지 못했을 경우에는 각종 사회문제가 발생하게 된다.

첫째, 인구사회학적인 문제로 결손가족이나 가족의 구성원 관계의 문제가 발생하는 경우에는 상호 영향을 주고받으므로 가족의 심리적 혹은 경제적인 갈등의 문제가 발생할 수 있다. 둘째, 심리적 문제로는 부부체계, 부도자녀관계, 형제관계 등의 상호작용이나 의사소통 간의 관계로 인하여 가족의 문제가 발생할 수 있다. 셋째, 환경의 구조적인 요인으로 인하여 가족의 문제로 신빈곤이나 워킹 푸어(working poor)의 문제가 일어날 수 있으며 이 경우에는 특히 가족정책과 건강가정지원책을 통하여 사회적인 지원이 강화될 필요가 있는 분야이다.

우리나라는 여성의 경제활동 참여의 증가와 도시화 이후의 개인주의적 관점은 전통적 가족역할과 상충하는 부분이 있어 각종 가족문제에 대한 이해가 필요하다. 이혼 등으로 인한 결손가정의 증가는 또 다른 사회문제와 연결되어 있으며 따라서 가족정책에 대한 올바른 이해가 필요하다.

3) 사회에서의 건강가정의 역할

가정은 '사회의 기본 단위'이며 '사회의 재생산의 단위'이기도 하다. 가정을 통하여 사회 내에서 경제 및 심리적인 기본 역할을 담당하기도 하므로 사회에서 발생하는 각종 문제의 근원이 되기도 하므로 어느 일면 사회의 중요한 기능을 가족이 담당하게 된다. 가족을 통한 심리 및 정서 그리고 사회적 관계 형성은 인간의 성장에 있어서 그 만큼 중요하다. 그 만큼 가족이란 사회에도 영향을 미치며 밀접한 연관을 갖는다.

따라서 가정은 가족의 구성원들에게 성장을 위한 터전이 되어야 하며 관계 속에서 신뢰감을 배우고 자율성과 균형을 배우는 곳이어야 한다. 이것은 사회적인 상호관계성도 크다. 현대사회에서의 각종 가족문제는 개인의 가족 내에서의 문제뿐 아니라 사회적인 차원에서도 중요하게 인식되어야 한다.

4) 가정과 문화의 이해

배우자의 결합에 따른 혼인형태는 통상적으로 성인 남녀의 일대일 결혼인 경우가 많으나 사회에 따라 일대 다수의 형태로 가족이 구성되는 문화권도 존재한다. 이때 전통적으로 각각 성별로 1인씩의 결혼형태는 단혼제에 속하며 이는 일부일처제(monogamy)라 칭하고, 배우자 중 한 사람이 동시에 1인 이상의 배우자와 결혼하는 경우는 복혼제(polygamy)라고 칭한다.

복혼제는 다시 일부다처제(polygyny)와 일처다부제(polyandry)로 구분된다. 일부다처제의 사회는 주로 아랍, 북아시아, 아프리카, 중앙아시아, 미국원주민 사회의 문화에서 찾아볼 수 있으며 고대 동양사회의 축첩(蓄妾)(concubinage 의 풍습에서는 정실과 부실로 아내의 지위를 구별하기도 한다. 그 밖에 일처다부제는 티베트의 하층, 태평양의 마키저스도민, 인도의 일부 소수에서 발견되기도 한다.

또한 가계의 형태에 따라 우리나라나 중국, 일본 등의 친족의 부계혈통에 의한 계승이 이루어질 경우는 부계제(patrilineal system), 인도나 일부 아프리카의 예에서와 같이 모계의 혈통에 의할 때는 모계제(matrilineal system)라 칭한다. 또한 상황에 따른 선택이 가능한 경우에는 양계제(bilineal system)라고 한다.

그 밖에 현대사회에서는 독신가족의 비율도 증가하고 있는데, 독신을 선택하게 되는 이유는 경제적 사유도 있으나 부양가족의 부담이 없이 자유로운 여가생활과 직업에 대한 소신 있는 결정, 친구 및 취미생활 유지에 있어서의 장점으로 자발적으로 독신을 선택하는 경우도 증가하는 추세이며 다양한 가족이 존재하게 된다. 다문화가 중시되는 현대사회에서는 시대와 사회와 문화를 이해하는 것도 중요하며, 문화에 따른 가족의 형태에 대한 관념보다는 구성내용에서의 건강성이 중요할 것이다.

2 건강가정을 위한 가족복지서비스

1) 건강가정지원서비스의 필요성

국가와 사회의 미래와 결부되어 있는 건강가정지원서비스는 산업화 이후 전통적인 가부장제도의 변화에 따른 여성의 '노동시장 참여'로 인한 사회진출, 평균 수명의 연장에 따른 사회구조의 변화, 다양한 가족형태의 양산으로 인하여 산업사회의 자본주의 사회에서 초래될 수 있는 가치관의 영향을 받기도 하며 다양한 변동을 배경으로 역동적인 사회에서 건강가정의 중요성이 더욱 강조되고 있다.

2) 건강가정지원서비스의 목적

건강가정을 지원하는 것은 한 국가에서 건강한 시민이 양성된다는 것이고 이것은 국가 경쟁력과 매우 밀접한 연계를 갖는다. 사회 내 구성원이 건강하게 성장한다는 것의 의미는 국민이 사회적으로 건강할 때 각종 사회비용을 더 생산적인 영역에 투자할 수 있다는 것을 의미하기도 한다.

따라서 가족의 기능을 회복하고 지속적인 자원의 연결은 향후 사회에서 건강한 역할을 개인이 수행하게 되는 사회와 개인의 선순환을 가져오게 된다. 복지선진국인 스웨덴의 경우에는 아동수당제나 보육서비스 그리고 가족 친화 가족복지서비스를 통하여 가족복지를 실천하고 있다.

건강가정지원서비스는 소극적으로는 직접적이며 사후 치료적인 관점으로 접근될 수도 있겠으나 보다 거시적으로 가족복지정책 등을 통하여 가족문제의 예방과 보호적 차원으로 건강가정을 실현하는 접근이 될 수도 있다. 건강가정지원정책은 가족구성원의 건강한 성장과 발달을 도울 뿐만 아니라 궁극적으로 건강하고 경쟁력 있는 사회를 구현하는 바탕이 될 것이다.

3 다양한 가족의 이해

1) 가족제도

오늘날 우리 사회는 다문화사회의 도래에 따라 다양한 민족이 가지고 있는 각각의 문화적 배경을 이해하는 것이 중요하며, 특히 우리나라와 인접한 동남아 각국으로부터의 인구 유입으로 인하여 각 나라의 독특한 가족과 종교에 대하여 이해할 필요가 있다. 각각의 국가는 자국의 독특한 사회구조적인 특징과 역사적 배경의 산물임을 이해해야 하며 각국의 사회제도의 이해를 위해서 배경요인을 먼저 이해하는 것이 다문화가족의 이해에 선행되어야 한다.

우리나라 다문화여성이 속해 있는 동남아시아의 인도네시아, 말레이시아, 필리핀, 싱가포르, 태국 등의 가족문화적 배경을 살펴보면, 이들 5개국은 지리적으로 인접하여 동남아 국가연합(ASEAN)을 구성하고 있으며 역사와 사회 및 문화적으로 다양한 모습이다. 이들 국가들은 민족적 · 지리적 위치나 식민지 경험의 유무 및 경제발전의 정도에 있어서 차이가 있는데, 이러한 차이는 각 나라의 고유한 가족과 사회의 변화에 영향을 주고 있다.

이들 가족제도를 살펴보면 말레이시아, 필리핀, 싱가포르의 경우는 원주민이 말레이 족이라는 점에서 공통점 이외에도 제도적으로 유사점이 많다. 먼저 싱가포르의 경우는 말레이 반도의 끝에 위치하여 40년 전만 해도 말레이의 일부였다. 그러나 말레이인들의 가족제도는 우리나라나 중국의 가족제도와 매우 다르다. 말레이 가족은 양계(bilinear)로 양친의 친척을 구분하지 않고 똑같이 중요하게 여긴다. 그리고 말레이인들은 조혼의 특징으로 여자는 16세 이전에 결혼을 하며 남자는 이슬람법에 의하여 4명의 부인과 결혼할 수 있는 것으로 되어 있다. 전통적 차원에서 보면 이혼은 남편의 권리로 받아들여져서 이러한 결혼관습 때문에 이혼율이 높으며 일부 지방은 결혼 1~2년 내에 이혼하는 비율이 전체 결혼의 1/3에 이른 적도 있었다. 그러나 말레이족의 가족제도는 최근 변화를 겪고 있는데, 핵가족화되는 추세로 평균 가구원 수도 감소하여 싱가포르의 말레이 가족은 핵가족이 80%를 넘어섰고 말레이시아의 말레이 가족도 핵가족을 선호하고 있는 추세이다. 말레이시아에서는 도시보다 농촌이 핵가족의 비율이 높은데, 농촌이 가옥구조가 단순하여 신혼부부가 살림을 차리기 쉬운 반면 도시는 주거비용이 높아 여러 사람이 함께 사는 경우가 많다. 또한 싱가포르는 말레이인의 경우는 무슬림법에 따라 여성은 16세가 되면 결혼이 가능하나 실제로 여성 혼인 연령이 1981년도에는 24세였으며 1991년에는 26세로 증가하고 있으며 우리나라와 같이 점차 초혼 연령이 늦어지고 있다.

또한 일부다처의 관습도 불법은 아니지만 현대 산업사회의 생활에 맞지 않아 일반적 현상은 아니다. 싱가포르의 경우는 이슬람교도들의 경우에 남편이 일방적으로 이혼을 성립시키던 전통에서 법적으로 정당한 사유가 있을 경우만 이혼을 허용하고 있어, 극단적인 경우를 제외하고는 결혼한 지 3년 내에 이혼신청을 할 수 없도록 함으로써 말레이인들의 이혼율을 사회적으로 낮추었다. 그러나 이런 여러 조치로 1990년대까지 이혼율이 줄었으나 현대사회에서는 다시 싱가포르 사회가 선진산업사회로 변화하면서 여성의 지위가 향상되고 결혼에 대한 태도가 변화하여 이혼율이 증가하고 있기도 하다.

중국의 가족제도는 우리나라와 비슷하다. 중국의 이상적인 가족형태는 확대가족이며, 가계를 중요시하고 우리나라처럼 가부장적 권위를 존중한다. 즉, 결혼한 아들이 부모 집에 거주하면서 가계를 잇는 부계의 주거형태가 결혼의 이상적인 형태이다. 또한 중국인의 관습도 일부다처제를 허용하고 있어 일부 부유층에서는 첩을 거느린 경우도 있으나 중국의 가족은 구성원 간의 결속력이 강하고 안정되어 이혼율이 낮은 편이다. 그러나 싱가포르와 말레이시아에 이민 온 중국인은 이민 초기부터 농촌의 가난을 벗어나고자 고무농장이나 부두의 막노동자로 이민 온 중국이민자 1세들의 경우에는 젊은 독신 남성이 많다. 그들은 미혼도 있고 결혼한 가족을 고향에 두고 혼자 온 사람도 있다. 이들은 경제적인 어려움으로 고향의 가족을 데려올 수 없거나, 남아 선호사상으로 성비율의 불균형으로 결혼하지 못한 경우도 많다.

인도사회의 특징을 살펴보면 카스트제도는 인도인을 엄격한 신분집단으로 구분하여 가족제도에 영향을 주는데, 이는 식사규칙과 결혼규칙 등에서 하나의 힌두교 절을 중심으로 공동체를 이루어 같은 절에 소속되어 같은 신을 믿는 구성원들은 친척으로 간주되므로 통혼하지 않는다. 이들 말레이시아와 싱가포르에 이주한 인도인들은 사정이 중국인들과 비슷하여 이민 초기는 독신가구가 많고 그 후는 핵가족이 전형적인 가족형태이다. 필리핀의 가족제도도 기본적으로 핵가족을 단위로 하며 민다나오 섬 남단의 이슬람교도들은 일부다처제를 허용하기도 하지만 인구의 90% 이상이 기독교도들로 일부일처제의 관습과 핵가족을 선호한다. 또한 친족범위도 결혼한 부부를 중심으로 양쪽의 종교적인 대부(Godfather)와 대모(Godmather)도 포함되어 비교적 넓다. 필리핀은 피임이나 임신중절을 반대하는 가톨릭의 영향으로 평균 가구 수가 많은데, 필리핀인들의 전통적인 조혼관습도 출산율을 높이는 원인이다. 그 밖의 문화와 전통도 우리나라와 다른 면이 많아 그에 대한 이해가 필요하다. 세부적으로는 어떠한 차이가 있는지 살펴보는 것도 다문화가정을 이해하는 데 도움이 된다.

2) 종교제도

종교제도를 보면 인도네시아는 헌법상에서는 종교의 자유를 인정하나 인구의 90%가 이슬람교를 믿으며, 불교, 힌두교, 기독교 등이 형성되어 있으나 이슬람교의 사회적 영향력은 크다. 인도네시아의 경우는 외래의 종교문화를 그대로 수용하기보다 자국에서 독특한 문화양식을 형성하였다. 필리핀은 인구의 90% 이상이 기독교도이고, 이슬람교도는 5% 정도이다. 기독교는 스페인 통치시대에 국내로 들어온 로마 가톨릭교가 지배적이다.

이에 반해 태국은 불교왕국이라 불리는 만큼 불교가 차지하는 비중이 커서 전체인구의 95%가 불교이다. 태국의 불교는 중국이나 우리나라의 대승 불교가 아닌 소승 불교로 남자는 일정기간 절에서 승려로 지내기도 한다. 이에 20세 미만의 남자는 일정기간 동안 수련 승려로 지내거나 전체 성인남자의 2/3 정도가 승려기간을 거친다.

말레이시아와 싱가포르는 모두 다민족 사회이자 다종교 사회다. 말레이시아는 전체 인구 가운데 이슬람교 50%, 불교 20%, 유교 10%, 힌두교 10%, 기타 10% 정도로 구성된다. 싱가포르의 다수 민족은 중국인으로, 중국의 종교는 유교, 불교, 도교 및 토속신앙의 성격을 수용한다.

동양의 사상에 영향을 많이 미치고 있는 유교는 가족관계를 중시하며 도교는 사회적 제약으로부터 벗어나 수양과 덕을 쌓을 것을 강조하지만 불교는 인간의 삶이 윤회와 업보의 개념을 통해 설명되며 극락에 갈 수 있는 방법을 제시하고자 하여 가족사상에도 영향을 미치고 있다.

한편, 말레이시아와 싱가포르에서 소수자 인도인들의 종교는 힌두교이다. 힌두교는 여러 신을 동시에 가지므로 교리나 의식이 다양하다. 이들 종교는 민족의 유형에 따라 그 사회의 문화와 사회제도에 녹아들어 있으며 많은 영향을 주고 있으므로 다문화사회에서는 이들 문화를 이해하는 것이 필요하다.

가족이론, 실천이론 및 실천원칙

Chapter

02

1 가족에 관한 이론

1) 생태학적 관점(Ecological Perspective)의 개입

생태학(Ecology)의 개념은 생물 혹은 유기체가 환경과 어떻게 상호작용하는가에 대한 관점으로 인간과 생태학의 상호 간의 적응과 이를 위한 변화를 중심으로 설명하는 이론이다. 인간의 적응적 적합성과 환경 속의 인간의 개념을 강조하고 있으므로 가정 내에서 인간발달의 기본이 길러진다는 생각을 가지고 있기도 하다. 따라서 사회과학적 차원에서 생태학은 인간과 환경과의 관계를 설명하기 위하여 인간의 욕구와 문제점들이 환경과의 상호교류에 의하여 발생하고 있다고 보면서 인간과 사회의 변화와 적응이 심리적 · 사회적 · 문화적인 요인에 반영되고 있다고 본다. 따라서 생태학적 관점에서의 가정은 인간의 발달을 도모하는 집단의 기초를 이루면서 인간이 자신이 속한 환경 속에서 얼마나 조화를 이룰 수 있는가의 관점에서 평가할 수 있다.

브론펜브레너(Bronfenbrenner)가 제시한 인간발달의 생태학적 관점의 전제들

생태체계이론의 핵심개념은 유기체가 환경과 적응적 균형을 이루는 과정에서 체계 간의 에너지 흐름을 강조하면서 순환적이며, 적응적인 관점을 가지고 있다. 이러한 생태체계이론은 생활 모델의 실천에 이론적 기초가 된다.

① 개인은 단순히 환경의 영향을 받는 존재가 아니라 환경을 재구성하면서 영향을 주고받으며 성장하는 역동적 존재이다.

② 생태학적인 관점에서 환경은 상호조절과정을 통하여 상호 영향력을 주고받으므로 개인과 환경 간의 상호작용은 상호 호혜성의 특징을 지니고 있다.

③ 생태학적 환경의 개념은 개인이 참여하는 것뿐 아니라 개인이 직접 참여하지 않는 맥락으로 개인이 직접적으로 속해 있지 않은 거시적인 외부환경으로부터의 영향도 상호관계에 포함이 된다. 따라서 생태학적 관점은 '환경 속의 인간'이라는 총체적 인간관을 견지하고 있다.

2) 적응적 적합성 및 유능성

(1) 적합성(goodness of fit)

생태학적 관점은 개인의 적응적 욕구와 환경의 질이 어느 정도 부합하는가와 관련된 개념이며 인간과 환경 간의 상호교류를 통하여 개인이 영향을 받으며 성장하는 연결적인 과정을 중시한다.

(2) 적응성(adaptation)

생태학적 관점에서 인간이 환경에 대한 적응적 수준을 유지하고 높이고자 하는 노력은 변화 지향적인 과정이며, 이것은 인간의 인지적 · 감각적 · 지각적 · 행동적 과정으로 환경에 적응하고 환경을 지배하고자 하는 노력에서 비롯된다. 따라서 환경에 대한 적응성은 인간이 환경의 변화에 적응하면서 환경이 자신의 욕구에 적합하도록 변화시키는 과정을 동시에 포함한다고 보는 개념이다.

(3) 유능성(competence)

유능성이란 개인이 환경과 효과적으로 상호 작용할 수 있는 능력이며 이러한 개념은 생태학적 이론에서 유능성의 발달이 인간발달의 필수적인 요소로 간주되어 환경과 성공적인 상호작용을 경험하는 데서 인간의 성장과 발달이 가능하다고 본다.

(4) 상호 교류(transaction)

생태학적 관점에서의 상호 교류란 개인과 환경이 상호 영향을 미치면서 개인과 환경이 조화를 이루는 것이다. 즉, 개인과 환경 사이의 상호교환은 개인-환경 내에서 변화를 일으킬 수 있으며 '개인과 환경'이라는 상호작용적이고 축적적인 효과를 나타내는 것을 포함하고 있다. 그러므로 상호교류는 개인과 환경이 상호 간에 영향을 미치고 있는 상호작용을 중요하게 본다.

3) 생태체계적 관점이 건강가정을 위한 상담에 미친 영향

체계이론과 생태학이론을 통합하고 상호 보완하는 개념으로 체계이론에서의 체계들의 조직화, 에너지의 교류, 상호 연계성 등의 개념을 취하고 있는 개념과 생태학 이론에서의 적응과 같은 환경과의 구체적인 상호교류현상 이론을 통하여 생태체계이론을 설명하고자 한다. 이러한 관점이 건강가정상담에 미친 영향은 다음과 같다.

(1) 관점의 전환

생태체계학적 관점의 도입은 과거 인간이 처하는 문제나 과제가 유전적 · 정신적 · 환경적 요소에 의하여 결정된다고 보았던 결정주의적 관점과 인간 내부나 무의식에 치우쳐 해석하던 단선적인 관점의 진단적 모델과 비교할 때, 현대 체계론적인 입장에서 인간과 환경을 포괄하여 설명하고 있어 인간의 발전과 성장이 생활주기의 반영과 함께 환경과의 지속적인 상호작용으로 이루어진다고 간주한다는 것에 있어 건강가정상담에 새로운 관점을 제공하였다.

(2) 순환적 인과론의 제공

다각적인 방법으로 당면한 문제를 해결하고자 하며 해결 가능성을 기존의 직선적인과론(linear causality)에서 벗어나 여러 원인을 함께 고려하는 순환적 인과론(circular causality)을 지향하게 되어 인간의 행동을 보다 통합적으로 바라볼 수 있게 되었다.

4) 스트레스와 대처

(1) 스트레스(stress)

스트레스의 개념은 개인과 환경의 상호교류과정에서 야기되는 반응을 뜻한다. 인간이 경험하는 스트레스란 주어진 환경 속에서 개인이 지각한 요구에 따라 이러한 요구를 충족시킬 수 있는 자원을 활용할 수 있도록 하는 능력 사이에 불균형을 이룰 때 발생하기 쉽다.

그러나 현대사회에서 스트레스 호르몬은 보다 신속하게 상황에 대처하기 위해 분비되는 호르몬으로 개인의 성장과 발전을 도모하는 기제로 긍정적으로 평가받기도 한다. 즉, 모든 스트레스가 부정적인 것은 아니고 환경의 요구와 개인의 능력 사이의 균형이 심각하게 손상될 경우에는 개입이 필요한 것으로 보고 있다.

(2) 대처(coping)

대처란 인간이 환경을 극복하기 위하여 어려움에 부딪혔을 때 이를 해결해 나가는 방법이나 과정을 의미한다. 이에 개인은 대처과정을 통하여 동기, 자존감 회복, 정신적 안정, 문제해결능력, 자율성 등 내적 자원 및 가족과 사회적 관계, 자원의 동원 등 외적 자원을 활용할 수 있다. 또한 성공적 대처의 개념에서 인간과 환경 간의 적응적 질을 향상시키고 보다 높은 수준의 사회적 관계를 형성하여 적응적 능력을 발전시키는 것이 필요하다.

5) 인간과 환경의 통합적 관점지향

인간과 환경의 통합적 관점지향은 개인과 사회체계 사이의 새로운 관계를 구축하여 기존의 관점에서 구분하던 개인 및 환경을 다양한 각도에서 개입할 수 있다. 이를 통하여 인간과 환경의 복합체에 대한 다중적 초점을 유지할 수 있게 된 것에 의의가 있다.

① 인간은 환경에 대하여 적응적으로 기능하는 선천적 능력을 가지고 태어나는 것을 전제로 하며 이러한 이론은 현대시대의 강점관점에 영향을 주었다.
② 자아는 개인의 내적 욕구뿐만 아니라 사회적 존재로서의 환경에 대한 외부세계 간의 통제 및 자율적 능력을 가진 존재로 인간을 이해하기 위해서는 내적 요소와 외적 요소가 모두 고려되어야 한다.
③ 자아는 개인이 환경에 성공적으로 적응하기 위하여 연속적인 인간의 발달단계를 통하여 성장하게 된다.
④ 자아의 발달은 환경적 조건과 자원들 간의 적합성 등 다양한 관점에서 검토되는 것이 바람직하다.

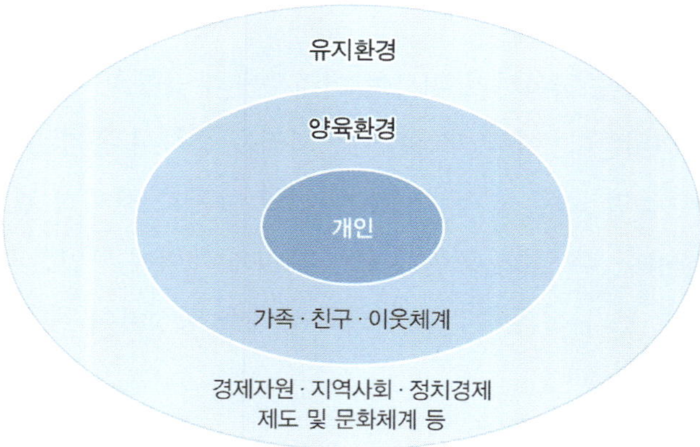

[그림 2-1] 개인을 둘러싼 체계

출처: Norton, D.(1978). The Dual Perspective. N. Y. CSWE.

2 인간발달의 이해

에릭슨은 인간이 발달하게 되는 8가지 단계를 제시한 바 있으며 이것은 가족 내의 모든 구성원에게 해당된다. 에릭슨은 인간의 발달을 노인기까지 연결하여 점성원리를 통하여 과거의 바탕으로 연속적으로 이루어지는 발달의 원리를 설명하고 이를 통하여 인간의 건강한 발달에 관한 새로운 통찰력을 부여하였다. 따라서 에릭슨의 관점은 인간발달의 각 단계에서 개인은 자신과 사회와의 조화를 유지하기 위한 각 단계의 발달과제에 직면한다고 보았다. 또한 인간의 생애 전체를 각기 그 단계에서 해결되어야 할 위기(crisis)로 나누어 기술하였는데, 이는 가정 내에서 각 구성원의 위치에 따라 달리 적용될 수 있다. 이를 살펴보면 다음과 같다.

〈표 2-1〉 에릭슨의 심리사회적인 인간발달 8단계

노년기								통합 대 절망: 지혜
중년기							생산성 대 침체성: 보호	
청년기						친밀 대 고립: 사랑		
청소년기					자아정체감 대 자아정체감 혼란: 성실성			
학령기				근면성 대 열등감: 능력				
학령전기			주도성 대 죄의식 : 목적					
유아기		자율성 대 수치심과 회의: 의지						
영아기	기본적 신뢰 대 불신: 희망							

1) 영아기(기본적인 신뢰감 대 불신감 - 희망)

에릭슨은 인간이 영아기 때는 가정을 통하여 기본적인 신뢰감을 쌓으며 성취과제를 희망으로 보는 시기로 영아의 기본과제는 신뢰감을 발달시키는 것이라 할 수 있다.

신뢰감은 인간이 보호받고 사랑받는 것에 있어서 주 양육자로부터 학습된다. 따라서 어린 시절에 중요한 타인들이 필요한 사랑을 주면 영아의 신뢰감은 발달되며, 자신이 수용된다고 느끼며 성장하게 된다.

2) 유아기(자율성 대 수치감과 회의 - 의지력)

인간의 성장단계에 있어서 유아기의 단계에서 해결해야 할 과제는 독립심으로 인간이 성장과정에서 능력, 자립심, 자율성을 확립하는 시기이다. 이때 부모의 온정, 태도, 반응은 유아의 성격 형성에 영향을 미친다. 이 시기를 통하여 자주성을 발달시키게 되는데, 이 시기에 외부 세계에 대처하는 능력을 기르지 못한 유아는 스스로의 자아에 대하여 수치심(shame)이나 회의(doubt)의 감정이 형성된다. 따라서 이 시기에 유아에게 지나치게 간섭하는 부모는 유아의 독립성을 저해하게 된다.

3) 학령전기(주도성 대 죄의식 - 목적)

학령전기는 발달과제의 습득 여부에 따라 주도성 대 죄의식의 개념이 형성되는 시기이다. 이 시기에 가정을 통하여 아동이 심리적으로 그들이 선택한 행동을 하고자 하여 의미 있는 행동을 선택하도록 자유가 허용된다면 인간은 주도성으로 특징 지워지는 성향을 발달시키게 된다고 보았다.

4) 학령기(근면성 대 열등감 – 능력)

학령기는 인간이 건강한 발달을 이룬다면 개인이 성장과정을 통하여 접하게 되는 심리 및 사회적 과제는 자신의 신체와 사회에 대한 이해를 확장하는 시기이다. 에릭슨에 의하면 아동 중기의 중심 과제는 근면성을 달성하는 것으로 보았다.

5) 청소년기(자아정체감 대 자아정체성 혼란 – 성실성)

이 시기는 청소년기로 자아정체감 발달을 중요한 발달과업으로 보았다. 청소년은 자신이 누구이며 어디로 가고 있고 어떻게 그곳에 가는가를 알기 위해 자아정체감을 발달시킨다. 만약 정체감을 얻는 데 실패한다면 '역할 혼미(role confusion)'가 온다. 이 시기에는 부모, 동료, 사회로부터 다양한 압력을 받기 때문에 명료한 정체감을 얻기 어렵다는 것을 발견하기도 하여 정체감의 유예를 경험하기도 한다. 청소년은 자신의 삶을 방향 지어 줄 가치체계를 통합해야 하는 과제를 가지고 있다고 볼 수 있다. 개인의 정체감을 형성할 때 가족구성원을 포함하여 역할 모델이 중요한 역할을 하기도 하는 시기이다.

6) 성인 전기(친밀 대 고립 – 사랑)

에릭슨은 성인기를 세 단계로 나누어 성인 전기, 성인 중기 그리고 노년기로 보았다. 성인 전기에 정체감은 다시 '친밀감 대 고립감(intimacy versus isolation)'의 도전을 받게 된다. 다른 사람과 먼저 친근한 관계를 맺는 것은 정체감이 확립되었다는 것으로 해석한다.

7) 성인 중기(생산성 대 침체 – 배려)

이 시기는 비교적 장기간으로 자신과 남을 위해 창조적으로 사는 방법을 학습하는 시기이다. 한편, 생에서 가장 생산적인 시기이기도 하다. 이 시기는 젊은 시절의 비전과 현재 이루어 놓은 것과의 불일치로 고통스런 경험을 하는 시기이기도 하다.

한편, 생에서 가장 생산적인 시기로 에릭슨은 '생산성'의 위기로 중년기의 성장을 제시하고 있다. 그는 생산성을 직업, 가족, 여가활동 등을 통하여 창조적인 감각을 확산시키는 시기로 보았다. 한편, 융(Jung)은 40대의 시기가 인간의 창조적 에너지가 가장 활발하게 발현되는 시기라고 하였다.

8) 노년기(통합 대 절망 – 지혜)

노년기는 인간의 발달단계상 마지막 부분으로 자아통합을 위하여 중요한 시기로 보았다. 이 시기의 위기는 '자아통합 대 절망감(integrity versus despair)'이다.

자아통합을 얻은 사람은 자신의 삶에 대해 일평생 잘 살았다는 느낌을 받게 된다. 그들은 생산적이고 가치 있게 살았으며 성공뿐만 아니라 실패에도 잘 대처해 왔음을 느낀다. 또한 삶을 통해 자신이 해놓은 일에서 만족감을 얻으며 죽음도 삶의 한 과정으로 생각하여 현재의 삶에서 의미를 발견하게 된다. 그러나 자아통합을 얻는 데 실패하면 절망감, 좌절감, 죄의식, 후회, 자기 경멸 등의 감정을 가질 수 있게 되며 삶을 낭비했다는 인식은 절망감을 갖게 되므로 이 시기에 가족의 역할은 중요하다.

3 건강가정의 역할이론과 생활 모델

1) 역할이론

역할이론[1]은 구조주의의 영향을 받아 사회 안에서 혹은 가족 내에서 수행하게 되는 역할을 중요시하는 관점이다. 즉, 사회적 행위와 개인적 행위가 환경의 상호 영향을 받으며 성장하는 방식을 설명하는 것으로 인간과 환경 간의 교류에 대하여 경험적으로 지지하는 체계이다. 따라서 역할은 개인적 표현수단인 동시에 사회적인 행위에 대한 의미를 동시에 지닌다고 할 수 있다.

역할이론은 가정뿐 아니라 인간의 사회적 발달을 사회 및 조직의 시각에서 이해할 수 있게 해준다. 역할(role)은 특정사회의 특정한 지위를 가지고 있는 개인이 타인에게 어떻게 행동해야 하는 것인가에 대한 기대뿐만 아니라 타인의 기대까지도 포함하고 있다.

따라서 역할은 기대되는 행동 유형뿐 아니라 상호적 요구와 의미를 지니고 있다고 할 수 있다. 역할이론의 영역을 규정하는 것이 어려움에도 불구하고 전통적인 구조적 시각이나 유기체적인 시각에서 볼 때에, 가정 및 사회에서 각 지위마다 기대되는 역할은 분명히 있다. 역할에 대한 학문적 분야에 따른 접근방식에 대하여 알아보자.

(1) 역할이론의 학문적 분야의 접근방식

개인의 기대되는 행동은 조직 및 집단 혹은 사회적으로 부여된 지위에 따라 달라질 수 있음에 주목한 것이다. 심리학의 개념에서의 역할은 개인의 각종 행위에 영향을

1) 역할이론(role theory)의 의미는 인간이 집단 속에서 수행하는 역할을 통하여 설명하려는 이론으로 인간의 행동에 대한 내재적인 소질, 재능 등의 표현으로서 보다는 사회적으로 기대되는 수행행동에 관련한 것이라고 할 수 있다. 따라서 역할이론은 인간행동을 사회구조와 연관하여 설명할 수 있는 것이기도 하다. 이러한 역할이론은 비들(B.J. Biddle)과 토머스(E.J. Thomas)에 의해 재정립되었다.

주는 사회적으로 부여된 역할의 성격에 관심을 둔다. 개인의 자아감각은 그가 담당하는 다양한 역할에 대한 내면화로 인하여 형성된다. 가족 내에서의 역할은, 예를 들어 여자, 남자와 같은 성별 지위, 연령별 지위 등이 있으며, 건강한 가정은 이러한 역할에 있어서 탄력적인 의사소통이 가능하며 각자의 책임수행이 원활하게 이루어지는 가정이라고 할 수 있을 것이다.

건강한 가족은 가족의 구성원에 대한 성취적 지위를 서로 지지하고 현실과 이상을 적절히 조화시켜 나가는 가족이라 할 수 있다. 또한 일시적으로 가족의 한 구성원이 그 역할을 다하지 못하더라도 응집력 있게 어려움을 이겨나가기도 한다.

(2) 역할과 관련한 용어

역할과 관련한 개념에는 역할의 상보성이 있다. 역할의 상보성이란 대인관계 체계에서 역할 행위와 타인의 역할 기대가 조화를 이룰 때 나타나며 상호의 행위가 서로 잘 맞고 상대의 욕구를 상호 완성시키는 상태라고 할 수 있다.

따라서 역할의 상보성은 상호 만족스러운 역할관계가 되기도 하지만 상보성의 부족이 일어날 때에는 불만족스러운 관계로 사람 간의 스트레스를 유발할 수 있다. 이를 역할갈등이라고 한다.

그 밖에 역할 모호의 개념은 주어진 지위에 따라 적절한 역할수행이 불분명하거나 불완전할 때 발생하게 된다. 그러나 복잡한 역할을 동시에 수행해야 하는 현대사회에서는 역할 과중이 빈번히 발생하기도 한다. 한편, 생애의 주기에 따라 퇴직 이후에 자녀의 양육을 마치는 경우 빈 둥지 증후군과 같이 역할이 단절되는 경우도 있다. 따라서 개인의 인생주기에 따른 다양한 단계에 따라 개인의 역할은 달라질 수 있음을 알 수 있어야 하며 인간의 생애주기에 따른 발달단계에 따라 주어지는 과업을 잘 수행하는 것은 중요하다.

(3) 역할이론에 따른 가족의 관계성

역할이론에 따른 가족의 관계성을 살펴보면 사회구조의 변화에 따라 비전통적인 가족이 증가하였으며 그 다양성으로 인하여 각 가족의 유형에 따른 새로운 역할행동의 학습이 필요하게 되었다. 이때 건강한 가정을 유지하기 위해서는 가족구성원 간의 관계성 성립에 대한 역할기대에 대하여 가족구성원이 충분한 지식과 역할 행위의 수행에 대하여 이해하는 것이 중요하다. 이를 위해 현대사회에서는 예방적 차원에서 부모교육이나 부부교육 프로그램의 중요성이 더 강조되고 있기도 하다.

올바른 가족관계를 이해하기 위해서는 자신의 성장과정에 따른 심리상태나 현재 역할수행에 대한 이해, 그리고 미래의 준비도 중요하며 가족구성원 간의 상호 이해도 중요한 부분이다.

(4) 역할과 기능 및 건강가정

가정은 생애 주기에 따라 어떻게 대처하는지의 여부가 건강한 가정생활의 관건이 된다. 생애주기에서 발생할 수 있는 각종 사건에 대한 성공적 대처는 가족구성원의 삶의 질을 좌우하는 부분이기도 하다. 생애 주기에 따라 발생 가능한 위기의 상황의 대처는 중요하며 다음과 같은 위기가 가정에서 발생할 수 있다.

첫째, 상황적 위기는 심각한 질병이나 외상, 사랑하는 사람과의 이별, 자연재해나 인재, 범죄 등 갑자기 발생하는 외부사건으로부터 위기가 발생할 수 있다

둘째, 발달적 위기로 발달단계에서, 예를 들면 청소년의 성숙과정이나 결혼, 자녀의 출생이나 노화와 같이 생활사건의 발달단계에서 발달과업에 의하여 새로운 대처자원이 요구되는 경우에 위기가 발생할 수 있다.

셋째, 실존적 위기는 목적, 자유 및 독립성, 책임 등 인간에게 중요한 이슈를 동반하는 내적 갈등이나 불안이 있는 경우 발생할 수 있다.

가족의 건강과 건강한 관계에 대한 개입은 세계대전 이후 발생한 가족 해체나 트라우마 등에 대하여 개입이 본격화되었다. 가정의 위기는 개인의 스트레스의 지각 및 인내와 대처능력을 요구하며 이때 균형감각을 잃을 때 구성원의 자아의 손상을 가져올 수 있으므로 심리 · 사회 · 물리적 영역에서 효과적인 대처가 필요하다.

위기개입 모델은 일상적이기보다는 급격한 위기적 상황에서 일어난 사건에 대하여 가정의 균형상태를 비교적 단기간 개입하고자 하는 것으로 다음과 같은 단계를 거친다.

첫째, 건강가정을 위한 사정단계로는 위기사건에 대한 인식과 대처에 도움이 되는 자원의 탐색 그리고 유사사례에 대한 대처방식이 있다.

둘째, 계획단계로는 가족구성원의 손상 정도와 일상생활의 회복 가능성에 대한 개입계획, 문제해결을 위한 탐색과 대처전략을 세우기 위하여 다른 구성원과의 관계를 형성하고 위기의 실체여부와 위기상황을 파악한 이후에 이에 대한 대처계획을 세운다.

셋째, 개입의 단계는 위기사건에 대한 가족구성원의 객관적인 이해를 돕고 상처에 대한 감정표현을 도우며 대처방식의 유용성 및 활동의 성과 점검과 지지의 단계이다. 따라서 문제해결을 위해 계획된 과업을 확인하고 실행하며 수정하고 새로운 대처방안을 학습하게 된다.

넷째, 종결단계에서는 가족의 새로운 자원과의 결속 강화와 개발된 대처 유형의 성취의 확인을 통한 평가 및 사후관리를 실시한다.

2) 교환이론(exchange theory)

호먼스(Homans, 1961)는 교환이론을 통하여 사회적인 행동을 설명하고자 하였다. 호먼스(1961)와 블라우(Blau, 1964)의 교환이론(exchange theory)의 핵심요인은 인간의 사회기여와 이들에 대한 사회적 지원의 비용 사이의 균형을 중요하게 보고 있다. 즉, 개인이 사회에 환원하는 자원의 불균형을 이룰 때에 인간은 의존과 수동적 성격이 될 수 있다는 것이다. 개인 간, 집단 간 그리고 개인과 집단 간의 상호작용은 자원을 주고받는 관계로 보고, 사회는 이러한 교환관계가 어떠한 일정 형태로 유형화된다고 본다(김영옥, 2009). 교환이론에서는 인간의 동기가 사회에서의 지위 획득 일환으로, 자원에 대한 가치를 높이는 방법으로 작용할 수 있다고 보았다.

3) 인간과 심리적 안녕감

인간의 심리적 안녕이란 중요한데, 일상생활의 사건에 사람들이 적응하면서 느끼는 정서로 환경의 자극이나 개인의 반응 사이의 상호작용의 결과로서 개인이 지각하는 총체적 감정이다(Ryff & Keyes, 1995).[2] 그런데 가정이란 공동의 주거, 경제적인 협력 및 생식 등의 특성을 갖는 사회조직으로, 초기 사회화의 바탕이 이루어지며 정서적인 안정과 인격의 기초가 형성되는 곳이다(김경아, 2002). 이와 같이 가정은 개인생활의 기초로 많은 시간을 보내는 곳이며 인생과 사회생활의 출발점이기도 하다. 인간의 각종 효능감의 경험은 성장기 가족으로부터 얻어질 수 있으며 가족의 건강은 개인의 심리적 건강과도 관련이 있다.

프래트(Pratt, 1976)에 의하면 건강한 가정은 가족구성원들이 다양하고 규칙적인 상호작용을 하며 각 가족원에게 개별성과 자율성을 부여함으로써 문제상황에 적극적으로 대처 할 수 있는 가족이다(김경아, 2002 재인용). 즉, 건강가정은 가족의 화목 및 서로에 대한 충실, 친근감 등을 질문하는 '가족유대감'과, 가족단위의 여가생활과 공동의 관심사 및 함께 보내는 시간의 유익성, '시간공유' 및 상대방의 이야기에 경청하는 정도, 수용과 타협의 정도, 솔직성의 정도의 '의사소통' 및 위기문제에 당면한 상황에서의 태도, 인내심, 해결노력, 자원공유 등을 다루는 '위기대처능력'이 높으며 심리적 안녕감과 관련이 깊다.

2) Ryff, C. D. & Keyes, C. L. M.(1995). The structure of psychological well-being revised. *Journal of Personality and Social Psychology, 69,* 719-727.

심리적 안녕감은 인간의 긍정적 발달에 주요한 지표로 작용하므로 그 자체로도 중요하다고 할 수 있으나, 이것이 다른 긍정적인 결과에 공헌하게 되므로 더욱 중요하다(Park, 2004). 결국 심리적 안녕감이란, 일상생활의 사건에 사람들이 적응하면서 느끼는 정서이며, 환경의 자극이나 개인의 반응 사이의 상호작용의 결과로서 개인이 지각하는 총체적 감정이다(Ryff & Keyes, 1995).[3] 그런데 인간의 심리적 안녕감은 가정으로부터 형성되는 개념이라고 보는 것이 적절하다. 가정이란 공동의 주거, 경제적인 협력 및 생식 등의 특성을 갖는 사회조직으로, 초기 사회화의 바탕이 이루어지며 정서적인 안정과 인격의 기초가 형성되는 곳이다(김경아, 2002). 또한 가정은 개인생활의 기초로서 많은 시간을 보내는 곳이며 인생과 사회생활의 출발점이기도 하기 때문이다.

3) Ryff, C. D., & Keyes, C. L. M.(1995). The structure of psychological well-being revisited. *Journal of personality and social psychology, 69(4), 719.*

가족정책의 개념, 영역

Chapter

03

1 가족정책의 개념

가족정책이란 family policy로 지칭되며 사회 내에서 아젠다 형성을 통하여 가족 관련한 제도 및 정책을 사회 및 국가 차원에서 담당하는 것을 의미한다. 현대사회의 가족정책 중에서 국가가 담당하는 돌봄의 사회화는 점차 현대사회에서 가족의 역할과 기능의 중요한 부분을 담당해가고 있다.

다문화사회를 표방하고 있는 우리나라는 인구의 감소와 여성 돌봄의 사회화로 인하여 노인 돌봄의 장기요양보험제도와 아이 돌봄에서 영유아 돌봄의 일환으로 주야간 돌봄, 주말 유치원의 운영과 유치원의 교육비 일부를 지원하는 제도 등을 적극적으로 펼쳐나가고 있다. 이렇게 국가 차원의 가족 돌봄 기능을 수행함에 있어서 국가는 개개인 가족구성원의 인격의 성장 및 발달을 원조하고 변화하는 사회에 대응하는 적응능력을 통해서 가족의 순기능 확립을 돕게 된다.

이는 사회가 건강한 가족을 지원하지 못할 때 발생하는 사회적 비용이 더 클 수 있음을 국가와 사회 차원에서 인식하여 각종 인구감소 구조와 과다한 경쟁을 통한 교육비의 증대 등에 있어서, 국가가 가정의 부담을 연대 책임하에 사회와 가정이 상호 발전할 수 있도록 기여하는 것이 필요하다는 의미이다.

건강한 가족복지기능은 가족이 건강하게 기능할 수 있도록 원조하는 역할을 담당하게 되며 나아가 한 나라의 미래와도 연결이 된다. 따라서 국가의 가족복지정책은 한 가족이 직면한 다양한 문제 상황 속에서 국가가 가족의 구성원이 사회를 통하여 건강하고 행복한 생활을 영위할 수 있도록 정책적인 서비스를 제공하기 위한 국가의 조직적 활동이라고 할 수 있다.

따라서 건강한 가정을 지원하는 가족정책은 가족 전체는 물론 각 구성원의 사회적인 기능의 수행을 효과적으로 증진하여 환경의 적응적 적합성을 함양하고 구성원 모두에게 행복을 도모할 수 있도록 하는 국가적 차원의 분야라고 할 수 있다.

또한 가정에 관련한 정책의 역할은 국가 내에서 가족구성원의 사회적 적응기능을 강화하고 각종 가족 관련 문제를 예방할 뿐 아니라, 위기에 처한 가족의 문제에 대응하는 것이라 할 수 있다.

이와 같이 가족정책은 국가가 사회적 차원에서 가족의 문제를 다루며 가족의 잠재력을 개발하여 가족문제를 예방 및 해결하고 가족원의 사회적 기능 수행의 활성화를 통해 국민 생활의 질적 향상을 도모하고 제도와 정책을 통하여 국민 개개인의 삶의 질을 보장하고자 하는 영역이라고 정의할 수 있을 것이다.

2 가족정책의 대상

가족정책의 목표는 국가 내에 다양한 가족의 안녕을 도모하며 가족원 간의 기본적 삶의 질과 행복을 지향하고 있으며 궁극적으로는 건강한 가족으로, 사회구성원으로서의 역할을 지원하는 것이다. 따라서 가족정책의 대상은 다양하며 다양한 가족 특성에 따른 대상으로는 노인부양가족, 미취학아동 가족, 취학 청소년 가족, 맞벌이 가족, 이혼 및 재혼가족, 미혼모 가족, 독거노인 가족, 소년소녀 가족 등으로 다양하다.

기능상의 문제에 대한 가족정책의 대상으로는 약물중독 가족, 알코올중독 가족, 비행청소년 가족, 저소득 가족 등 다양하다. 그 밖에도 가족의 주기에 따라 발생하는 가족의 다양한 욕구에 대한 국가와 제도의 역할은 중요한데, 신혼부부기, 자녀 출산기, 자녀 양육기, 미취학 및 아동기, 청소년기, 자녀 독립기, 중년기, 노년기 등으로 분류될 수 있다.

3 가족정책의 내용

가족정책과 관련하여 캐머만과 칸(Kamerman & Kahn, 1978)은 '국가가 가족을 위해서 행하는 모든 활동'으로 가족정책을 제시하고 있다. 가족정책이란 사회적 합의에 의한 사회정책에 포함되며, 사회적인 목표달성을 위한 수단이라는 것이다. 즉, 사회적 목표 수행을 위한 수단(family policy as an instrument)으로 가족정책을 사회적인 목표를 달성하기 위한 과제로 본 것이다. 이와 같이 가족정책은 정책 관련자들이 사회적으로 가장 바람직하게 생각하는 제도인 것이다.

가족정책을 살펴보면 각 국가의 정책적 목표에서 명확하게 지향하고 있는 사회적 관점을 다루고 있다. 이것은 가족에 부여된 가치와 가족에게 요구되는 사회적 관점의 가치가 구현되고 있는 것이기도 하다. 현대사회에서는 여성의 사회화에 따라 '가정과 관련한 제도와 그 문제를 사회적 돌봄의 가치로 국가와 사회가 개입하는 정책'으로 접근하는 정책이 국가적 복지 차원에서 보다 설득력을 얻고 있는 추세이다. 이것은 사회적 담론으로부터 출발하여 정치적 제도에 이르기까지 점차 가족을 중심으로 한 제도나 정책이 중요해지고 있는 시점이라는 것을 의미하는 것이다.

이와 같이 국가 차원에서 새로운 복지체제를 구성하고자 하는 노력은 나라별로 가족정책의 독특성을 보여 주면서, 이러한 것이 국가 전체의 안녕 및 생산성을 창출하는 데 보다 적합한 구조라고 보는 것이 일반적이다. 세계의 많은 나라들이 노령화와 인구감소현상으로 인한 문제를 더 이상 개인의 문제로만 인식하고 있지 않으며 사회적인 차원에서 이를 해결하려는 시도를 보이고 있다.

즉, 과거에는 유럽을 중심으로 하여 복지정책이 먼저 발달한 사회 민주주의 국가들을 중심으로 하여 가족에 관한 정책을 분석하기 위한 분석개념으로 '탈 가족화'와 '탈 성별화'의 예를 들 수 있다. 한 예로 탈 가족화와 가족화에 관한 개념은 탈 상품화와 상품화라는 순환과정을 통해 이해할 수 있다. 이것은 결국 후기 산업사회의 복지국가에게 요구되는 역할로 노동력의 순환과정을 도식화한 것이라 볼 수 있다.

1) 탈 가족화와 가족화의 개념

'탈 가족화'는 돌봄에 대한 책임이 사회화된 상태라고 할 수 있으며 노동력이 노동시장에 참여할 수 있게 하기 위해 필요한 조건으로 적극적 노동시장정책을 통하여, 고용에 필요한 교육이나 훈련의 제공으로 '탈 가족화'된 노동력이 노동시장에 참여할 수 있도록 지원하는 것을 포함하고 있다. 즉, 육아휴직이나 산전후 휴가 등과 같은 '가족화' 정책은 노동력이 '탈 상품화'되어 가족에 대한 책임을 수행할 수 있도록 지원함으로써 사회에서 수행할 수밖에 없는 인력투입과 소고적인 순환을 줄일 수 있는 것이다.

한편, '가족화' 정책은 돌봄을 위해 가족에게 지원하는 정책으로 가족수당과 육아휴가 · 휴직정책으로 구분될 수 있다. 가족수당의 경우에는 가정에서 이루어지는 아동 양육에 대한 현금 보상이며 아동수당은 아동의 돌봄에 대한 포괄적인 차원에서 접근하게 되는데, 특히 가족수당의 경우에는 노동력을 가족에 머물게 하도록 지원하는 정책이라고 할 수 있다. 반면, 휴가 및 휴직제도는 노등시장에 참여한 부모의 노동력이 돌봄과 양육을 이유로 노동시장에서 일시적 이탈을 보장하는 정책이다. 이것은 노동자의 부모권을 보장하고, 다시 노동시장으로의 노동력으로 진입할 수 있도록 지원하는 정책이라고 할 수 있을 것이다. 따라서 두 정책 모두 노동력의 가족화를 지원하는 정책이라는 것은 같으나, 노동력의 (재)상품화의 가능성 존재 여부에 따라서는 구별될 수 있다.

정리하자면 '탈 가족화' 정책은 '가족화'된 노동력이 노동시장에 재진입할 수 있도록 지원하여 사회적인 노동력 선순환이 가능하도록 하는 것으로 노동력의 순환과정을 지원한다.

그렇다면 상품화는 무엇일까? 상품화는 노동력이 상품으로 간주된다는 차원이라고 할 수 있는데, 이것은 사회적 사건이나 거시적 사건에 의해 쉽게 약화될 수도 있으며 미시체계에 있어서는 생존에 필수적인 동시에 개인 복지와 안정의 전제조건이 되기도 한다.

결론적으로 탈 가족화는 가족 밖에서 이루어지는 돌봄의 필요를 사회화함으로써 가족의 돌봄 부담을 줄이는 정책이라고 할 수 있다. 이에 반해 가족화(familialization)란 반대로 부모의 노동력을 통하여 가정을 통하여 제공되는 돌봄이라고 할 수 있을 것이다.

그 밖에도 탈 성별화(degendering)라는 개념이 있는데, 이것은 가족 간의 관계에서 평등하지 않은 성별 분업구조를 보다 평등하도록 하는 구조라고 볼 수 있다. 예를 들면, 돌봄의 탈 성별화라는 개념은 남성들로 하여금 사회적으로 자녀의 돌봄 참여가 가능하도록 육아휴직 등의 근무조건을 탄력적으로 조정하는 것이다.

우리나라의 매주 수요일을 가족의 날로 하여 저녁시간은 일찍 퇴근하여 가족과 함께 할 수 있는 근무여건을 만든다든지 하는 것을 제공하는 것을 그 예로 들 수 있다. 그 밖에 이를 정책적으로 도입한 예로는 '가족(아동)수당', '휴가 · 휴직제도', '아버지 할당제 도입 여부' 등의 예를 들 수 있다. 이를 살펴보고자 할 때에는 '성별에 따른 고용률', '성과 혼인상태 여부에 따른 정규직 및 비정규직 비율', '월 평균 임금 및 사회적 지위' 등을 통해 평등의 정도를 가늠할 수 있다.

이러한 개념을 토대로 하여 볼 때 탈 가족화의 개념이 가족화된 노동력이 노동시장에 재진입할 수 있도록 지원하는 노동력의 선순환이라 본다면 '탈 가족화(defamilialization)'를 가족의 출산양육 부담을 완화할 뿐 아니라 가족구성원이 가족관계나 역할과 상관없이 사회적으로 적절한 수준의 생활을 영위할 수 있도록 사회적 차원에서 노력하는 국가의 제도적 뒷받침이 중요하다고 할 수 있을 것이다. 예를 들면, 탈 가족화의 차원에서는 '가족세제혜택제도', '휴가 및 휴직제도', '보육서비스'의 영역을 의미할 수 있으며, 가족화의 정책으로는 '아동가정양육수당'을 예로 들 수 있다. 또한 탈 상품화와 가족화의 정책으로는 '부모휴가', '아버지 할당제 실시', '모성휴가'를 통해 살펴볼 수 있다.

2) 돌봄의 사회화에 대한 논의

돌봄의 사회화를 위한 첫 번째 과정으로 젠더 통합적 관점으로 가족정책을 접근하고자 하는 복지국가의 가족지원정책을 살펴보면 부양과 돌봄(care)의 집합적 공유 및 분담이라는 측면에서 '탈가족적'인 사회적인 성격을 띠고 있는데, 이것은 돌봄이라는 의미가 여성 개인의 의무가 아니라 성을 초월한 사회적 관점에서의 책무라고 보는 개념이다. 사회가 사회의 구성원 한 명을 잘 양육할 수 있는 제도적 지원이 그 만큼 중요하다는 의미라고 할 수 있다. 돌봄의 사회화를 위한 '탈 가족화'의 방향이나 정책의 기본에는 젠더 평등(equality)이 중요하다는 개념이다.

여기에서 중요한 개념으로 '젠더 레짐'이라는 개념의 이해가 중요한데, 이것은 젠더 관계를 고려하는 정부나 사회의 활동을 지배하는 공식적이거나 비공식적 조건으로 문화, 이념, 제도, 정책을 포괄하는 개념으로 가족정책에 관한 초점이 지배적 가치체계의 차원으로부터 새로운 체제에 대한 개념으로 확다되고 있음을 알 수 있어, '돌봄의 사회화'라는 개념이 자리하고 있음을 알 수 있다. 이를 위해서는 국가나 사회적 인식이 정책에 반영될 필요가 있으며 젠더를 초월하여 남성의 돌봄 및 노동 참여를 위한 지원정책의 정착이 요구된다.

이러한 정책적 패러다임의 변화는 사회적 아젠더의 형성과 함께 가족정책의 변화를 가져왔고 적극적인 사회적 돌봄의 정책 수단의 도입을 활성화하게 되었다. 즉, OECD 15개국의 이와 같은 젠더 레짐에서는 국가, 시장, 가족영역에서 가족정책, 노동시장 여성친화성의 변화가 중요하게 자리 잡고 있으며 이것은 복지국가에서 가족을 다루는 사회·경제적인 환경 변화가 반영되어 국가별로 다양한 돌봄의 사회화정책을 펴고 있음을 알 수 있다.

이를 정리하면 '가족화(familialization)'는 가족 내에서의 돌봄의 요구에 대하여 부모가 직접 아동을 돌볼 수 있도록 사회적으로 지원하는 정책이며 '탈 성별화(degendering)'는 '가족관계에서 성별로 인한 불평등한 분업구조를 해소하기 위한 정책적인 개입'이라는 점에서는 공통점이라고 할 수 있을 것이다.

이에 대표적인 '탈 가족화'와 '가족화'에 관한 논의로 에스핑 앤더슨(Esping-Andersen, 1990)은 '탈 상품화'를 '노동시장의 참여 여부에 무관하게 한 가족이 사회적으로 적절한 수준의 생활을 영위할 수 있는 정도'로 보았다. 이러한 개념에서 볼 때 한 국가 안에서 개인의 탈 상품화 정도가 높다면 그 사회의 복지제도의 지원 정도가 높은 것이라 할 수 있다(Esping-Anderen, 1990).

그러나 이러한 탈 상품화의 개념은 페미니스트의 입장에서 본다면 돌봄 노동을 무급이라고 보고 있다는 지적을 받고 있기도 하다. 즉, 페미니스트들은 에스핑 앤더슨의 탈 상품화 개념은 몰젠더적(gender blind)인 맹점이 있으므로 탈 상품화 개념을 젠더적 관점에서 보완해야 한다는 것이다.

그러나 중요한 것은 탈 가족화는 소득의 보장이라는 지원을 통해서 여성의 독립에 초점을 맞추면서 가족이 맡는 돌봄의 책임을 국가가 분담하자 하는 것으로 이해할 수 있는데, 돌봄은 가족, 시장, 사회, 국가의 관계 속에서 만들어져야 한다는 것이다.

건강가정을 위한 가정정책

Chapter

04

1 가정정책의 개념

1) 가정정책의 정의

가정정책의 의미는 '국가의 정부가 가족 및 가족의 구성원에게 가족을 단위로 행하는 모든 것'으로 포괄적인 정의를 내릴 수 있다.

짐머만(Zimmerman, 1995)[1]은 가정정책의 정의로 "한 사회 내에서 가정이 직면하는 여러 가지 문제들을 해결하기 위한 각각의 정책들의 합(collection)이며 각각의 정책들이 서로 상호작용하는 것"으로 정의내린 바 있다. 짐머만(1995)이 제시한 가정정책의 3가지 특성으로 보면, 가족과 관련한 복지정책을 가족과 관련된 정책을 분별할 수 있는 하나의 틀로 간주하였다. 이를 간략하게 살펴보면 다음과 같다.

첫째, 가정정책은 국가의 합법성을 토대로 하는 행동과정이다. 따라서 단지 문제가 발생했다고 해서 가족정책이 되는 것이 아니며 그 문제들이 사회적으로 공론화되는 아젠더의 형성이 이루어지고 이후에 국가적 차원에서 법적으로 대응했을 때 그 국가의 가족정책이 된다.

둘째, 가정정책의 역동성에 대한 관점에서 보았을 때, 가족정책은 역동적 성향으로 인하여 일정기간 동안 지속적으로 이루어지는 의도적이며 합법적인 행동과정을 의미한다.

셋째, 가정정책은 가족구성원에게 영향을 줄 수 있는 정부의 모든 활동들을 의미한다.

2) 가정복지정책의 3가지 목적

가정복지정책의 3가지 목적은 다음과 같다. 초기 가정정책의 목표가 기존은 가정

1) Zimmerman(1995), Results of the Multidisciplinary Critical Care Knowledge Assessment Program.

의 복지기능의 향상이었다면 이후부터는 저출산의 인구감소 및 돌봄의 문제에 초점이 맞추어지고 현재는 여성의 노동시장의 참여로 인하 양성평등을 목적으로 돌봄의 사회화의 기능 등에 입각하여 정책이 입안되고 있다. 이에 따라서 가정을 위한 복지정책의 목적을 다음과 같이 제시할 수 있다.

(1) 가정정책을 통한 가족복지기능의 향상

가정정책을 통한 가족의 복지기능의 향상은 산업화 이후 사회의 변동을 통해 가족의 기능이 핵가족화 현상으로 전통적인 기존의 대가족체제로부터 가족의 기능이 수정됨에 따라 국가가 가족의 사회적 기능을 강화 및 노완하기 위한 제도적인 노력을 시작하게 되었는데, 이러한 노력이 복지국가를 성립하는 배경이 되었다.

이후 복지국가의 발달은 가족구성원의 복지를 위해 가족의 돌봄 역할을 국가가 보완하는 형식으로 사회정책을 수립 및 시행하게 되었다.

(2) 저출산 고령화의 인구 변화

사회적 변화로 저출산 고령화에 따른 인구의 고령화와 평균 수명의 연장이라는 세계적 추세에 따른 현상으로 인하여 국가의 노동인구의 비율이 감소하였으며 이러한 저출산현상은 사회의 경제성장에 영향을 미치게 되었다.

이러한 인구의 고령화현상과 과거에 비하여 감소하게 되는 노동 인구는 사회적 차원에서 볼 때 노동에 따른 생산량을 감소시켜 이러한 사회적 파급 영향은, 여성의 결혼으로 인해 감소하거나 단절될 수 있는 노동력을 정책적으로 지원하는 지원책으로써 돌봄의 사회화라는 기능을 사회와 국가가 담당하기에 이르렀다.

(3) 양성 평등의 본격화

양성 평등의 본격화는 노동시장의 유연화 등의 현상을 통하여 본격화되었는데, 여성 인력이 노동시장으로 유입될 당위성을 강조하게 되었으며, 여기서 발생하는 양성간의 평등문제는 점차 공론화되고 사회적으로 이슈화되었고 여성의 경제권 및 지위의 상승은 사회적으로 많은 영향을 미치는 요인이 되었다.

이에 사회적 측면에서 여성의 교육수준의 향상, 가치관의 변화 등은 더 이상 여성에 대한 인식이 기존의 사회체계에 맞지 않으며 남녀 평등의 변화를 요구하는 배경이 되었다. 이러한 현상은 한편으로는 사회적인 현상으로 억눌림을 참지 않는 이혼율의 증가, 만혼, 저출산 고령화, 기존의 전통적 가족개념의 붕괴, 핵가족화에 따른 가치관의 변화와 노인 부양 거부 등 가족을 중심으로 많은 변화를 야기시키게 되었고, 가족의 가치관과 형태를 함께 사회적 아젠다를 형성하고 있다.

결국 이러한 요인들은 가족정책과 노동정책이 결부된 일-가족 양립정책과 가족친화정책으로 사회의 문제를 국가적으로 해결하려고 하는 노력이 일어나게 된 배경이 되었다.

2 가정정책의 발달 3단계

상기와 같은 변화에 따라 가정정책의 발달단계는 크게 다음과 같이 요약할 수 있다.

첫째, 전통적으로 볼 때 남성 생계부양자 형태의 변화로 핵가족의 초기에 남성은 노동시장의 참여를 통하여 임금을 벌고 여성은 가사노동을 통하여 가족을 재생산하는 역할을 하는 전통적인 기능을 담당해왔다.

둘째, 이후 노동시장의 불안정과 여성의 노동시장 참여가 함께 꾸준히 증가함으로 써 가족정책의 변화가 요구되기 시작하였다. 즉, 직장에서 여성이 가족과 일이라는 두 가지 영역에서의 책임을 원만하게 수행할 수 있도록 하기 위하여 국가기관은 민간기관이나 공공기관을 통하여 가정을 지원하는 합리적인 자녀의 돌봄 서비스를 제공하기 위하여 경제적 지원 및 양질의 서비스 관리로 아동보육시설을 사회에 보급하였으며 모든 규정들을 국가기관에서 명시하도록 하였다.

셋째, 가정의 건강을 위한 가족친화정책이 확대되었으며 그 배경은 다음과 같다. 먼저 여성이 결혼이나 출산을 노동시장의 참여와 병행함으로 인하여 여성들이 많은 자녀를 원하지 않게 되고 저출산현상은 심각한 사회문제로 대두되었다. 또한 여성이 노동시장으로부터 얻게 되는 경제적인 이익은 과다한 자녀양육비에 대한 소모적 인식으로 독신여성의 증가나, 이혼을 고려하는 여성의 자립에도 영향을 주기도 하였다. 한편, 가족구성원에 대한 전통적인 돌봄의 부담은 더 이상 여성만의 몫이 아니라는 사회적 설득력을 얻게 되기도 하였다.

이와 같은 여성의 노동시장 참여는 상대적으로 자녀에 대한 시간을 적게 투자하게 되는 계기가 되었고, 그러한 문제는 국가적인 개입을 필요로 하게 되는 배경이 되었으며 이에 따라 노동시장정책의 경우, 여성과 남성이 좀 더 평등한 양성평등의 개념으로 가사업무에 좀 더 많은 시간을 할애할 수 있도록, 직장에서의 노동시간 유연제, 노동 공유제 등이 공감대를 얻고 있다.

이와 같이 가정정책의 경우에는 아동서비스와 케어 서비스의 확충으로 아이 돌봄을 지원하는 주말 유치원, 야간 보육 등의 지원이 강화되었으며 맞벌이 부부의 효율적인 시간, 비용의 사용을 위하여 서비스에 대한 발전을 기하게 되었다. 이에 따라 부성권 또한 그 중요성이 점차 중요하게 인식되고 있으며 가족 돌봄을 위하여 아버지 할당제, 부성 휴가 등을 도입하고 있다.

3 가정 내 양성평등의 발달단계

가정 내 양성평등 발달단계를 살펴보면 가정 내에서 양성평등을 실현하기 위해서 먼저 여성 노동력을 가족화 및 사회화의 단계로 끌어올리고, 여성 노동력을 상품화하여 탈 젠더화된 양성평등의 가족화가 이루어져야 한다.

이에 대하여 북유럽 국가의 사회민주주의 복지체제로 덴마크, 핀란드, 노르웨이, 스웨덴 등의 예를 들면 다음과 같은 가정정책의 형성배경이 있음을 알 수 있다. 이를 살펴보면 다음과 같다.

첫째, 공통적인 특성으로 사회적 연대의식을 통한 평등의 강화라는 사회민주주의 목적의 실현에 특징을 두고 있다. 실제로 적극적인 국가의 역할로 완전 고용, 양성 평등, 보편주의 및 질 높은 공적 서비스, 일정 수준 이상의 급여 수준 향상 등의 공통점이 있음을 알 수 있다.

둘째, 가정정책의 형성 배경을 살펴보면 다음과 같다. 먼저 국가적인 차원에서 출산력의 감소로 인한 인구학적 문제가 되었던 1930년대 유럽의 덴마크, 핀란드, 스웨덴을 중심으로 가정정책 형성이 사회적으로 중요한 역할을 담당하게 되었고, 1960년대 스웨덴과 덴마크에서는 노동력 부족이 사회 발전에 심각한 장애요인으로 등장하였다. 핀란드의 경우는 과도한 노동 공급으로 인하여 실업문제가 사회발전의 장애요인으로 등장하게 되었다.

스웨덴과 덴마크에서는 여성의 노동시장 참여가 중요한 국가적 차원의 과제가 된 반면, 핀란드의 경우는 여성 노동력의 공급조절을 통하여 노동력의 초과된 공급을 줄임으로 해서 실업률을 낮추는 것이 상대적으로 중요한 사회적인 과제였다.

한편, 노르웨이의 경우에는 1970년대에 출산력의 문제가 사회적인 쟁점으로 대두된 나라이다. 이후 1990년대의 경기침체는 북유럽국가들에게 영향을 주었고 스웨덴과 핀란드에서 가족정책과 관련된 사회보장 프로그램의 급여수준을 삭감하게 되는 배경이 되었으나 여전히 가정복지에 국가의 기여가 큰 국가 중 하나이다.

4 사회민주주의 가족정책에 있어서 자유 선택의 의미

1) (탈)가족화, (탈)상품화, 젠더통합의 개념에 대한 이해

(1) 에스핑 앤더슨의 탈 상품화의 개념

에스핑 앤더슨(Esping-Andersen)의 탈 상품화의 개념은 유럽의 사회복지제도를 이해하는 데 중요한 개념이다. 이 개념은 부모가 가족 내에서 자녀를 돌보거나, 가족 책임 등을 다하기 위해서 임금노동을 중단하는 경우에도, 가족의 적절한 수준의 생활이 보장되는 것을 의미한다.

이러한 탈 상품화의 개념은 복지 선진국의 경우에는 일정 수준 이상이 확보되는 반면 우리나라에서는 탈 상품화의 수준이 기본생활을 보장할 만큼에 이르지 못하고 있는 것이 사실이다.

(2) 탈 가족화

탈 가족화의 개념은 부모가 임금노동, 재교육, 여가 등을 위해서 가족 내에서 돌봄노동을 중단하더라도 가족 내에서 돌봄이 요구되는 영유아나 아동에게 적합한 돌봄을 제공할 수 있는 정도의 개념으로 이해할 수 있다. 그러므로 탈 가족화의 수준이 높은 것은 그 만큼 돌봄의 대체기능이 높다는 것을 의미한다.

(3) 상품화

상품화의 사전적 의미는 부모가 자신의 노동력을 임금과 교환하는 것을 의미한다. 가정 관련 복지가 잘 정착한 나라에서는 상품화와 가족화가 탄력적으로 이루어질 수 있도록 제도적으로 뒷받침하고 있다.

(4) 가족화

가족화의 개념은 부모가 자신의 노동력을 상품화하지 않고도 가족 내에서 자녀를 돌보는 것을 뜻한다. 이를 위한 가족정책으로 각종 가족수당이나 아동수당 · 부모휴가 등이 있다.

(5) 가족화와 탈 상품화

스웨덴과 덴마크의 경우에는 가족의 부모에 대한 지원정책으로 부모의 노동력을 가족화 · 탈 상품화시키는 정책을 지원하고 있다. 핀란드와 노르웨의 경우에는 노동권 지원정책으로 부모의 노동력을 탈 가족화 및 상품화시키는 정책을 지원하고 있다.

(6) 젠더의 통합

젠더의 통합은 남성의 가족화와 여성의 노동시장의 참여를 통하여 시장화를 동시에 추구하는 것을 뜻한다. (탈)상품화, (탈)가족화, 젠더통합의 관점이 가족정책에 활용되고 있다.

① 부성, 모성, 부모휴가

부성, 모성, 부모휴가가 가족화와 탈 상품화로 설명되는 이유는 이들 정책이 부모가 임금 노동을 중단하고 가족 내에서 그들의 자녀를 돌볼 수 있도록 가족화하거나 임금의 소득을 보존(탈 상품화)해 주고 있기 때문이다.

② 아동가정양육수당제도(휴가)

아동가정양육수당제도(휴가)는 급여의 자격에 따라 상이한 특성을 갖는다. 예를 들면, 프랑스의 양육 수당제도에서처럼 아동 양육수당의 수급 조건이 노동시장에 참여하지 않을 것을 전제로 본다면, 아동 양육수당은 부·모의 노동력을 가족화시키면서 (준)상품화시키는 특징을 갖는다고 할 수 있다.

즉, 아동가정양육수당은 국가가 고용주가 되는 것으로 생각할 수 있으며 부·모(대부분 모)가 가족 내에서 그들의 자녀를 돌보는 것에 대하여 보상하는 것으로 이해할 수 있으므로, 부·모의 노동력을 가족화·상품화시키는 것으로 규정할 수 있다.

실제로 아동 양육수당은 아동 양육에 대한 현금의 보상을 통하여 부모의 노동력을 가족화시킬 가능성을 높인다. 한편, 아동 양육수당의 수급 조건이 임금 노동의 중단이 아닌 공적인 양육시설을 활용하지 않는 것일 경우에는 반드시 부모의 노동력을 가족화 혹은 상품화시킨다고 말할 수는 없다. 그 이유로 공적 보육시설을 이용하는 대신에 시장에서 서비스를 구매하며 임금노동을 수행할 수 있기 때문인데, 이 경우에 상품화와 탈 상품화, 그리고 가족화와 탈 가족화의 성격을 구분하는 것은 어려운 일이다.

③ 탈 가족화와 상품화의 적용

탈 가족화와 상품화의 적용으로 아동보육은 아동보육시설이 부모가 가족 내에서 해야 하는 돌봄 노동의 일부를 사회화시켜서(탈 가족화) 부모가 노동시장에서 임금노동 및 상품화를 할 수 있는 조건을 창출할 수 있는 것을 뜻한다.

④ 탈 상품화와 탈 가족화의 적용

탈 상품화와 탈 가족화의 적용은 자신의 노동력을 노동시장에 팔지 않고도, 가족 내에서도 아동을 돌보지 않아야 가능한 일들이 존재한다. 예를 들어, 스웨덴의 경우에서 실업자와 학생 등에게 부모휴가의 수급자격을 부여하고, 보육시설 이용대상이 보편적으로 확대되었을 경우 부모는 노동시장에 참여하지도(탈 상품화), 자녀를 직접적으로 양육하지 않아도(탈 가족화) 되게 부모휴가의 급여를 받을 수 있도록 한다. 부모 노동력의 탈 상품화와 가족화를 목적으로 하는 가족정책보다는 스웨덴과 핀란드의 경우에서처럼 부모휴가에서 정책대상을 확대하는 과정에서 나타난다.

⑤ 가족복지에서 젠더통합의 문제

가족복지에서 젠더통합의 문제는 매우 중요하다. 이는 아동양육과 관련된 휴가로 부모 노동력의 가족화와 깊은 관계가 있다. 그 이유는 부모의 입장에서 돌봄을 사회화시켰을 경우 부모 중 누가 아동을 돌보는가의 문제가 되지 않기 때문이다. 젠더통합은 가족화와 (탈)상품화를 통해 부모, 모성, 부성, 양육휴가를 누가 이용하는지와 연관이 있다. 부성과 모성의 휴가는 부와 모의 배타적 권리의 개념으로 주어지므로 젠더분리적인 아동양육과 관련한 휴가정책이다. 반면에 부모휴가와 아동가정양육휴가는 차별 없이 부모 중 누구나 이용할 수 있으므로 젠더 통합적인 개념이라고 할 수 있다.

2) 스웨덴과 덴마크의 경우

스웨덴과 덴마크의 경우에는 상대적으로 일과 가족의 이분법적 선택이 아닌 일과 가정생활을 함께 수행할 수 있는 사회적인 환경이 마련되고 있다. 이때 일하는 조건을 창출하는 것을 '자유선택'이라고 이해할 수 있는데, 보통 일과 가족생활을 동시에 수행할 수 있도록 하는 국가의 아동보육정책이 선택의 근간이 되고 이를 부모휴가를 통하여 양육에 참여하는 방식을 통해 가족정책을 제도화하였다.

사회 민주주의의 가족정책의 근간은 이와 같이 부모 노동력의 탈 가족화 및 상품화를 위해서 상대적으로 높은 수준의 정책적 지원을 하고 있다. 한편, 부모가 휴가기간 중에는 일정기간을 부와 모에게 각각 할당함으로써 남성의 양육참여를 유도할 수 있도록 이를 제도화하고 있다.

3) 핀란드와 노르웨이의 경우

핀란드와 노르웨이의 경우를 살펴보면 부모가 자녀를 양육하는 다양한 대안들 중에서 하나를 선택할 수 있도록 하는데, 그중에서 가족 내에서 자녀를 돌볼 권리를 강조하는 것으로 이해할 수 있을 것이다. 1980년과 1998년 핀란드와 노르웨이에서 도입한 아동가정양육수당의 주된 목적은 부모의 선호에 따라서 부모가 가정에서 그 들의 자녀를 양육할 수 있는 권리를 증대시키는 것에 그 목적이 있었다. 즉, 아동양육정책의 중점을 부모 공동 노동력의 가족화에 중점을 드고 있는 것이다.

한편, 노르웨이의 아동가정양육수당의 수급자격은 부모의 취업의 여부가 아니라 공적으로 보육시설을 이용하지 않는 것이라는 점에서 볼 때 공적 보육시설의 대체재의 성격을 갖는 특성이 있다. 그러나 아동양육과제에 있어서 부모의 자유 선택을 주장하지만 아동 가정양육수당은 임금소득을 보존해 주지는 않는 특성으로 인하여 제도의 주 이용자가 '어머니'로 제한되는 특징이 있기는 하다.

5 사회민주주의 가족정책의 현황

1) 모성, 부모, 아동양육휴가

(1) 모성휴가

모성휴가는 나라별로 개념의 적용에 있어 큰 차이는 없는 것으로 보인다. 다만, 1980년 이전의 노르웨이와 스웨덴의 경우에는 성 분리적인 모성휴가가 성 중립적인 부모휴가로 통합되었다.

(2) 부모휴가의 도입 및 확대

부모휴가의 도입 및 확대를 통하여 명목상으로 성 중립적인 휴가제도가 보다 강화되었으며 이러한 제도의 성공은 다른 나라들로 확대되기도 하였다.

(3) 아버지 할당제

아버지 할당제로 노르웨이와 스웨덴에서 명목상 성 중립적인 부모휴가를 국가적으로 제도화하였지만, 대부분의 이용자가 여성이라는 이유로 불평등을 완화하기 위하여 부의 부모휴가 이용을 구체적으로 명시화하여 제도화하는 방안을 강구하였다. 그러나 핀란드의 경우에 부모휴가의 남성 이용비율이 적고 덴마크에서 부모휴가의 확대와 함께 젠더의 분리적 개념인 아버지 할당제는 폐지되었다.

(4) 아동가정양육휴가

아동가정양육휴가의 개념으로 아동가정에 관한 양육휴가를 제도화하였던 국가는 노르웨이와 핀란드이며, 스웨덴과 덴마크는 부모양육휴가를 폐지하고 대신 공적 보육시설과 부모휴가를 보다 확대하는 방향을 지향하고 있다.

2) 아동보육

아동보육의 개념을 다른 유럽 국가들과 비교하여 보면 노르딕 국가들의 아동보육정책은 젠더의 평등 관점을 지향하고 이를 근거하여 아동양육을 사회화함으로써 부모, 특히 모의 노동력을 상품화시킬 수 있는 제도를 구축하고 있는 공통점이 있다. 그러나 덴마크와 스웨덴의 경우는 아동양육에 대한 사회적 책임을 강조한 반면 노르웨이와 핀란드의 경우에는 상대적으로 아동양육에 대하여 부모의 책임을 강조하고 있는 특색이 있다. 특히, 핀란드, 노르웨이에서는 아동가정양육수당이 보육시설이용의 대체재적 성격으로 제도화되고 있는 특징이 있다.

6 성 평등-차이전략에 따른 가족정책

1) 보편적 부양자 모델

보편적 부양자 모델은 평등전략에 따른 것으로 볼 수 있는데, 이는 남녀 모두가 평등하게 노동시장에 참여하며 보육과 같은 여성의 고용에 대해 지원한다는 국가정책이 핵심이라고 할 수 있다. 그러나 한계로는 보편적 부양자 모델에서, 여성이 남성과 완전히 동등한 노동자가 되는 것을 목표로 하여 여성이 수행해 온 무급 돌봄 노동을 완전히 국가와 시장을 통하여 해결하기는 어려우므로 여성은 노동과 돌봄이라는 이중 부담을 해야 한다는 한계가 있다.

한편, 양육수당은 급여수준이 낮으므로 임금수준이 상대적으로 낮은 여성을 대상으로 양육 유인을 제공하게 한다. 따라서 양육수당은 여성이 노동시장으로부터 퇴장하는 기간을 늘리고 노동시장에의 재복귀는 어렵게 하는 권이 있으며 전통적 역할로의 회귀를 강화할 가능성이 높게 된다.

이에 보편적 생계부양자 전략에 해당되는 정책으로는 자유주의 국가의 적극적 우대조치와 북유럽 국가들의 경력 단절자를 대상으로 하는 직업훈련제도 및 공보육정책을 실시하는 가족정책을 실시한다.

2) 돌봄 제공자 평등 모델

돌봄 제공자 평등 모델에서 양육수당 등을 통해 여성의 비공식적인 돌봄 노동에 대한 지원을 직접적으로 소득을 지원하여 성 평등을 이루고자 하는 노력을 한다. 그러나 이에 대한 한계로는 무급노동에 기반하여 시민권을 유급노동수준으로 상향시키기 어려운데, 이러한 이유는 결국 여성을 경제시장에서 주변화시키기 쉽게 한다.

돌봄 제공자 평등전략에 해당되는 정책으로는 양육수당과 연금제도의 양육 가산제도 등이 있는데, 이는 여성의 노동시장에서의 연속성을 보장하는 육아휴직정책이나 육아휴직 중 일부를 남성에게 공동양육의 차원에서 할당하는 정책을 통해 남녀 간의 성역할분리를 완화할 수 있는 기제로 활용될 수 있다.

3) 보편적 돌봄 제공자 모델

이상적 형태의 '보편적 돌봄 제공자 모델'을 보면 남녀 모두가 노동자이면서 돌봄의 제공자임을 전제로 하므로 돌봄은 부분적으로는 유급노동의 개념으로 보며, 부분적으로는 성별에 관계없이 가족과 친구 및 친지에 의해 제공된다.

이상적 형태의 생계부양자를 통한 돌봄 제공자의 전략은 육아휴직을 개인적인 권리로 설정하는 한편, 남성 할당을 유도하는 정책, 양육과 관련한 급여의 수준을 높이고 양육과 유급노동과의 연계를 높여가는 정책을 제시하고 있다.

건강가정을 위한 국가복지시스템과 건강가정지원센터

Chapter

05

1 국가복지시스템

1) 정보관리시스템의 정의

개인 및 가정을 아우르는 각종 사회복지조직의 '정보관리시스템'의 정의는 각종 조직활동과 성과에 관한 다양한 정보를 수집하고 관리하여 그 정보를 활용하여 기관 내부 및 외부의 다양한 의사결정을 지원하는 일련의 구조 및 과정을 의미한다. 이는 조직운영의 효과적이고 효율적인 조직관리를 위해서 전산화된 업무환경에서 정보처리 기술을 적용하는 경우로 전산화를 사회복지조직의 목적과 조직의 성과에 초점을 두고 활용하는 방법에 관련한 것이다.

따라서 사회복지조직의 정보관리는 조직이 가지고 있는 목적과 프로그램의 목적을 효과적이며 효율적으로 달성하는 데 기여하며 사회복지행정가의 전문성 확보 및 사회복지조직의 합리적인 평가를 위해 기여하며 가정과 관련한 다양한 복지행정을 관리하고 있다.

결국 정보관리시스템은 다양한 가정복지 관련 조직의 활동과 성과에 관한 정보를 수집하고 관리하며 정보를 이용하여 기관 내부 및 외부의 다양한 의사결정을 지원하는 구조 및 과정이다. 즉, 전산화가 자동적으로 자료를 수집하고 정리하는 것이라고 본다면 정보관리시스템은 전산화를 사회복지조직의 목적과 조직 성과에 초점을 두어 활용하는 방법에 관한 것이라 할 수 있다. 사회복지조직의 정보관리는 조직의 목적과 프로그램의 목표를 효과적이며 효율적으로 달성하는 데 기여할 뿐 아니라 사회복지행정가의 전문성 확보를 위해 그리고 사회복지조직의 합리적인 평가를 위해 필수적인 과정이며 건강가정을 지원하는 복지제도에 활용된다.

즉, 국가복지시스템을 통하여 사회복지의 정보화를 위하여 효율적이고 효과적인 업무의 처리를 하며 전자 정부의 서비스 제공의 추진과제 일환으로 보건복지부에서 구축한 웹 기반의 사회복지시설의 통합관리시스템이라 할 수 있다. 이와 같은 시스템을 통하여 사회복지시설 정보화 기반을 조성하고, 사회복지시설 회계의 투명성을 제고하는 효과가 있으며, 사회복지시설 관리업무를 표준화하는 효과가 있다. 그 밖에도 사회복지정책의 기초 자료를 확보하는 것 등을 목적으로 하고 있어서 건강가정의 지원에 효과적이다.

2) 사회복지 정보화기능 적용의 필요성

포괄적인 사회복지 분야에서 정보기술의 활용범위는 매우 넓다. 즉, 조직관리 및 교육, 정보의 교환, 다양한 임상치료 등의 업무에서 활용될 수 있다. 네트워크 커뮤니케이션(network communication)은 내부적 사무자동화에서 네트워킹으로 광범위하게 사용된다. 이러한 기반은 사회복지서비스의 정보화를 바탕으로 하여 다양한 가정의 욕구에 효과적으로 대응할 수 있게 한다. 또한 정보화의 기능은 서비스의 질을 높이며 각 기관이 개발한 프로그램과 전문지식을 공유할 수 있는 정보체계를 통하여 효과적인 사례관리가 가능하다.

이러한 정보화의 창구는 각종 복지 서비스의 통합 네트워킹의 역할을 담당할 수 있으며 복지수요에 대한 서비스의 연결 기능에 있어서 탁월한 역할로 기여할 수 있다. 그러므로 최근 사회복지 정보화에 따라 복지기관들 간의 네트워크 구축 및 연계는 많은 기능을 담당하고 있으며 향후 통합적인 사회복지서비스의 제공에 있어서 다양한 가정에게 많은 도움을 줄 수 있을 것이라 사료된다.

3) 사회복지정보화의 목표

사회복지정보화의 기반은 보다 향상된 서비스를 제공하고 과학적인 정책결정의 체계를 확보하여 궁극적으로 복지사회의 실현에 기여하는 궁극적인 목표를 지니고 있다. 이에 사회복지정보화의 과제는 다음과 같다.

첫째, 정보화를 통한 업무의 효율성 확보는 일선의 행정가에게 매우 중요하다. 그 예로는 전산화, 표준화, 전자결재, 타 전산망과의 연계 등이 있으며 이는 효율적인 업무수행에 매우 중요한 부분이다.

둘째, 국민들은 정보화를 통하여 향상된 행정서비스를 제공받을 수 있다. 포털서비스는 보다 합리적이고 통합적이며 신뢰할 수 있는 정보를 제공하도록 하는 기능을 가지고 있으므로 건강가정 지원에 꼭 필요한 부분이다.

셋째, 국민들의 전자정보화환경은 각종 전자서비스의 활용으로 정보접근의 용이와 불필요한 시간과 비용을 절감할 수 있다.

넷째, 사회복지기관이나 공공 복지서비스 공급자의 입장에서 볼 때 개선된 정보체계를 통하여 다양한 가정에 관한 신속한 정보의 제공과 종합적인 서비스의 구축 및 사례관리, 서비스 의뢰 등이 보다 원활하게 이루어질 수 있는 정보 환경을 제공한다. 이러한 환경은 서비스의 공급자 간 정보연계와 통합으로 서비스를 효율화하여 제공자와 공급자 간의 원활한 접근을 돕는다. 또한 공급자 간의 소통을 통하여 원활한 인테이크 및 다양한 가정 지원의 사후관리를 원활하게 한다.

다섯째, 가정과 관련하여 복지 분야 연구자나 정책결정자는 축적된 사회복지 분야의 각종 통계자료 등을 적절한 정보체계를 통하여 확보하게 되어 더욱 효율적인 의사결정이 가능하도록 할 수 있다.

4) 정보관리시스템의 유형

정보관리시스템은 다양한 사회복지 조직의 업무를 지원하고 해결하기 위해 다양한 정보관리시스템이 제공되며 프로그램으로 활용되고 있다. 그에 관한 몇 가지 기능은 다음과 같다.

첫째, 사회복지시설정보시스템의 운영은 사회복지 통합관리망의 구축과 함께 각종 온라인보고 등으로 사회복지시설의 업무를 전자방식으로 수행할 수 있도록 하고, 사회복지시설의 업무의 표준화 및 투명화를 위한 업무처리 절차를 제시하고 있다. 한편, 사회복지시설담당 공무원이 사회복지시설의 신고나 변동관리 및 온라인 보고, 정보의 시설 보조금 등 각종 복지급여 지급의 전자처리 등의 업무에 쉽게 적용할 수 있도록 체계화하였다.

적용 대상 시설로는 사회복지관, 노인 장애인 시설, 한부모 지역자활센터, 노숙인이나 아동 및 개인운영 신고시설 등으로 보건복지부 소관의 사회복지시설을 모두 포괄한다.

둘째, 사회복지통합관리망의 제공으로 각종 사회복지 급여와 서비스 지원 대상자의 자격 및 이력에 관한 정보를 통합적으로 관리하고 지방자치단체의 복지업무 처리를 지원하기 위한 정보시스템이라고 할 수 있다. 공공전달체계에서의 정보시스템은 또한 민간전달체계도 영향력이 크다.

5) 국가 사회복지정보시스템의 현황

국가 사회복지정보시스템은 사회복지 정보화의 패러다임에 부응하여 사회복지서비스 전달체계의 혁신과 업무 효율성 및 투명성 제고를 위한 정보시스템의 필요성에 따라 2004년부터 국가 차원의 정보화사업으로 국가정보시스템으로 구축되었다.

대표적인 시스템 사례로는 사회복지 시설정보시스템, 사회복지 통합 관리망, '행복e음' 사회보장정보시스템 등을 들 수 있다. 또한 사회복지시설정보시스템은 2004~2007년까지 국가복지정보시스템 구축에 따라 2008년에 통합관리시스템으로 자리를 잡고 사회복지시설 업무의 표준화를 도모하며 사회복지서비스의 질적 제고와 회계의 투명성, 복지정보화 기반 조성에 목적을 두고 운영되고 있는 시스템이다.

사회복지정보시스템 영역에서 가장 대표적인 사업으로 실시되었던 사업은 2010년에 개발된 중앙정부 차원의 사회복지통합관리망 '행복e음'사업이며, 사회복지통합관리망은 보건복지부 차원에서 복지수급자 개인별, 가구별 통합 DB를 구축하고 운영함으로써 복지 지원의 중복과 누락을 차단하고 수요자 중심의 맞춤형 복지서비스를 제공하는 것을 목적으로 하고 있다. 이것은 종래의 장애인, 노인, 아동 등 복지서비스 대상자별로 구축 운영되던 사회복지시설정보시스템을 정부가 통합적으로 운영하는 것을 목적으로 한 것이다.

이후 2013년에는 맞춤형 복지기반 조성을 보다 확장하여 범정부 사회보장정보시스템을 개통하고 부처별로 분산되어 운영되던 복지정보를 연계하여 통합관리하기 위해 17개 부처의 사업을 연계하여 국가 차원의 복지정보시스템을 운영하고 있다. 국가 차원의 복지정보시스템의 운영목적은 다음과 같다.

(1) 유관기관의 공적 자료 연계 구축

유관기관의 공적 자료 연계 구축에서는 기존 시스템을 통해서는 지역이나 사업별 소득 재산 조사를 통하여 다양한 가정의 복지대상자의 이력관리나 개인별 관리는 불가능했다. 또한 복지대상자 선정을 위해서 필요한 소득 재산 등의 공적 자료를 시·군·구에서 확인하기가 어려워 부정수급 등이 발생하는 원인이 되기도 하였다.

따라서 이러한 문제점을 해결하기 위해서 사회복지 통합 관리망의 관리가 필요하며 타 유관기관에서의 서비스 제공 이력정보 등을 연계하여 이를 각 지방자치단체에 제공하도록 하는 것이 중요하였다.

(2) 복지수급자의 개인별 및 가구별 통합 DB의 구축

사회복지통합관리망은 지방자치단체에서 집행하는 것으로 약 120여 개의 복지급여 및 서비스 이력을 개인별 및 가구별로 통합 관리하는 시스템이기도 하다. 또한 복지 업무의 표준화와 효율화를 위하여 기초생활보육 기초노령 등 15개 복지 사업별로 소득 및 재산 조사방법이 달라 서비스 대상자 한 명이 여러 개의 서비스를 신청하면 각 사업별로 별도의 소득 재산 조사를 실시해야 했었던 기존의 비효율적인 업무를 통합하였다. 이에 1회 조사 이후 모든 사업에 공동으로 활용하도록 하며 업무 절차의 효율화를 위하여 하나의 정보 시스템에서 상담서비스를 신청하도록 하였다. 이에 가구당 소득재산조사 서비스 수급결정 급여관리, 변동관리의 사후관리를 일괄 처리하도록 하여 업무절차를 효율적으로 하였다.

(3) 사례관리기능의 강화

사례관리기능의 강화를 위해서는 사회복지통합관리망의 구축을 계기로 시 · 군 · 구 차원에서 서비스 연계팀을 강화하여 복지대상자의 복합적 욕구해결을 위한 공공서비스뿐 아니라 민간서비스를 연계 및 제공하는 사례관리체계를 강화하였다.

그 밖에 사회보장정보시스템으로 맞춤형 복지기반 조성을 위해서 부처별로 분산되어 운영되고 있었던 복지정보를 연계하여 통합적으로 관리하기 위하여 2013년에 개통된 국가 차원의 복지정보시스템은 개인별, 가구별 복지서비스 이력관리와 중복 부정 수급방지 및 정부부처 복지사업의 정보 제공 복지사업 업무처리 지원 등을 개통하였다.

6) 국가복지정보시스템의 추진 경과

국가복지정보시스템의 추진 경과를 그림으로 나타내면 [그림 5-1]과 같다.

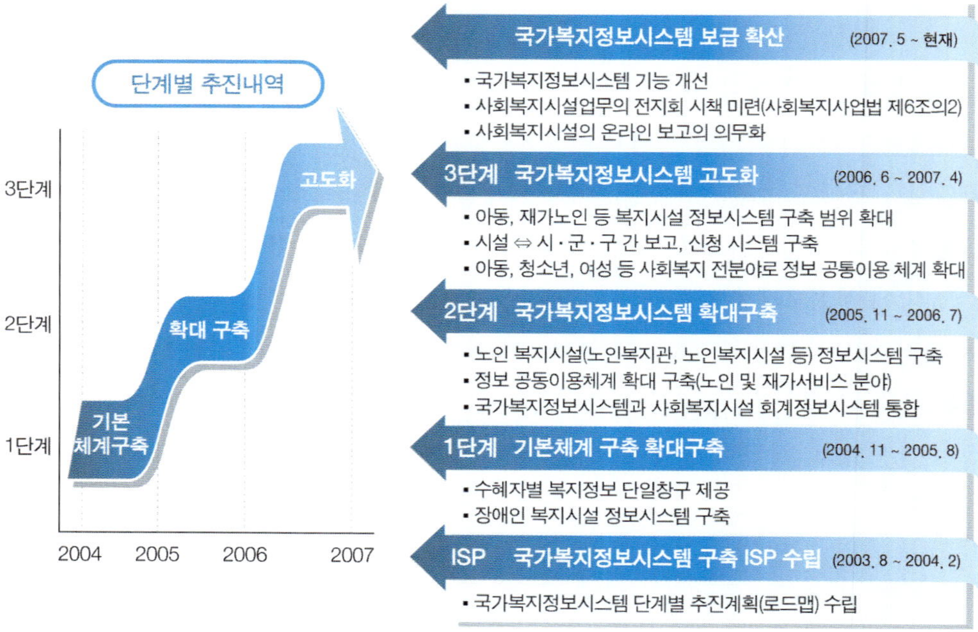

[그림 5-1] 국가복지정보시스템의 추진 경과

출처: 국가복지정보시스템 홈페이지(2016)

7) 국가복지정보시스템의 주요 기능

국가복지정보시스템의 주요 기능은 다음과 같다.

첫째, 통합회계관리의 기능으로 다양한 회계관리, 인사관리, 급여관리, 예산관리, 세무관리, 자산(비품, 소모품)관리 등의 지원이 가능하다.

둘째, 시설의 유형별 사회복지서비스의 이력관리로 생활인 및 이용자관리, 사회복지서비스 관리, 사례관리, 일지관리 등을 지원한다.

셋째, 통합고객관리로 고객(후원자, 봉사자, 방문자)관리, 후원금 관리, 자원봉사 등의 관리의 제공에 도움을 준다.

넷째, 시 · 군 · 구의 보고로 보조금 신청 및 정산, 정기 및 수시 보고로 결산보고 등을 통하여 투명한 관리를 지원한다.

다섯째, 통합복지 DB, 즉 표준 연계모듈을 통해 기관별로 분산된 사회복지시설 정보를 통합하는 기능을 다룬다.

사용대상으로는 사회복지법인과 사회복지시설로 개인운영 신고시설 포함 등이 있고 장점으로는 무료이며 언제, 어디서나 자동으로 사용할 수 있다. 무료교육 및 맞춤서비스를 통하여 정보 접근이 용이하며 체계적인 정보의 관리와 보안 등이 유지될 수 있다는 장점이 있다.

따라서 사회복지시설 운영의 회계 투명성 확보와 사회복지시설업무의 표준화 및 효율성 제고가 가능하다. 또한 보건복지부 · 지방자치단체 · 시설 간 정책 네트워크 구성이 용이하여 사회복지정책 수립을 위한 기반 조성과 각종 보고절차 간소화 등 행정비용감소의 효과가 있다.

8) 사회복지시설정보시스템

사회보장 정보원은 첫째, 정보시스템을 통한 복지 사각지대 발굴을 강화할 수 있도록 하여 더욱 촘촘한 대한민국의 사회보장망을 실현해 나가고, 둘째, 정부 부처와 지방자치단체, 사회서비스 제공기관, 어린이집, 사회복지시설, 보건기관 등에 정보 및 서비스를 제공하여 복지행정의 효율을 높이는 데 기여하고 있다. 셋째, 수요자 중심의 맞춤형 복지를 실현하여 정부의 사회보장정책을 차질 없이 집행한다. 넷째, '복지로', '공공보건포털', '임신육아종합포털' 등 대국민포털을 통해 맞춤형 보건복지서비스를 제공하여 국민들의 체감도를 향상시키고자 노력하는 사회보장 정보화 중추기관이다.

이러한 시스템의 활용은 효과적인 사회복지 정책 수립 지원과 대국민 시설이용 편의성 증대에 목적이 있으며 사회복지시설정보시스템의 홈페이지를 통하여 다양한 회계 및 세무, 고객관리, 이력관리 등이 가능하다.

뿐만 아니라 이용자 참여 및 정보 제공의 서비스로 시설 및 이용자의 서비스 맞춤 검색이 가능하고 사회복지시설정보시스템 기능 개선사항 결정, 재조정, 철회 등 시스템의 구축 및 운영 참여가 가능하다. 따라서 사회복지시설의 업무의 표준화 및 업무 감소가 가능하고 전산시스템 유지보수 비용이 절감되며 복지시설 자원의 효과적, 체계적 관리가 기능하여 행정업무 간소화 및 효율성 증대가 가능하다.

이는 보건복지부의 효과적인 정책 수립의 기반 확립과 시설현황 파악 및 자동화 통계 지원의 기본정보를 제공하여 국민의 시설 이용을 위한 편의성 증대와 투명성 확보를 통한 신뢰 구축을 지원한다.

이는 정보화의 궁극적인 목표설정에 대한 고민으로 향후 정보의 불평등이 발생하지 않도록 체계성을 보강하고 국민이 누려야 할 권리는 누릴 수 있는 정보화의 기본 인프라의 정비에 도움을 주는 것으로 질적으로도 시스템 간의 호환성 강화, 관련 규정과 제도의 정비 및 표준화 과정의 정비 등이 중요하다. 이를 통해 향후 사회복지 분야에서 책임 있는 정책결정단위의 구축과 나아가 사회복지사와 기관, 시설 및 관련 기업 등의 연계성이 증진될 수 있도록 하여야 할 것이다.

2 건강가정지원센터[1)]

우리나라의 건강가정지원센터의 주요 사업 및 중점사업의 추진사항에 따른 전달체계는 [그림 5-2]와 같이 구축되어 있다.

[그림 5-2] 건강가정지원센터의 전달체계

출처: 건강가정지원센터(2022)

건강가정지원센터의 전략과제별 주요 사업은 다음과 같다.

1) 서울시 건강가정지원센터(2016)기준임

1) 자치구 특성화 사업

자치구 특성화 사업으로는 가족 지원 나눔으로 행복가족 프로젝트와 가족상담 특화사업이 실시되고 있다. 행복가족 프로젝트를 통해서는 한부모가족 지원사업으로 가족관계 향상을 위한 맞춤형 관계 증진 프로그램과 역량강화 교육 등을 지원하며 또한 한부모가족의 심리적·정서적 지지체계 구축을 위한 한부모 자조모임(리더 및 실무자 간담회)을 운영하고 있다.

한편, 가족상담 특화사업은 현대사회 가족갈등이 심화되어 가족과 부부갈등의 해결을 위한 가족상담에 대한 필요성이 증가함에 따라 가족의 건강성 향상을 위한 지속적인 가족상담 실시로 가족문제를 사전에 예방하고 가족갈등을 감소시키고자 건강가정지원센터의 가족상담의 전문성 향상을 위한 가족상담사업의 특성을 보다 체계화한 가족상담시스템 구축을 지향하고 있다.

2) 가족역량강화사업

가족역량강화사업으로는 가족동작놀이 지도사 양성과정을 실시하고 있는데, 가족동작놀이 지도자 양성과정은 가족동작놀이를 통하여 부모와 자녀 간 스킨십, 신체적 교감 등을 통해서 자녀를 이해하고 가족 간의 친밀감 증진 및 가족건강성을 도모할 수 있도록 돕는 효율적인 가족 프로그램이다.

그 밖에 가족봉사단 한마당(가정의 달, 연합활동)을 통하여 매년 5월, 가정의 달 기념행사 및 유공자 포상 등 시민이 참여하고 함께 하는 가족 한마당 행사를 진행한다. 또한, 서울시내 25개 자치구센터에서 활동하고 있는 가족봉사단 연합봉사활동(전체 가족봉사단 참여 캠페인)과 가족봉사단 실무자 간담회 및 교육, 리더교육 및 네트워크 활동을 지원하고 있다.

그 밖에도 이혼가정의 비양육자 부모-자녀관계 개선을 위한 숙박형 캠프를 제공하여 이혼으로 인한 생활의 변화에 대한 자녀의 이해를 돕고, 부모와 자녀의 관계에 긍정적인 변화를 주어 관계가 유지되고 강화될 수 있도록 지원하고 있다. 이는 비양육자 캠프는 비양육자 부모-자녀 친밀감 형성을 위한 신체 및 가족활동, 가족관계 이해를 위한 부모 및 자녀 집단활동, 자치구센터 연계 사후상담 관리체계 구축으로 구성되어 있다.

한편, 예비부부교실에서는 미혼남녀를 대상으로 결혼준비 교육을 통해 진정한 결혼의 의미를 일깨우고 건강하고 행복한 결혼생활을 돕도록 DISC를 이용한 기질 이해, 의사소통 및 대화법, 결혼의 의미, 결혼을 위한 재무계획과 결혼 체크리스트를 가지고 서울시 예비 부부교실의 교육을 제공하고 있다.

3) 자치구센터 전문 성향상을 위한 건강가정지원센터 종사자 교육

자치구센터 전문성 향상에서는 건강가정지원센터 종사자 교육을 위하여 건강가정지원센터에 대한 관심과 수요가 증가하면서 서비스에 대한 요구도가 다양화됨에 따라서 건강가정지원센터에서는 자치구 건강가정지원센터 종사자들을 대상으로 사업을 보다 효과적으로 수행할 수 있도록 차별적인 프로그램을 개발하고 있다. 이를 통하여 새로운 지식과 기술 등을 습득할 수 있는 기회를 제공하여 종사자 개인과 센터의 조화 및 균형을 이룰 수 있도록 체계적인 교육을 실시하고 있다.

자치구센터 우수사업 평가로는 자치구센터 사업의 효율성과 효과성을 점검하고 지원하는 사업을 실시하고 있는데, 이를 통해 자치구센터에서 시행하고 있는 시 지원사업에 대한 분석과 평가를 실시하고 센터의 전문성을 강화하고 활성화방안을 모색한다. 진행은 평가단 구성, 평가기준 및 지표 마련, 사업수행 지원, 사업평가, 평가 우수사업 시상 등을 진행하며 자치구센터 가족사업서비스 질적 향상을 위한 평가인증 개발도 진행 중에 있다.

4) 광역센터 역량강화사업

광역센터 역량강화사업으로는 요구도 조사[2]를 진행하여, 서울시 각 지역의 가족실태 및 시민과 건강가정지원센터 종사자들의 욕구 파악 및 향후 가족정책사업의 연계와 기초자료로 활용하고 건강가정사업 홍보를 위하여 자치구센터의 다양한 사업을 소개하는 E-뉴스레터를 제작 · 배포하고 있다. 이에 홈페이지 및 블로그, SNS 등 온라인 공간 운영과 기관방문의 날, 캠페인 진행 등 다양한 홍보방법을 통해 시민과 소통하고 있다.

또한 협의체계 구축 및 네트워크를 통하여 건강한 가정 구현에 기여하기 위해 지역사회 자원 개발 활용(「건강가정기본법」 제10조)에 근거하여 건강가정사업의 관계자원 연계 및 진흥원, 자치구센터와 협력 사업을 수행하고, 인적 · 물적 자원의 인프라를 구축하고 협력방안을 조성하여 정보 및 의견 교환을 위한 정기적 소통의 장을 마련하고 있다. 그 밖에 건강가정 세미나를 통하여 건강가정지원센터의 기능 및 역량을 강화하며 신혼기부부 교육 프로그램 개발 등의 활동을 실시하고 있다.

5) 수탁사업

수탁사업으로는 서울시의 경우 찾아가는 아버지 교실을 실시하여 기업 · 공공기관 등 직장으로 찾아가 기관의 구성원 특성과 인원수에 따라 맞춤형 아버지교육을 실시하고 있다. 이를 통하여 야근, 승진, 인간관계 등 직장에서 받은 스트레스 때문에 자칫 소홀해질 수 있는 가족의 행복을 유지하고 향상시켜 균형 있는 일과 가족생활을 실현하고 가족 친화적 직장문화를 조성하고자 하였다.

2) 가족지원통합시스템 운영을 통하여 자치구센터의 사업영역 및 이용자 실적 등을 효과적으로 관리한다. 또한 월 · 분기 · 반기 · 연간별 데이터 자료를 효율적으로 수집하여 자치구 특성과 현황을 분석 및 파악하고 향후 서울시 가족정책사업의 객관적 자료 및 근거에 활용하고 있다.

그리고 '아이돌봄서비스'가 원활하게 제공될 수 있도록 지역 관할 내 아이돌봄서비스 수요를 파악하고 돌봄활동 상황을 분석 · 조정하여 아이돌보미 양성 및 보수교육을 진행하고 있다. 또한 서비스 이용자 전화모니터링 및 아이 돌보미 활동현장 모니터링, 서비스 제공기관 운영현황 파악을 통해 아이돌봄서비스를 사후관리하고 있다.

6) 가족학교의 운영

가족학교의 운영으로는 가족 Talk Talk 학교를 운영하여 가족 생애주기별 · 유형별 교육 프로그램으로 예비 부부교실과 신혼 부부교실 베이비 부머(중 · 노년기)세대 가족 교실, 찾아가는 아버지 교실 등을 운영한다. 서울시의 기준으로 올해(2015년)부터 자치구 10개소를 시작으로 2018년에는 25개 모든 자치구에서 사업을 진행할 예정이다.

그 밖에도 부모자녀 하나 되기 '패밀리 셰프'를 통하여 부모와 자녀가 함께 요리하고 식사하는 시간을 통해 부모-자녀 간 소통을 증진하고 성장기 자녀의 인성을 함양하기 위한 프로그램이며 기존 '밥상머리 교육'의 강의 위주 교육을 보완하여 강의 · 실습 · 가정에서 실천방법까지 지도하는 찾아가는 코칭 프로그램을 마련하여 제공하고 있다.

7) 부모교육 프로그램 개발

부모교육 프로그램 개발을 통하여 임신기 부부를 대상으로 부모 됨의 소중함을 일깨우고 올바른 양육지식과 태도형성을 위한 교육 및 아동 청소년기 자녀를 둔 부모를 대상으로 부모-자녀관계를 향상하고 있다. 이를 위하여 공감과 이해를 돕는 프로그램을 개발하여 2016년부터 실시하고 있다.

한편, 한부모 이해교육으로 한부모가족이 경험할 수 있는 다양한 분야의 심리적 문제를 부모-자녀 관계증진 프로그램 및 부모역할 훈련 등을 통해 스스로 한부모가족이 강점과 자원을 관리할 수 있는 문제해결능력 향상을 키울 수 있도록 지원하고 있다. 그 밖에도 건강한 가족생활 영위를 위해 필요한 종합 정보를 제공하는 가족보고서를 발간하고 있다.

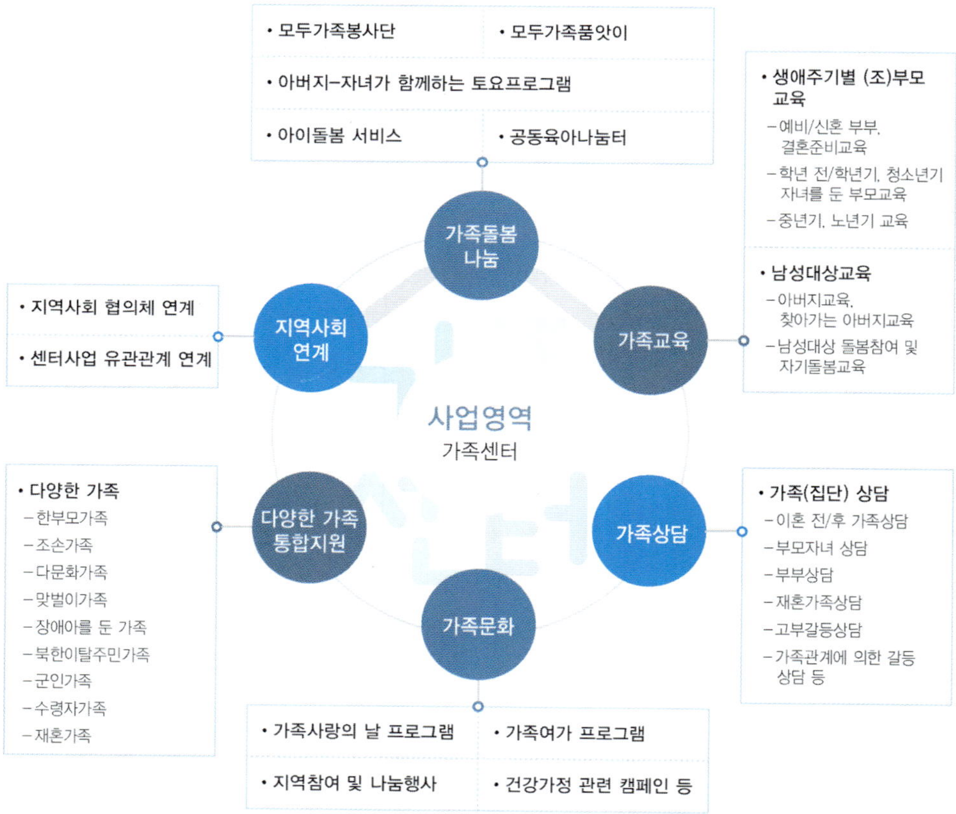

[그림 5-3] 자치구 특성화 사업

출처: 건강가정지원센터(2022)

3 한국여성정책연구원(Korean Women's Development Institute)

여성단체에 대한 여성문제 전담 기구 설립의 요구와 유엔의 권고에 의하여, 우리나라는 1963년 이후 여성을 대상으로 직업기술 훈련을 담당한 국립부녀직업보도소와 1961년 여성 교양강좌와 기술교육 및 조사연구 등을 실시하며 여성활동의 장으로 운영되었던 국립여성복지원을 통합하여 전문적·종합적 여성기구의 설립을 추진하였다.

이에 1982년 여성 국회의원의 주도로 「한국여성개발원법」이 제정되어, 1983년 보건사회부 산하 '국립 부녀 직업 보도소'와 '국립여성복지원'의 후속으로 한국여성개발원이 설립되었다. 설립 당시는 조사연구실·교육 연수실 자원개발실·정보자료실·사무국으로 조직되었으며 21세기 정보화·세계화 시대에 대비하는 여성 관련 지도 인력 양성 및 각급 사회교육기관의 여성교육의 효율적이고 종합적인 지원을 위해 기존의 사업본부 기능을 확대해 나가고 있다. 2007년 5월 한국여성정책연구원으로 명칭이 변경되었다.

우리나라 사회와 가정건강 관련 제도

Chapter

06

현대의 가족의 양상은 도시화 및 산업화 그리고 최근 급속해지는 핵가족화로 인하여 현대의 가족과 관련한 문제들은 더욱 복잡한 양상을 가지며 급변화하고 있다. 전통적인 가족의 일반적인 개념은 성인의 합법적인 결혼제도를 통하여 어버이와 자식, 부부 등의 합법적 및 혈연관계로 맺어진 공동주거생활의 사회 기본단위를 의미하는 사적 차원의 개념이었다. 그러나 점차 가족의 문제는 사회의 문제와 밀접한 관련이 있다는 관점에서 가족의 기본단위는 사회의 기본단위를 이루며 국가의 사회적 돌봄정책과도 긴밀한 관계를 가지며 가족친화정책도 기업문화의 일부를 이루고 있다.

가정이란 결국 한 개인이 성장과정을 보내는 곳이며 일생을 통하여 가족이라는 관계를 맺게 되는 생활의 장으로서 토대를 이루고 있으며 인간성장을 통하여 심리 및 정서적 영향을 받는 곳으로 사회적으로도 재평가되고 있다.

한국사회는 전통적으로 가부장 중심의 위계적인 구조를 가지고 구조 및 전통적인 역할이 엄격하고 연장자나 성역할 등이 비교적 분명했었으나, 오늘날 가족이란 개인과 구성원의 행복을 지향하는 기본 조직으로서 가정이 건강할 때 사회가 건강할 수 있다는 의미로 양성평등이 재해석되고 있다.

1 건강가정기본법의 의의와 목적

「건강가정기본법」의 제 4조에 의하면 모든 국민은 가정의 구성원으로 안정되고 인간다운 삶을 유지하며 가정생활을 영위할 권리가 있기 때문에 모든 국민은 가정의 중요성을 인식하고 복지의 향상을 위하여 노력하여야 한다고 제시하고 있다. 또한 동법 제5조에서는 국가 및 지방자치단체가 건강가정을 위하여 필요한 제도와 여건을 조성하고 이를 위한 시책을 추진하여야 하며 가족구성원의 특성과 가정 유형을 고려하여,

민주적 가정형성, 가정 친화적 환경조성, 양성 평등한 가족가치 실현과 가사노동의 정당한 가치평가를 위하여 노력하여야 한다고 하고 있다.

우리나라의 「건강가정기본법」의 입법 기본취지는 가족복지구성원의 복지증진이다. 「건강가정기본법」은 2004년 2월에 제정되어 2005년 1월 시행된 이래 2010년 3월 19일 개정되었다. 입법목적은 동법 1조에 다음과 같이 제시하고 있다. 그에 따르면 건강한 가정생활의 영위와 가족의 유지 및 발전을 위한 국민의 권리 및 의무와 국가 · 지방자치단체 등의 책임을 명백히 하고 가정문제의 적절한 해결방안을 강구하며 가족구성원의 복지증진에 이바지할 수 있는 지원정책을 강화함으로써 건강한 가정구현에 기여하고자 한다(동법 제1조).

이와 같이 「건강가정기본법」은 기존의 보건복지부로부터 전문적이며 종합적 가족정책의 기능을 수행하기 위하여 여성가족부에서 업무를 담당하도록 하였다. 그러나 가족에 대한 기본 정의에 있어서 가족, 가정, 건강가정에 대한 논의를 통하여 가족을 규정함으로써 많은 다양성을 인정하고자 하는 조직이나 단체를 통한 논란도 많았다.

특히, 「건강가정기본법」에서 정의하는 가족이 혼인 및 혈연, 입양으로 이루어진 사회의 기본단위를 의미하므로 전통적 가족의 정의의 테두리에 한정되어 가족을 정의하여 다양한 가족을 포용하지 못한다는 점이 지적되었다. 또한 건강가정의 의미로 가족구성원의 욕구가 충족된 인간다운 삶이 보장되는 상태로 규정한 것에 대한 논란도 있었다. 가족은 희노애락과 다양한 위기를 함께 겪어내며 경험하는 결속체이다. 따라서 이러한 관점에서 건강한 상태의 가정만을 한정하고 규정하는 것은 다양한 과정의 위기를 겪어내는 가정에 대한 낙인감과 가족이라는 특성상 발생할 수 있는 다양한 영역을 포괄하지 못한 채, 단면만을 지향할 수 있다는 것이다. 그럼에도 건강가정이라는 기본 이념은 현재까지 하나의 이상적 기준이 되어 존립하고 있다.

2 여성가족부의 활동[1]

우리나라는 저출산 고령화사회로 접어들면서 전통적 가족구조와 역할이 변화하여 가족해체 문제 등이 발생함에 따라, 이를 예방하고 다양한 형태의 가족이 가족공동체로서 역할을 할 수 있도록 지원하기 위해 정부 조직법을 개정(2005. 3. 24)하여 여성가족부가 수행하는 기능 이외에도 통합적인 가족정책을 수립하고 각 부처의 가족정책을 수립과 조정 및 지원하는 기능을 수행할 수 있도록 여성가족부로 개편되기에 이르렀다.

여성가족부의 업무는 기존의 여성특별위원회 업무와 보건복지부의 가정폭력, 성폭력 피해자 보호, 윤락행위의 방지업무 및 일제하 일본군 위안부에 관한 생활안정 지원 사무를 이관받았고, 노동부에서 일하는 여성의 집 사무를 이관받아 수행하고 있다. 또한 2004년 6월 12일 보건복지부로부터 영유아 보육업무도 이관받아 수행하게 됨으로써 여성가족부는 여성정책의 기획에서부터 성차별 금지 등 여성의 지위와 권익뿐 아니라 여성의 성장을 통한 국가경쟁력 제고 및 양성 평등사회의 구현이라는 역할을 담당하고 있는 국가기구로 성장하고 있다.

이에 보다 창의적으로 일하는 정부를 구축하기 위해 정부기능을 효율적으로 재배치하는 내용을 근간으로 정부조직법을 개정(2008. 2. 29)하여 여성가족부가 기존에 수행했던 가족 및 보육정책기능은 보건복지부로 이관되었고 여성가족부는 현재 여성정책의 조정 · 종합, 여성의 권익증진 등 지위향상 기능을 수행할 수 있도록 개편되었다.

한편, 가족 해체와 다문화 가족 등의 새로운 현안에 적극 대응하기 위하여 보건복

1) 여성가족부(2016) 참조

지부의 청소년 및 다문화 가족을 포함한 가족기능을 여성가족부로 이관하는 내용으로 정부조직법이 개정(2010. 1. 18)됨에 따라 '여성부'에서 '여성가족부'로 개편되었고, 여성·종합 및 여성의 권익증진 등 지위향상 뿐만 아니라 가족정책, 건강가정사업을 위한 아동 업무 및 청소년의 육성·복지 및 보호 기능을 수행하게 되었다(여성가족부, 2016).

1) 여성가족부의 비전

비전 모든 가족이 함께 행복한 사회 구현

정책목표 다양한 가족의 삶의 질 향상, 남녀 모두 일 · 가정 양립 실현

정책과제

가족관계 증진을 위한 서비스 기반 조성	▪ 맞춤형 가족교육 지원 ▪ 가족상담 활성화 ▪ 가족여가활동 확대
가족 유형별 맞춤형 서비스 지원 강화	▪ 맞벌이 가족 지원 ▪ 한부모가족 지원 ▪ 다문화가족 지원 ▪ 취약 · 위기 가족 지원
정부-가족-지역사회 연계를 통한 돌봄 지원 강화	▪ 아이 키우기 좋은 여건 조성 ▪ 돌봄 부담 해소를 위한 지역사회 조성 ▪ 가족돌봄 여건 조성
남성과 여성, 기업이 함께 하는 일 · 가정 양립 실천	▪ 일 · 가정 양립제도 정착 ▪ 남성의 일 · 가정 양립 지원 강화 ▪ 기업의 일 · 가정 양립 실천 촉진
생애주기별 출산친화적 사회문화 조성	▪ 고비용 결혼문화 개선 ▪ 임산부 배려문화 조성 ▪ 작은 육아문화 확산 ▪ 양성평등 가족문화 조성
가족환경 변화에 대응한 정책 추진체계 강화	▪ 가족정책 법 · 제도 정비 ▪ 가족정책 전달체계 강화 ▪ 새로운 가족환경 변화에 선제적 대응

출처: 여성가족부(2022)

2) 여성가족부의 소관 법률 현황(여성가족부, 2022)

가족 관련 정책	개정 및 제정
여성(양성평등)정책(3)	• 양성평등기본법(2014. 5. 28. 전부개정) • 성별영향분석평가법(2011. 9. 15. 제정) • 경력단절여성 등의 경제활동 촉진법(2008. 6. 5. 제정)
청소년정책(7)	• 청소년 기본법(1991. 12. 31. 제정) • 청소년활동진흥법(2004. 2. 9. 제정) • 한국청소년연맹 육성에 관한 법률(1981. 4. 13. 제정) • 스카우트활동 육성에 관한 법률(1969.7. 28. 제정) • 청소년 보호법(1997. 3. 7. 제정) • 청소년복지지원법(2004. 2. 9. 제정) • 학교 밖 청소년 지원에 관한 법률(2014. 5. 28. 제정)
가족정책(8)	• 건전가정의례의 정착 및 지원에 관한 법률(1999. 2. 8. 제정) • 건강가정기본법(2004. 2. 9. 제정) • 가족친화 사회환경의 조성 촉진에 관한 법률(2007. 12. 14. 제정) • 한부모가족지원법(1989. 4. 1. 제정) • 양육비 이행확보 및 지원에 관한 법률(2014. 3. 24. 제정) • 결혼중개업의 관리에 관한 법률(2007. 12. 14. 제정) • 다문화가족지원법(2008. 3. 21. 제정) • 아이돌봄지원법(2012. 2. 1. 제정)
권익증진정책(5)	• 성매매방지 및 피해자보호 등에 관한 법률(2004. 3. 22. 제정) • 성폭력방지 및 피해자보호 등에 관한 법률(2010. 4. 15. 제정) • 아동 · 청소년의 성보호에 관한 법률(2000. 2. 3. 제정) • 가정폭력방지 및 피해자보호 등에 관한 법률(1997. 12. 31. 제정) • 일제하 일본군위안부 피해자에 대한 생활안정지원 및 기념사업 등에 관한 법률(1993. 6. 11. 제정)

3) 여성가족부의 서비스 전달체계

여성가족부는 건강가정지원센터, **다문화가족지원센터 기능**의 다양화뿐 아니라 각 센터에서 상호 원활한 기능을 수행하여 다양한 수요에 선제적으로 대응하며 서비스 접근성을 제고하고 있다. 이에 관한 조직도는 다음과 같다.

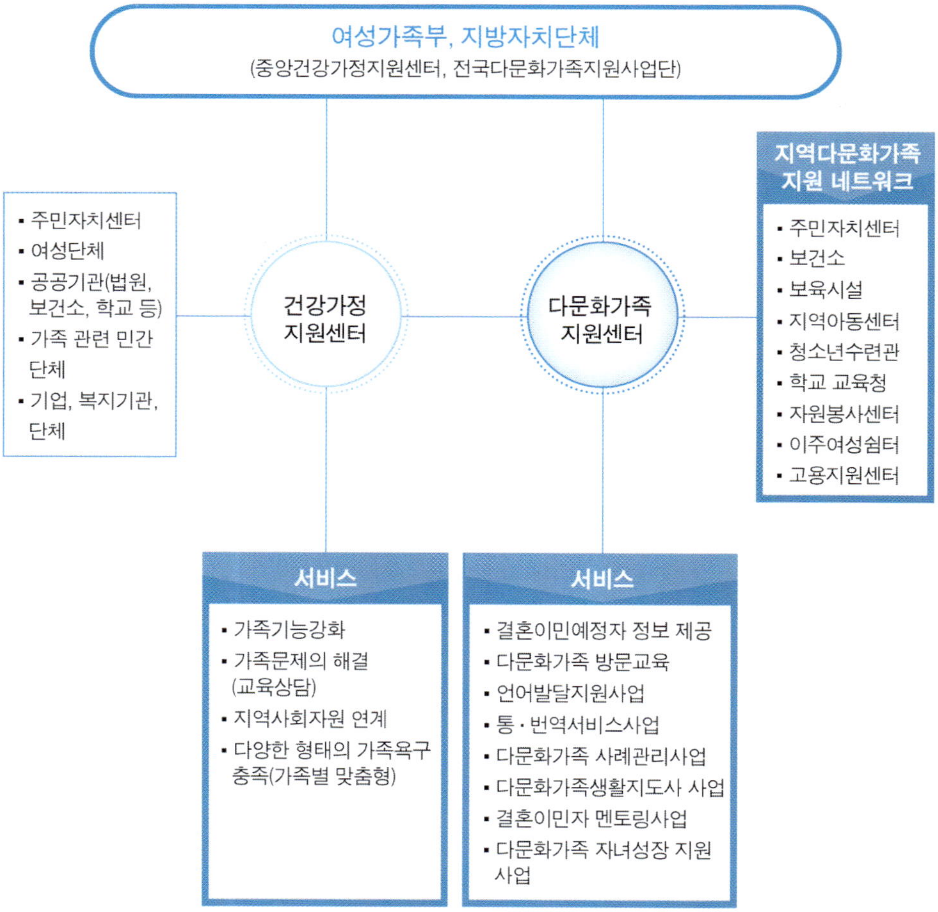

[그림 6-1] 여성가족부 조직도

출처: 여성가족부(2022)

우리나라의 여성가족부에서 정책적으로 담당하고 있는 가족정책의 기본방향 및 추진과제는 다음과 같다(여성가족부, 2022).

첫째, 생애주기별 · 가족 유형별 수요에 따른 맞춤형 가족정책을 강화하여 보편적 가족서비스로서 가족교육 · 상담, 여가활동 등을 지원하고 있다.

둘째, 가족규모의 축소, 맞벌이 가족, 한부모 가족 증가 등의 가족형태의 다양화에 따라 유형별 가족에 맞춘 정책 및 서비스 지원을 강화한다.

셋째, 정부와 가족 그리고 지역사회 연계를 통한 돌봄지원서비스를 강화하여 자녀 돌봄과 노인 돌봄에 대한 사회적 책임을 강조하는 동시에 가족 및 지역사회의 돌봄의 책임 분담과 연계를 강조하여 다양한 돌봄의 수요에 따른 지원방식의 다양화를 추구한다. 특히, 지역사회를 기반으로 하는 돌봄 공동체 및 돌봄 인프라를 확충하여 이웃 간 돌봄을 활성화하고 지역사회 중심의 자녀양육 친화환경을 조성한다.

넷째, 남성과 기업의 참여를 기반으로 일 · 가정 양립 실천 강화, 배우자 출산휴가, 남성 육아휴직 활성화, 남성 대상 맞춤형 교육 등을 지원하여 남성의 일 · 가정 양립을 지원 및 강화한다.

다섯째, 가족친화인증제도 내실화 및 일 · 가정 양립 홍보 등을 통하여 기업에서 자발적으로 일 · 가정 양립문화를 실천하도록 유도한다.

여섯째, 가족정책 환경 변화에 대응한 추진체계의 강화로 가족구조 및 정책환경의 변화를 반영하고, 미래가족의 변화를 예측하여 가족정책의 패러다임의 전환 및 중장기 발전과제를 발굴 및 추진한다.

일곱째, 가족지원서비스 전달체계의 접근성을 높이고 기능 재정비 등으로 보편적인 가족정책 전달체계로서의 위상 강화와 효율적 가족정책의 서비스를 추진한다.

여덟째, 아이돌봄 서비스를 통한 가족양육 지원, 부모의 야근 · 출장 · 질병 등으로 양육공백이 발생하는 취업부모가정에 직접 아이돌보미가 찾아가 돌봄서비스를 제공하고, 소득수준에 따라 이용요금을 차등 지원하도록 한다.[2)]

아홉째, 가족에 대한 상담, 교육, 문화사업을 확대하며 가족에 대해 상담한다. 즉, 실직 등으로 가족기능의 약화 등 위기가족에 대한 맞춤형 가족상담 등을 실시하여 가족보호지원시스템을 구축하고 운영한다. 이를 통해 가족상담 매뉴얼 개발 및 지역센터별 가족상담 연계망을 구축하는 등 가족을 보호하고 역량을 강화한다.

열째, 가족생활교육 및 가족친화 문화조성의 기능이다.

(1) 생애주기별 가족생활교육

생애주기별 가족생활교육을 실시한다. 이를 위하여 청소년기 자녀를 둔 가족생활교육, 중년기 가족생활교육, 노년기 생활교육, 아버지교육 등을 실시하며, 예비부부 및 신혼기 부부교육과 가정경영아카데미를 실시하고 있다.

(2) 가족친화문화 조성

가족친화문화 조성으로 가족문화캠페인, 가족 여가 및 체험 프로그램의 운영 그리고 가족봉사단 축제, 지역 내 이웃 간 나누기, 문화 프로그램, 가족생활문화개선 캠페인, 지역축제 등을 실시하고 있다.

(3) 삶의 질을 높이는 건강한 가족의 가치를 확산

삶의 질을 높이는 건강한 가족의 가치를 확산하고 민·관 협력으로 가족의 의미와 역할에 관한 긍정적 인식 확산 유도의 활동으로 매주 수요일에는 가족 사랑의 날의 일환으로 정시퇴근 실천운동을 활성화한다.

또한 양성 평등한 가정생활 참여를 위한 '부모교육'을 확대하고 가족단위의 여가활동의 확대로 가족 유대감을 강화하며 일과 가정이 조화로운 사회환경의 조성을 통하여 가족친화적 직장문화를 조성하여 가족친화기업의 인증을 활성화한다.

그 밖에 가족친화포럼 운영 등 민간의 자율적인 가족친화경영 확산을 지원하고 가족친화 사회환경조성의 실태조사를 통한 중장기 정책기반을 마련한다.

---

2) 돌봄서비스는 아이돌봄 홈페이지를 통하여 만12세 이하 아동을 필요한 시간 만큼 돌보는 시간제 서비스와 영아를 하루 종일 돌보는 영아종일제 아이돌봄서비스로 구분하여 2007년 시간제 시범서비스를 38개 지역에서 운영한 이래 2009년 전국 시·군·구로 확대하고 2010년에는 영아 종일제 돌봄서비스를 도입하였다. 이후 2012년에는 「아이돌봄 지원법」을 제정하고 2013년에는 「아이돌봄 지원법」에 '아이돌봄서비스 우선 제공'의 근거를 신설하였으며 2014년에는 영아종일제 돌봄 지원의 연령을 확대하고 서비스의 다양화를 추진하여 2015년에는 영아종일제 대기시스템 및 자격요건에 따른 가점제를 개편·운영하고 있다.

4) 지역사회 관련 기관 가족돌봄 지원의 연대구축

지역사회 관련 기관 가족돌봄 지원의 연대구축을 위하여 첫째, 나눔과 통합의 가족친화 마을을 조성하고 활성화한다. 이를 위한 1단계로는 이웃사촌 간 가족 관계 맺기 및 가족 역량 강화를 실시한다. 2단계로는 지역사회 내 한마음 가족친화마을을 조성하고 활성화하는 것을 목표로 하고 있다.

둘째, 지역공동체의 활성화와 지원의 구심점으로 건강가정지원센터 및 다문화가족지원센터의 역량을 강화한다.

셋째, 가족과 지역사회의 소통과 연대 강화를 위하여 마을 내 품앗이 등 상부상조 공동체 문화를 조성하여 다양한 가족에 대한 문화적 수용을 강화한다.

넷째, 포괄적 가족지원서비스를 실시하기 위하여, 기본 방향으로 가족의 유형별로 이원화되어 있던 가족지원서비스를 가족의 유형과 상관없이 한 곳에서 원스톱으로 다양한 가족에게 보편적이고 포괄적인 서비스를 제공할 수 있도록 한다.

또한 사업목적 소득수준과 가족 유형에 상관없이 지역사회에 거주하는 가족이면 이용 가능한 보편적인 서비스와 가족 내 문제 상황이나 가족 유형별 특성과 여건 등을 고려한 맞춤형 서비스를 제공하도록 한다.

그 주요 내용으로는 2016년 전국 78개소의 건강가정 및 다문화가족지원센터에서 서비스를 실시하며 통합서비스 지원 대상을 확대하여 다문화가족의 지원을 다문화가족, 맞벌이 가정, 취약위기 가족 등 다양한 모든 가족으로 확대하였다.

(1) 사회적 돌봄환경 지원

그 밖에도 가족 관련하여 한부모, 조손가족 등 취약계층에 대한 지원을 강화하여 가족역량(family empowerment) 강화를 도모할 뿐 아니라 결혼이민자 중심의 지원을 모든 다문화가족의 구성원과 자녀 지원으로 확대하였다. 또한 지원시간을 확대하여 가족지원서비스 접근성 제고를 위하여 주간 · 주중의 중심에서 야간 · 주말 운영까지 확대하였으며 서비스에 있어서도 지역여건 및 정책 수요자 특성에 맞는 맞춤형 서비스를 강화하였다.

한편, 워킹맘의 직장 내 고충 해소와 워킹 대디(working daddy)의 육아참여 활성화 지원 등 맞벌이 가정의 일·가정 양립 지원을 강화하였으며 결혼이민자, 다문화 자녀에 대한 지원확대 등 다문화가족에 대한 생애주기별 맞춤형 서비스를 강화하였다.

이에 대한 아이돌보미 서비스의 내용은 다음과 같다. 지원목적은 만 12세 이하 아동을 둔 맞벌이 가정 등에 아이돌보미가 직접 방문하여 아동을 안전하게 돌봐주는 서비스를 실시하여 가정의 아이 돌봄을 지원하며 아동의 복지증진과 보호자의 일·가정 양립을 통한 가족구성원의 삶의 질 향상과 양육 친화적인 사회 환경을 조성하는 것에 있다.

지원내용으로 시간제 돌봄 서비스는 맞벌이가정, 다자녀가정 등의 만 12세 이하 아동에게 아이돌보미가 집으로 찾아가 임시보육, 놀이활동과 등·하원 동행 등의 돌봄 서비스를 제공하는데, 지원비용은 기준 중위소득 120% 이하 가정의 소득 수준에 따라 1,625~4,875원을 차등 지원한다.[3)]

그 밖에도 영아종일제 돌봄서비스의 내용으로는 생후 3~24개월 영아를 대상으로 하여 이유식 먹이기, 젖병 소독하기, 기저귀 갈기, 목욕 등 종일 돌봄서비스를 제공한다. 지원비용은 기준 중위소득 120% 이하 가정의 소득수준에 따라 월 200시간을 기준으로 39만~91만 원을 차등 지원한다. 지원시간은 월 120~200시간 이내로 1일 최소 4시간 이상 사용을 원칙으로 한다.[4)]

---

3) 시간당 6,500원으로 2008년 12월 31일 이전 출생 아동은 '가'형만 지원하며 지원시간은 연 480시간 이하로 1회 최소 2시간 이상 사용을 원칙으로 하고 있다. 그러나 정부 지원시간을 초과하는 경우 전액 본인부담으로 서비스를 이용 가능하며 서비스 이용시간 및 적용기간은 예산 상황에 따라 조정될 수 있다. 그 밖에 종합형/가사추가형은 시간제 돌봄에 아동과 관련한 가사를 추가하여 돌봄을 제공하고 있다.

4) 정부 지원시간을 초과하는 경우는 전액 본인부담으로 서비스 이용이 가능하며 서비스 이용시간 및 적용기간은 예산 상황에 따라 조정될 수 있으며, 보육교사형으로 영아종일제 돌봄 시 보육교사 자격 아이돌보미가 돌봄을 제공한다.

(2) 지원대상과 신청방법

지원대상과 신청방법으로는 소득활동 및 다자녀양육 등으로 양육공백이 발생하는 가정으로 취업한 부모, 장애부모, 맞벌이 가정, 다자녀 가정, 기타 양육부담 가정에 대해서 지원한다. 정부 지원대상에 해당하지 않는 가정은 전액을 본인부담으로 서비스 이용이 가능하다.

정부 지원이 가능한 양육 공백 가정은 취업한 부모로 맞벌이 가정, 장애부모 가정(가정에서 아동을 양육하는 부 또는 모가 「장애인 복지법」 제2조'의 규정에 의한 장애인인 경우), 다자녀 가정으로 만 12세 이하 아동이 3명 이상인 가정이나 만 36개월 이하 아동 2명 이상인 가정이다. 그 밖에는 중증(1~3급) 장애아 자녀를 포함하여 아동 2명 이상을 양육(비장애아에게 돌봄 제공)하는 경우가 해당한다.

단, 부모 모두 비 취업으로 가정에서 아동을 양육하는 경우는 정부지원 대상에서 제외한다. 기타 양육부담 가정으로는 부 또는 모의 입증 가능한 장기 입원 등의 질병 및 상해에 의한 양육공백과 부 또는 모가 학교에 재학 중이거나 취업준비(학원수강 등 입증할 수 있는 경우에 한함) 중인 경우, 혹은 모의 출산으로 출생 아동의 형제 · 자매에 돌봄 공백이 발생한 경우에 지원이 가능하다.

신청방법은 정부 지원 신청 가정의 읍 · 면 · 동 주민센터나 '복지로'에 정부 지원을 신청하면 정부 지원 유형을 결정 후 통지받게 된다. 이후 아이돌봄 홈페이지에 회원 가입을 한 후 서비스 신청과 본인부담금 선입금 후 서비스 이용이 가능하다. 정부미지원 가정은 아이돌봄 홈페이지에 회원 가입을 한 후 서비스 신청 및 본인부담금 선입금 후 서비스 이용이 가능하다. 맞벌이 부부 및 「한부모가족지원법」에 의해서 등록된 한부모 가구 중 직장건강보험 가입자인 경우에는 '복지로(www.bokjiro.go.kr)'에서 공인인증서를 통해 온라인 신청이 가능하다.

그리고 정부 지원대상이 아닌 가정은 읍 · 면 · 동 주민센터를 거치지 않고 곧바로 아이돌봄 홈페이지에서 회원 가입 후 서비스 제공기관에서 정회원 승인을 받아 전액 본인부담으로 서비스 이용이 가능하다.

5) 부모학교의 운영과 주요 내용

부모학교의 취지는 "좋은 부모, 행복한 아이! 대한민국이 부모교육을 시작한다"는 취지 아래 부모교육 활성화를 통하여 아동학대 예방 및 건강한 가정을 위한 가족가치를 확산하기 위해 부모학교를 운영한다. 부모학교는 생애주기별 맞춤형 부모교육 강화로 일회성이 아닌 지속적 교육을 받을 수 있는 시스템을 구축하는 것을 목표로 하고 있다.

이를 통하여 교육 사각지대에 놓여 있는 취약가정 부모를 중점 지원하여 자녀양육의 역량을 강화하며 부모교육 필요성 및 효과성을 지속적으로 홍보하여 자발적인 부모교육의 참여를 유도하도록 한다.

주요 내용으로는 생애주기별 및 가족 유형별로 다양한 부모교육 표준 프로그램 및 콘텐츠를 개발하여 활용한다. 한편, 부모교육 전문가 관리를 위하여 부처별 · 기관별 관리되고 있던 부모교육 강사자료를 통합하여 수요기관에 제공하고 찾아가는 부모 교육으로 교육 접근성 및 부모교육 참여도의 제고를 위해 생활 속에서 쉽게 접근할 수 있는 직장, 어린이집, 유치원, 공동 육아 나눔터, 군부대 등 생활 속으로 '찾아가는 부모교육'을 실시한다.

또한 부모교육의 사회적 공감대의 확산을 위하여 부모교육의 필요성 및 효과성에 대한 긍정적 인식 및 사회적 공감대 확산에 주력하여 자발적인 교육 참여 분위기를 조성한다. 부모교육을 받을 수 있는 곳은 건강가정지원센터와 육아종합지원센터, 학부모지원센터 등이 있다.

6) 건강가정지원센터의 운영

건강가정지원센터 운영의 기본방향은 가족문제 예방 및 해결을 위해 가족 돌봄 사업, 가족교육, 가족상담, 가족문화 활동 등 예방적 · 선제적 가족지원서비스를 제공하여 가족의 건강성을 증진할 뿐 아니라, 다양한 가족에게 맞춤형 서비스 지원 강화에 기본 방향을 두고 다음의 사업의 목적을 갖는다.

(1) 사업목적

사업목적으로 건강가정지원센터를 통해 수요자 중심의 서비스 전달체계를 갖추고 지역 주민의 특성을 고려한 맞춤형 가족지원서비스를 제공함으로써 가족의 안정성 강화 및 가족관계를 증진한다.

(2) 주요 내용

주요 내용으로는 중앙건강가정지원센터를 통하여 가족서비스 전달체계의 중추기관으로서 지방건강가정지원센터 운영을 지원하고 강화하는 역할을 수행하여 다음과 같은 기능을 담당한다. 건강가정지원센터의 운영목적은 다음과 같다.

첫째, 다양한 가족 지원 프로그램 개발 및 보급을 활성화한다.

둘째, 가족 관련 정보의 구축 및 보급, 전국단위의 대국민 홍보 및 센터 종사인력 등에 대한 교육을 실시하며 지방건강가정지원센터 사업을 운영 지원하고 평가를 실시한다. 그리고 지방건강가정지원센터의 운영을 통하여 지역주민의 가족생활과 관련한 문제를 종합적으로 상담하고 관련 서비스를 직접 제공하는 창구역할을 수행한다.

셋째, 다양한 가족형태에 맞는 가족교육 및 가족상담을 제공한다.[5] 그 밖에도 지역주민대상의 가족문화 개선·홍보사업을 추진한다.[6]

5) 결혼준비교육, 부부교육, 부모교육, 가족갈등 및 이혼 전·후 상담을 실시한다.
6) 가족사랑의 날, 전통문화체험교실 운영, 가족사랑 걷기 대회 등을 실시한다.

그 외에도 지역주민의 가족서비스 욕구조사, 지역사회 가족 관련 정보를 제공하며 가족돌봄 기능 지원 및 한부모와 조손가족 등에게 다양한 가족 지원서비스를 실시한다.[7)]

7) 다문화가족 지원

다문화가족을 위하여 가족교육 · 상담 · 문화 프로그램 등의 서비스 제공을 통해 결혼이민자의 한국사회 조기적응 및 다문화가족의 안정적인 가족생활 지원을 기본방향으로 한다. 이에 대한 단계별 지원은 다음과 같다.

(1) 제1단계

이를 위하여 1단계로는 입국 전 결혼 준비기에 필요한 국제결혼과정의 인권보호와 교육 프로그램을 실시한다.[8)]

(2) 제2단계

2단계로는 입국 초 가족관계 형성시기로 결혼이민자의 조기적응 및 안정적 생활 지원을 위하여 **한국어교육,**[9)] **다문화가족통합교육, 다문화가족 취업연계 및 교육 지원, 개인 · 가족상담 등 종합서비스**를 제공한다. 그리고 다국어판 생활 및 정책 정보

---

7) 가족봉사단, 모두 가족품앗이, 토요 돌봄, 초등취학적응 돌봄서비스, 방학 돌봄서비스 등

8) 「결혼중개업의 관리에 관한 법률」을 제 · 개정하여 시행하였는데, 이를 살펴보면 국제결혼중개업 등록제 시행('08년), 결혼중개계약서 작성 및 중개업자의 신상정보 사전제공 의무화('10년), 18세 미만 및 집단맞선 소개 금지, 국제결혼중개업 등록 시 자본금 요건(1억 원 이상) 상향('12년) 국제결혼 중개행위 관련 외국 현지형사법령 등 위반 시 결혼중개업 운영 3년간 금지('13년) 등의 내용이 있다. 그 밖에 국제결혼 실태조사 3년 단위 실시('14년) 및 결혼중개업체에 표준약관(계약서 포함) 권장, 국제결혼중개업자의 자본금 상시 보유요건 명시('15년), 국제결혼중개 손해배상 입증책임을 국제결혼중개업자에게 부과('16년), 결혼중개업자 전문지식 및 윤리의식 향상교육 실시, 결혼중개업제도, 인권보호, 소비자보호, 상담실무 등을 교육, 결혼이민(예정)자 현지사전교육 운영의 내실화로 베트남, 몽골, 필리핀, 캄보디아 현지에서 표준교재(한국문화, 한국어 등)를 활용한 한국입국 전 정보 제공(4개국 6개소 실시) 등의 내용이 있다.

9) 다양한 매체를 통한 한국어교을 위하여 전국 시 · 군 · 구에서 집합 한국어교육을 실시한다(다문화가족지원센터 등에서 운영 실시). 이를 통하여 정규과정(1~4단계), 중도 입국 자녀반, 특별반(한국어 심화과정 등)을 운영하며 다문화가족지원센터에서 한국어 방문교육을 실시한다. 2015년 기준 한국어교육지도사(937명)가 다문화가족 6,648명을 지원한 바 있다.

매거진(Rainbow+, 연4회), 한국생활 가이드북을 제공할 뿐 아니라 다문화가족 지원 포털 '다누리' 운영 등으로 한국생활의 다양한 정보를 제공하며 다문화에 대한 실태조사[10])를 실시한다.

다문화가족의 지원센터의 기본방향은 다음과 같다. 먼저 사업의 목적은 지역사회 다문화가족을 대상으로 한국어교육 · 가족통합교육, 자조모임 육성 등 종합서비스를 제공하여 다문화가족의 조기 적응 및 사회 · 경제적 자립 지원을 도모할 수 있는 서비스 전달체계를 운영 지원한다.

(3) 다문화센터 기본 프로그램

다문화센터 기본 프로그램은 다음과 같다. 먼저 방문교육사업으로 지리적 여건 등으로 센터 이용이 어려운 다문화가족 대상 '한국어교육' 및 '부모교육 · 자녀 생활 서비스'를 제공하고 있다. 또한 결혼이민자에 대한 통 · 번역 서비스 사업으로 결혼이민자를 통역 및 번역 전문인력으로 채용하여 의사소통이 어려운 결혼이민자에게 통 · 번역서비스를 제공하고 있다.

이에 대한 기본사업내용으로는 가족생활 및 국가 간 문화 차이 등에 관하여 입국 초기 상담을 실시하고 결혼이민자 정착 지원 및 국적 · 체류 관련 정보 제공과 사업을 안내하고 있다. 기본 내용으로는 임신, 출산, 양육 등의 생활정보 안내와 상담 및 교육과정 통역 뿐 아니라 가족 간 의사소통의 통역과 행정 · 사법기관, 병원, 학교 등 기관 이용 시 통 · 번역을 제공하고 있다.

그 밖에도 위기상황 시 긴급 지원, 전화 및 이메일 통 · 번역의 업무 처리를 실시한다. 서비스 이용방법으로는 해당 다문화가족지원센터에 방문 및 전화 혹은 이메일

---

10) 다문화가족 실태조사 실시(「다문화가족지원법」 제4조)를 통하여 전국규모의 다문화가족 실태를 조사 · 분석해 정책수립에 필요한 기초통계자료 확보 및 맞춤형 서비스를 개발한다. 조사항목(「다문화가족지원법 시행규칙」 제2조 제3항)으로는 성별, 연령, 학력, 취업상태 등 가족구성원의 일반 특성에 관한 사항과 소득, 지출, 자산 등 가족의 경제상태에 관한 사항 및 자녀양육, 가족부양 등 가족행태 및 가족관계에 관한 사항. 그리고 가족갈등 가족문제에 관한 사항 및 다문화가족 지원 관련 교육 · 상담 등 서비스 수요에 관한 사항을 조사한다. 그 밖에 다문화가족의 현황 및 실태파악에 필요한 사항을 조사한다.

로 신청이 가능하다.11)

이와 같은 것은 다문화 가족의 이중언어가족환경 조성사업의 실시 일환으로 다문화 가정 내에서 영유아기부터 자연스럽게 이중 언어로 소통할 수 있는 환경을 조성하고 다문화가족 자녀(영 · 유아기)의 정체성 확립 및 글로벌 인재로의 성장을 지원하기 위한 것이다. 사업내용으로는 **부모–자녀 간의 이중언어의 상호작용 교육, 부모교육 및 사례관리, 자조모임 지원** 등을 내용으로 하고 있다. 이에 대한 프로그램의 내용은 〈표 6-2〉와 같다.

〈표 6–1〉 다문화가족 대상 서비스 내용

서비스	대상	서비스 내용
한국어교육	입국 5년 이하 결혼이민자, 중도입국자녀 (만 24세 이하, 1992. 1. 1. 이후 출생자)	• 한국어교육 1~4단계 • 어휘, 문법, 화용, 문화
부모교육 서비스	생애주기별 각 1회 지원 (최대 15개월, 총 3회 지원) ① 임신 · 신생아기(임신 중~생후 12개월 이하) ② 유아기(12개월 초과~48개월 이하) ③ 아동기(48개월 초과~만 12세 이하)	• 자녀양육 지원을 위한 부모교육(부모성장, 부모–자녀관계 형성, 영양 · 건강관리, 학교 · 가정생활 지도) • 가족상담 및 정서 지원서비스 • 기타 한국생활에 필요한 정보 제공
자녀생활 서비스	만 3~12세 이하 다문화가족자녀, 중도입국자녀	• 인지영역 : 독서코칭, 숙제지도, 발표토론지도 • 자아 · 정서 · 사회영역 : 자아 · 정서 · 사회성 발달을 위한 지도 • 문화역량강화 영역 : 문화인식, 정체성 확립, 공동체 인식 지도 • 시민교육영역 : 기본생활습관, 건강 및 안전, 가정생활, 진로지도

출처: 여성가족부(2016)

11) 2016년 통번역 전담인력은 282명이 활동하고 있으며 이를 통하여 다문화가족 자녀의 언어발달 지원사업을 실시하고 있다. 이를 통하여 다문화가족의 자녀에 대한 체계적이고 전문적인 언어발달 지원을 통해 이들이 건강한 사회구성원, 나아가 글로벌 인재로 성장할 수 있도록 지원한다. 사업내용으로는 다문화가족의 만 12세 이하 자녀에 대한 언어발달 진단 및 교육을 실시하고 센터에 언어발달지도사를 배치, 센터 내 자체 프로그램 운영 및 인근 보육시설(어린이집, 유치원등)에 파견해 건강한 성장을 지원하는 데 2016년 언어발달지도사 300명이 활동하고 있다.

〈표 6-2〉 다문화가족 대상 프로그램 내용

사업영역	내용	
가족	• 다문화가족 이중언어 환경조성 프로그램 • 다문화가족 이중언어 환경조성 프로그램 • 가족의사소통 프로그램 • 가족관계 향상 프로그램 • 결혼과 가족의 이해 • 가족의 의미와 역할	• 아버지 교육 • 부모-자녀관계 및 자긍심 향상 프로그램 • 자녀교육 프로그램 • 부모역할교육, 자녀건강지도 • 자녀생활지도 등
성평등	• 배우자부부교육 • 배우자이해 프로그램	• 예비 · 배우자교육 프로그램 • 부부갈등해결 프로그램 등
인권	• 다문화이해교육 • 인권감수성 향상교육	• 다문화가족 관련 법과 제도 • 이주민과 인권
사회통합	• 취업기초소양교육 • 구직자 발굴 및 구직처 연계	• 새일센터, 고용센터 등 취업 관련 기관 연계
	• 다문화가족 나눔봉사단 소양교육 • 다문화가족 나눔봉사단 활동 • 한국사회적응교육 • 소비자 · 경제교육 • 학업지원반(검정고시반 등) 운영 및 연계	• 다문화가족 자조모임 • 다문화인식 개선 • 결혼이민자 멘토링 프로그램 등 • 결혼이민자 정착단계별 지원 패키지(미래찾기, 길찾기 등 미래설계 프로그램 중 선택)
상담	• 가족상담 • 개인상담 · 집단상담 • 사례관리 · 심리검사	• 위기가족 긴급 지원 • 외부상담기관 연계

출처: 여성가족부(2022)

8) 사회 취약가족의 지원

추진배경으로는 이혼율의 증가와 가족가치관의 변화 등으로 저소득 한부모가족이 지속적으로 증가함에 따라, 이들의 자립기반 조성을 위한 지원 필요성이 증대되었다.

〈표 6-3〉 한부모가족 현황 (단위: 천 가구, %)

구분	2016년	2017년	2018년	2019년	2020년
전체가구	19,838	20,168	20,500	20,891	21,480
한부모가구	1,540	1,533	1,539	1,529	1,533
모자가구	–	141,207	144,156	143,740	145,482
부자가구	–	38,880	38,629	37,969	37,660

주. 한부모가구 현황은 「한부모가족지원법」에 따른 지원대상으로 저소득 한부모가족의 현황임.
출처: 통계청(2022). 인구주택총조사.

사회 취약가족의 지원으로는 저소득 한부모가족, 미혼모가족, 조손가족 등 사회취약가족이 가족의 기능을 유지하고 건강한 생활을 영위할 수 있도록 다양한 지원사업을 수행함으로써 한부모가족의 생활안정과 자립기반 조성 및 복지증진에 기여하도록 하였다.

주요 사업으로는 저소득 한부모가족 자녀 양육비 등 복지급여 지원, 청소년 한부모가족 자립 지원, 저소득 한부모가족 주거 지원서비스, 권역별 미혼모·부자 지원기관 운영, 가족 역량강화 지원사업, 한부모가족 법률구조 지원, 이혼위기가족 회복 지원사업 등이 있다.

이에 대한 근거법령은 「한부모가족지원법」, 「한부모가족지원법 시행령」, 「한부모가족지원법 시행규칙」 등이 있다.

9) 다문화가정의 위기개입 및 가족통합교육의 실시

위기개입 및 가족 통합교육의 실시를 위하여 가정폭력 피해 상담 및 보호를 위해 다누리 콜센터 및 전용쉼터, 법률구조기관 등 관련 기관 간 연계를 강화하여 다문화가족의 생활 적응과정에서 발생하는 각종 고충상담 및 생활정보 제공을 위해 다누리 콜센터를 2011년 6월부터 운영하였으며 다문화가족과 이주여성에게 각종 한국생활정보 안내 및 폭력피해 접수·상담 지원을 위해 이주여성 긴급 지원센터를 2014년부터 다누리 콜센터로 통합 운영하여 원스톱 서비스를 실시 하였는데, 다누리콜센터는 13개 언어로 365일, 24시간 지원하고 있다.

이주여성쉼터는 2016년 기준으로 24개소 운영되고 있으며 다문화가족(이혼가족 포함)의 개인 및 가족상담을 위하여 다문화가족구성원 간 가족 내 역할 및 가족문화에 대한 이해 향상을 위하여 가족통합교육을 추진하고 있다.

(1) 다문화가정의 정착기 서비스 제공

다문화가정의 정착기인 제3단계는 자녀양육 및 정착의 시기로 보아 다문화가족 자녀의 양육 및 교육을 지원하게 된다. 주요 내용으로는 부모의 자녀양육능력 향상을 위하여 부모교육서비스를 실시하여 학업 성취가 낮고 자아 · 정서 · 사회성발달에 어려움을 겪고 있는 다문화가족 자녀에게 자녀생활서비스를 제공하고 있다. 이는 다문화가족 자녀 언어발달을 지원하는 것으로 언어발달 진단, 교육 프로그램 제공(언어발달 지도사 300여명)을 통하여 센터 내 다문화 언어교실 개설 및 보육시설 파견서비스를 제공하며 이중언어 가족환경 조성사업을 지원하게 되는데, 다문화가족 자녀가 한국어와 함께 결혼이민자 부모의 언어를 자연스럽게 쓸 수 있도록 지원한다.

그 밖에 '다문화가족 이중언어 가족조성사업'을 실시한다. 이는 다문화가족 학령기 자녀 및 부모대상 자녀 성장 지원 프로그램 "多재多능" 실시(2016년~, 81개소)를 통하여 다문화가족 자녀의 정체성 회복, 사회성 · 리더십 개발을 위한 프로그램을 제공하게 된다.

(2) 다문화가정의 역량 강화기 서비스 제공

한편, 제 4단계의 역량 강화기를 통해서는 다문화가족의 경제 및 사회적 자립 지원을 실시하여 다문화가족 취업 연계 및 취업 기초 소양교육을 실시하고 결혼 이민자 적합 직종 개발 및 직업교육 훈련을 실시한다. 통 · 번역사, 진료 코디네이터 등 결혼이민자 적합 직종을 개발하여 결혼이민여성 특성 · 선호 및 인력수요 등을 고려한 직업훈련 및 직장에 적응할 수 있는 인턴기회를 제공하며 각종 자조모임 및 봉사단 등 운영을 지원하여 국가별 자조모임 및 일반가족과 함께 하는 나눔 봉사단 등을 운영 지원한다.[12)]

10) 가족친화사업

가족친화사업으로 '가족친화인증제'란, 가족친화제도를 모범적으로 운영하고 있는 기업, 공공기관에 대하여 심사를 통해 인증을 부여하는 제도로 법적 근거는 「가족친화 사회환경의 조성 촉진에 관한 법률」 제15조(제정연도 : 2007. 12. 14)이며, 자녀출산 및 양육 지원, 유연근무제도, 가족친화직장문화의 조성 등을 목적으로 하고 있다.

인증주체 및 대상으로 인증주체는 여성가족부장관이며 인증대상은 기업, 공공기관, 중앙행정기관, 지방자치단체, 대학 등이 있다. 이에 대한 가족친화인증의 추진체계는 [그림 6-2]와 같다.

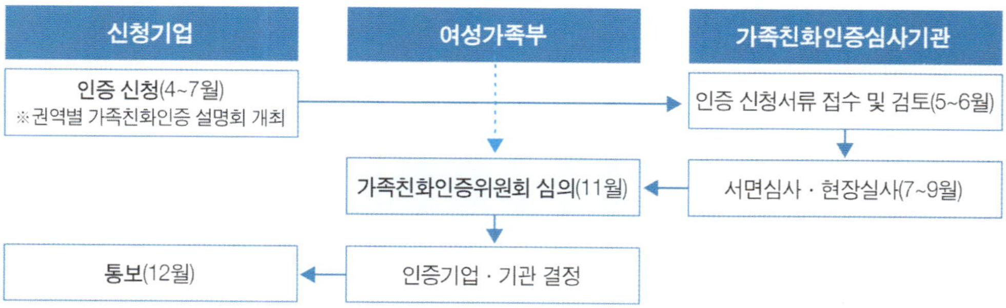

[그림 6-2] 가족친화인증 추진체계

출처: 여성가족부(2022)

12) 다문화가족지원 포털사이트 '다누리' 운영 지원하여 다문화 인식개선을 위한 콘텐츠를 개발 및 보급한다.

신청기업의 인증신청은 5~6월로 매년 초 권역별 가족친화인증 설명회를 개최한다. 그리고 가족친화인증심사기관을 통하여 인증 신청서류 접수 및 검토(5~6월)를 실시하며, 서면심사와 현장실사(7~9월)를 통하여 여성가족부가 가족친화인증위원회 심의(10월)를 거쳐서 인증기업 및 기관을 결정하고 신청기업에 통보(11월)하게 된다.

인증의 기준은 최고경영층의 리더십, 가족친화실행제도, 가족친화경영 만족도 등을 평가하여 70점 이상을(중소기업은 60점 이상) 획득한 경우 인증을 부여하게 된다. 점수의 배점기준은 최고경영층의 리더십으로 최고경영층의 관심 및 의지(20), 가족친화실행제도(60)로 자녀출산 및 양육 지원, 유연근무제, 정시퇴근제 등이 점수에 반영되며 그 밖에도 가족친화경영 만족도(20)의 점수로 가족친화 실행제도에 대한 근로자의 만족도가 참조된다. 이러한 가족친화기업 등의 인증기준은 여성가족부 고시 제2015-18호에 명시되어있다.

인증의 효력(3년, 2년 연장 가능)으로 인증 마크를 상품 광고와 홍보 등에 활용하여 기업이미지를 제고하고 인증을 통한 가족친화경영 도입 촉진으로 근로자와 가족구성원의 삶의 질 향상, 이직률 감소 등을 통하여 기업의 경쟁력 강화에 기여하게 된다.[13)]

13) 기업 및 공공기관에 대한 적용은 「가족친화 사회환경의 조성촉진에 관한 법률 시행규칙」 제7조와 관련하여 기본적으로 서로를 배려하며 사랑을 품고 있는 사람들이 정겹게 어울리는 모습을 형상화한 것으로, 그러한 배려와 사랑으로 서로 조화를 이룰 때, 비로소 하나의 완성된 꽃 '가족친화경영'을 피울 수 있다는 의미이며 밝은 다홍색은 가족의 사랑을 상징하고 노란색은 기업의 배려와 열정, 초록색은 사회적 관심과 안정된 제도를 상징하고 있다. 가족친화 인증기업에 대한 인센티브 지원으로 정부사업 참여 시 가점 · 우선권을 부여한다. 은행 금리우대 등(32개 기관, 104개 인센티브, 2015년 12월 기준) 가족친화 우수기업 정부포상(2011년~), 가족친화경영 대상(2012년~) 등의 권장이 있다.

기업	공공기관

(「가족친화 사회환경의 조성촉진에 관한 법률 시행규칙」 제7조 관련)

기본적으로 서로를 배려하며 사랑을 품고 있는 사람들이 정겹게 어울리는 모습을 형상화한 것으로서, 그러한 배려와 사랑으로 서로 조화를 이룰 때, 비로소 하나의 완성된 꽃 '가족친화경영'을 피울 수 있다는 의미

- 밝은 다홍색은 가족의 사랑
- 노란색은 기업의 배려와 열정
- 초록색은 사회적 관심과 안정된 제도 상징

[그림 6-3] 가족친화인증의 표시

출처: 여성가족부(2022)

11) 가족 사랑의 날

매주 수요일은 가족과 함께하자는 '가족 사랑의 날'로 바쁜 주중에 수요일 하루라도 가족과 함께 시간을 보내는 작은 실천이 가족 사랑의 첫걸음이 된다는 의미에서 시작되었다.

여성가족부는 기존의 '**매월 셋째 주 수요일을** Family day'로 지정·운영하던 캠페인을 2010년부터 한글이름 공모전을 통해 대상을 수상한 명칭 '가족사랑의 날'로 변경, 매주 수요일로 확산 전개 추진 중이다.

수요일은 가족사랑의날

출처: 여성가족부(2022)

권장사항으로 직장에서는 '알찬 일과, 정시퇴근 일터 만들기'를 위하여 매주 수요일에 정시 퇴근하여 가족과 함께 하고 '가족 사랑 약속을 실천'하여 가족 사랑을 키우고, 가족의 사랑이 이웃까지 확산되도록 하고 있다. 이에 대한 가족 사랑의 날 캠페인 내용은 다음과 같다.

(1) **가족의 실천사항** : '나부터 시작하는' 우리 가족 실천약속

하나. 대화, 놀이 등 매일 30분 이상 가족과 함께 시간을 갖는다.

하나. 매주 2회 이상 가족과 저녁식사를 함께 한다.

하나. 매월 1일 이상 가족과 함께 데이트한다.

하나. 매년 4회 이상 가족과 함께 지역사회에 봉사활동을 한다.

(2) **일터의 실천사항** : '알찬 일과, 정시퇴근 일터 만들기' 실천 약속

하나. 알찬 일과로 정시퇴근을 실천한다.

하나. 매주 수요일에는 '가족 사랑의 날'로 하여 정시퇴근 후 가족과 함께 하는 직장 분위기를 조성한다.

하나. 직장탐방, 가족친화교육 등 가족까지 배려하는 활동을 마련한다.

하나. 사회공헌활동을 실시하여 나눔 문화를 확산한다.

12) 가족폭력방지

가정폭력의 방지를 위하여 여성 긴급전화 1366을 운영하고 있으며 이를 통하여 가정폭력 피해자의 보호와 지원 사무에 대한 정책정보를 제공하고 있다. 이를 통하여 긴급피난처의 제공, 의료복지 서비스, 긴급피난처, 법률구조서비스, 피해자보호시설의 제공, 검찰·경찰서비스의 제공, 상담소의 운영 및 각종 사회복지서비스를 제

공하고 있다. 이에 대한 근거법률로는「가정폭력방지 및 피해자 보호 등에 관한 법률」이 있다.

[그림 6-4] 가정폭력방지 및 피해자 보호사업추진체계

출처: 여성가족부(2022)

3 보건복지부의 활동[14]–생애주기별 맞춤형 보육정책

1) 영유아보육의 지원

보육정책으로 보건복지부는 영유아보육료 지원사업을 다음과 같이 실시하고 있다.

14) 보건복지부(2016)

첫째, 만 0~2세 보육료로 양육수당, 종일제 아이돌봄서비스를 지원받지 않고 어린이집을 이용하는 만 0~2세 영유아에 대해 보육료를 지원하고 있다. 연령별 보육료 지원 단가는 0세는 41만 8,000원, 1세는 36만 8,000원, 2세는 30만 4,000원이다.

둘째, 만 3~5세 보육료(누리공통과정) 양육수당, 유아학비를 지원받지 않고 어린이집을 이용하는 만 3~5세 아동에 대해 보육료를 지원하고 있다(보육료 지원단가 : 만 3~5세 : 22만 천원).

셋째, 다문화보육료는 다음과 같이 지원하고 있다. 어린이집을 이용하는 만 0~5세 영유아 중 「다문화가족지원법」 제2조 제1호에 따른 다문화가구를 대상으로 소득 · 재산수준과 무관하게 보육료를 지원하고 있다.

「다문화가족지원법」 제2조 제1호에 따른 다문화가족의 결혼이민자(인지신고 또는 귀화허가를 받은 자 포함)와 「국적법」 제2조부터 제4조까지의 규정에 따라 대한민국 국적을 취득한 자 사이에서 출생한 자녀 및 「다문화가족 지원법」 제2조 제1호에 따른 다문화가족과 동일세대원으로 생계를 같이 하는 전처 또는 전 남편의 사이에서 출생한 자녀(대한민국 국적인 아동에 한하여)에게 지원한다.

장애아보육료는 어린이집을 이용하는 만 12세 이하의 장애아동에 대해 보육료를 지원하고 있다. 그리고 가구의 소득 · 재산 수준과 무관하며 장애인 복지카드 또는 특수교육 대상자 진단 · 평가 결과 통지서를 미소지한 만 5세 이하 영유아도 장애소견이 있는 의사 진단서를 제출한 경우에는 지원이 가능하다. 장애아보육료 지원 단가는 2023년 기준 0~5세 559,000원이 지원되고 있다.

〈표 6-4〉 보육료 지원대상 및 지원수준 현황

구분	지원금액
만 0세반	514,000원(기본), 514,000원(야간), 771,000원(24시)
만 1세반	452,000원(기본), 452,000원(야간), 678,000원(24시)
만 2세반	375,000원(기본), 375,000원(야간), 562,000원(24시)
만 3세반	280,000원(기본), 280,000원(야간), 420,000원(24시)
만 4세반	280,000원(기본), 280,000원(야간), 420,000원(24시)
만 5세반	280,000원(기본), 280,000원(야간), 420,000원(24시)
만 0~5세 장애아 보육료	559,000원
다문화보육료 만 0세	514,000원
다문화보육료 만 1세	452,000원
다문화보육료 만 2세	375,000원
다문화보육료 만 3~5세	280,000원

출처: 보건복지부(2023)

보육료의 지원신청방법은 아동 주소지의 읍·면·동 주민센터를 직접 방문 또는 복지로에서 온라인 신청이 가능하다. 보육료, 양육수당 등 서비스는 신청일 기준으로 지원하므로, 지원신청을 하지 않을 경우 지원되지 않으며 읍·면·동 주민센터 또는 '복지로'를 통해 서비스 신청이 필요하다.

그 밖에 가정양육수당 지원사업으로 어린이집·유치원·종일제 돌봄서비스를 이용하지 않는 취학 전 만 84개월 미만 가정양육아동에게 양육수당을 지원하여 부모의 양육부담을 경감하고 보육료 지원아동과의 형평성을 제고한다.

지원 대상은 취학 전 만 84개월 미만 전 계층 아동이며 소득재산수준과 무관하게 지원하며 장애아동 양육수당으로 취학 전 만 84개월 미만의 등록 장애아동과 농어촌 양육수당(농·식품부 사업 이관)으로 취학 전 만 84개월 미만 아동으로 농어촌지역에 거주하는 농어업인 가구의 가정양육아동에게 농어촌 양육수당이 지원되며 그에 대한 지원 금액은 다음과 같다.

〈표 6-5〉 지원금액

<table>
<tr><th>아동개월 수</th><th>일반양육수당</th><th>농어촌양육수당</th><th>장대아동양육수당</th></tr>
<tr><td>0~11개월</td><td>200,000원</td><td>200,000원</td><td rowspan="3">200,000원</td></tr>
<tr><td>12~23개월</td><td>150,000원</td><td>177,000원</td></tr>
<tr><td>24~35개월</td><td rowspan="3">100,000원</td><td>156,000원</td></tr>
<tr><td>36~47개월</td><td>129,000원</td><td rowspan="2">100,000원</td></tr>
<tr><td>48~86개월</td><td>100,000원</td></tr>
</table>

출처: 보건복지부(2023)

이와 같은 지원은 수요자 욕구에 맞는 보육서비스를 제공하기 위한 것으로 다문화 가정 영유아 보육서비스를 강화하여 다문화 특성화 보육시설 지정 및 한국어교육 프로그램을 지원하고 보육교사를 대상으로 다문화 관련 교육을 강화하는 것이다.

그리고 장애아동에 대한 보육환경 개선 및 법적·제도적 지원을 강화하게 된다. 이를 위하여 지역별로는 균형 있는 장애아 보육시설 확충, 편의시설·장비비 등을 지원하며 장애아 어린이집의 특수교사 배치기준을 강화하고 다양한 시간 유형의 보육서비스를 제공하게 된다.

2) 어린이집의 관리

어린이집 건강·영양·안전관리 강화사업으로는 어린이집 건강관리 효율화를 위하여 영유아의 예방접종 및 건강검진 정보를 보육통합 정보시스템과 연계하여 어린이집에서의 아동의 체계적인 건강관리를 지원하게 된다. 이를 위하여 어린이집 CCTV 설치를 의무화하고 「영유아보육법」 개정을 통해 모든 어린이집 CCTV를 설치(2015. 12. 18)하도록 하였다. 한편, 어린이집 통학차량 안전관리의 강화를 위하여 통학차량을 운행할 경우 「도로교통법」에 의한 어린이 통학버스 신고 의무화(2014년)와 통학차량 운행 간 안전관리 강화를 위해 보육교직원 동승의무 위반에 대한 행정처분을 강화(2015년)하였다. 또한 보육교직원 동승 없이 어린이통학버스 운행 중 발생한 교통사고로 영유아 중상해 이상 시 시설 폐쇄가 가능하도록 하였다.

그 밖에도 어린이집 보육교직원에 대한 아동학대 및 안전교육의 강화일환으로 보육교직원의 보수교육과 연계하여 육아종합지원센터와 어린이집안전공제회가 주관하는 아동학대 예방 및 안전교육을 실시하도록 하였다.

3) 아이행복카드

아이행복카드(구. 아이사랑카드)는 2009년 9월부터 정부가 지원하는 보육료를 바우처 형태로 전자카드(아이행복카드)에 담아 부모가 직접 결제할 수 있도록 하여 정부지원금에 대한 수요자 체감도를 제고하고 부모가 직접 보육료를 결제함으로써 어린이집에 대한 관심, 신뢰도 제고할 수 있도록 하였으며 어린이집 및 지방자치단체의 보육료 지원 관련 행정업무 전산화 및 절차의 간소화로 행정 부담을 경감할 수 있도록 하였다.

또한 임신육아종합포털 아이사랑 홈페이지를 구축하여 임신, 출산, 육아, 어린이집·유치원 관련 종합정보 제공과 복지서비스 검색·신청, 온라인 전문가 상담 등을 One-Stop으로 제공하는 종합포털 사이트의 구축(2015년 8월)과 국공립어린이집 확충 등을 통하여 저소득 밀집지역, (국공립)어린이집 미설치 지역 등 취약지역에 국공립어린이집을 확충하도록 하였다.[15)]

15) 평가인증을 유지하고 있는 어린이집에는 교재 및 교구비를 지원할 수 있도록 하였으며 농어촌 소재 사회복지법인어린이집에·급간식비, 교직원 인건비 등의 운영비 일부를 지원하도록 하고 있다. 그리고 농어촌 소재 어린이집, 정부 지원 장애전담 어린이집에 차량운영비를 지원하고 공공형 어린이집 확충을 통하여 우수한 민간·가정어린이집을 선정하여 운영비를 지원하고 지속적인 품질관리를 실시하도록 하였다.

4) 저소득층 영유아

저소득층 영아(0~12개월)에게는 기저귀 · 조제분유를 관할 시 · 군 · 구 보건소를 통하여 전달하도록 하여 부모의 양육 부담을 덜었다(2015년 10월~). 한편, 만 0~5세 보육료 또는 양육수당을 전 계층으로 확대(2013년 3월~)하여 어린이집이나 유치원을 이용하는 경우에는 보육료 또는 유아학비를 지원하고, 가정에서 양육하는 경우에는 양육수당을 소득과 관계없이 지원함으로써 영유아보육 · 양육에 대한 국가 책임을 강화하였다. 신청처는 관할 읍 · 면 · 동 주민센터(해당 영유아 주민등록소재지)이다.

그 밖에 보건복지부는 만 0~12세 어린이 국가예방접종(14종)을 무료로 지원하도록 하여 거주지에 관계없이 총 14종의 국가예방접종비 전액을 지원받을 수 있게 되어 아이의 건강을 체계적으로 관리할 수 있게 되었다. 신청은 관할 보건소나 국가예방접종 지정 의료기관이다.

5) 초등 돌봄교실의 운영

초등 돌봄교실의 운영은 방과 후 돌봄이 필요한 맞벌이, 저소득층, 한부모가정의 초등학생에게 질 높은 프로그램을 제공해 부모와 아이 모두 안심하고 즐겁게 지낼 수 있도록 지원하고 교육부에서는 전국 229개 시 · 군 · 구 드림 스타트에서 0~12세 취약계층 아동에게 맞춤형 통합서비스를 지원하여 아이가 꿈과 희망을 갖고 행복한 사회 구성원으로 성장할 수 있도록 건강관리, 학습 지원, 양육 부담 완화 등 아동발달영역별 맞춤형 통합서비스를 연계하고 있다.

이에 대한 신청은 시 · 군 · 구 드림 스타트 팀에 신청할 수 있다. 한편, 보건복지부에서는 초 · 중 · 고등학생들에게 교육 급여를 확대 지원(2015년 7월~)하여 우리나라의 아이들이 열심히 공부할 수 있도록, 공정한 교육기회를 제공하고자 입학금, 수업료, 학용품비, 부교재비, 교과서대 등을 지원하고 있다.

이에 대한 신청은 읍 · 면 · 동 주민센터, 교육급여 콜센터로 할 수 있다. 또한 교육부에서는 저소득층 아동 방과후 학교 자유수강권을 제공하여 저소득층 자녀가 자기계발과 학업성취도를 높이기 위해 방과후 학교 프로그램을 수강할 경우 수강료를 지원해 주는 제도를 실시하고 있는데, 이에 대한 신청은 시 · 도교육청으로 할 수 있다.

6) 초 · 중 · 고 학생의 지원

교육부의 문화체육관광부에서는 초 · 중 · 고등학교에 예술 · 스포츠 강사파견으로 전인적 성장을 위해 체육, 예술교육을 강화할 수 있도록 초 · 중 · 고등학교에 예술 강사, 스포츠 강사를 파견하여 예술 · 스포츠를 접할 수 있는 기회를 제공하고 있다.

그 밖에도 농어촌학교 ICT 활용 확대를 위하여 총 4,000개 학교(2015년)에 스마트 기기 보급, 스마트러닝을 도 · 농 간 교육격차 해소를 위하여 실시하고 있다. 이를 위하여 농어촌 초 · 중등학교 전체에 ICT 인프라를 구축하여 다양한 교육활동에 활용할 수 있도록 지원하도록 하고 있다. 또한 교육부는 위기학생의 학업중단 예방을 위한 학업중단 숙려제를 실시하여 학업중단위기 학생에게 2주 이상의 기간 동안 학업중단에 대해 신중하게 고민하는 기회를 제공하여 상담, 진로체험, 예체능 등 맞춤형 프로그램에 참여할 수 있도록 지원하고 있다.

신청처는 일선 초 · 중 · 고교이며 지역사회 청소년 통합지원체계 구축을 통해서는 학교 밖 청소년 지원센터 '꿈드림'을 통해 학력 취득, 직업체험, 자립, 건강관리, 상담, 멘토링 지원 등을 제공함으로써 성공적으로 사회에 진입하거나 학업에 복귀할 수 있도록 하고 있는데, 신청은 꿈드림 홈페이지를 참조할 수 있다.

7) 대학생 및 사회초년생에 대한 지원

대학생 및 사회초년생을 대상으로는 맞춤형 장학금을 지원하여 등록금 부담을 줄이고 경제적 여건과 관계없이 누구나 의지와 능력에 따라 고등교육의 기회를 가질 수 있도록 국가장학금 등을 한국장학재단에서 지원하고 있다.

그리고 행복공공기숙사, 행복연합기숙사 등의 운영은 열악한 대학생 정주여건 개선을 위해 정부에서 공공기금을 활용한 공공기숙사를 건립하여 기숙사를 확대하고 기숙사비(2인실 1인당 기준)를 월평균 24만 원 이하를 유지하도록 하고 있는데, 신청은 한국사학 진흥재단에서 받고 있다.

뿐만 아니라 행복주택은 젊은층(대학생, 신혼부부, 사회초년생 등)의 주거안정을 위해 교통 편리, 접근이 쉬운 지역에 6년까지 거주 가능한 행복주택을 공급하는데, LH공사 홈페이지 등에서 신청이 가능하도록 하였다.

8) 신혼부부 지원서비스

부부 지원서비스로 만 44세 이하 난임 부부 지원서비스로 전국가구 월평균소득 150% 이하인 경우 아이를 원하는 난임부부에게 체외수정 · 인공수정 등 큰 비용이 소요되는 시술비 중 일부를 지원해 경제적 부담을 덜 수 있도록 하였으며 이는 관할 보건소에서 신청이 가능하다. 지원내용으로 3대 고위험 임산부의 의료비 지원(전국가구 월평균소득 150% 이하)제도는 고위험 임신질환(조기진통, 분만 관련 출혈 및 중증 임신중독증)으로 진단받고 입원치료받은 자에 대해 비급여 본인부담금 90%(300만 원까지)를 지원하고 있다.

한편, 직장인과 주부를 위해 주거급여를 확대 개편하여 주거비 부담능력이 취약한 저소득층에게 소득, 거주형태, 임대료 부담수준 등을 종합적으로 고려하여, 맞춤형 급여체계로 전환해 주거비를 지원하는 제도를 실시하고 있는데 이는 읍 · 면 · 동 주민센터, 주거급여콜센터를 통해서 신청할 수 있다.

국토교통부에서는 공공임대주택 공급의 확대를 위해 무주택 서민들이 안심하고 거주할 수 있는 공공임대주택을 공급하는 사업을 실시하고 있는데, 임대주택포털에서 내집마련 디딤돌 대출(금리 연 2.3~3.1%(최저 2.0), 2015. 4. 27 기준)을 실시하여 보다 많은 이에게 저리로 대출을 지원하기 위하여 주택 금융공사의 우대형 보금자리론 및 국민주택기금(현 주택도시기금)의 최초주택구입자금과 근로자서민구입자금 상품 3개를 하나로 통합한 상품을 운영하고 있다. 이는 현재 6개 은행(우리, 국민, 신한, 하나, 농협, 기업)과 주택금융공사 홈페이지, 국토교통부 콜센터를 통하여 실시하고 있으며 임차 보증금 버팀목 대출제도를 통하여 주택도시기금이 소득수준이 낮을수록, 보증금 규모가 작을수록 저리로 전세와 월세 임차보증금을 지원하고 있다(금리 연 2.5~3.1%(최저 1.5), 2015. 4. 27 기준).

이를 위한 상품은 국민주택기금(현 주택도시기금)의 저소득가구 전세자금대출 및 근로자서민전세자금 대출 상품 2개를 하나로 통합한 상품이 있다. 기타 4대 중증질환 3대 비급여 보장성 강화를 위하여(4대 중증질환) 암, 심장질환, 뇌혈관질환, 희귀·난치성질환 등 4대 중증질환 치료에 필요한 첨단검사 및 수술, 고가 항암제 등에 대한 건강보험 적용범위를 확대해 실질적인 의료비 부담을 줄이기 위한 노력을 하고 있으며(3대 비급여) 선택 진료비, 상급 병실료, 간병서비스에 건강보험을 적용하도록 하였다.

9) 두루누리 사회보험

두루누리 사회보험에서는 영세 사업장의 저임금 근로자를 위해 국민연금·고용보험의 보험료를 50% 지원하는데, 국민연금공단 각 지사, 근로복지공단 각 지사(1355)에 문의가 가능하다. 한편, 여성가족부에서는 일·가정 양립제도를 활용하여 만 8세 이하 또는 초등학교 2학년의 자녀가 있는 부모는 누구나 육아휴직이나 육아기 근로시간 단축을 합하여 부모가 각각 최대 1년을 사용하실 수 있도록 전국고용센터(1350)에서 이를 실시하고 있다.

10) 노인 일자리 지원사업

노인 일자리 지원사업으로는 만 65세 이상의 어르신에게 다양한 사회활동 기회와 능력과 적성에 맞는 일자리를 제공해 어르신의 생활안정과 사회활동 참여를 돕는 데 읍·면사무소 및 동주민센터, 노인 사회활동 수행기관(노인복지관, 시니어클럽, 대한노인회 지회 등) 및 한국노인인력개발원에서 이를 담당한다.

한편, 복지서비스 접근성이 떨어지는 도서 벽지 등에 의료봉사, 문화 예술 공연 및 장수사진 등의 서비스를 원스톱으로 제공하는 제도의 운영은 사단법인 농촌사랑 범국민운동본부에서 실시한다. 그리고 장애인연금 확대는 만 18세 이상의 등록한 중증장애인 중 본인과 배우자의 소득과 재산을 합산한 금액(소득 인정액)이 선정 기준액 이하인 소득하위 70%에게 지원하는 제도로 읍·면사무소 및 동 주민센터에서 실시한다.

에너지 바우처 지급의 제도는 동절기 적정 난방이 필요한 노인, 영유아, 장애인을 포함하는 저소득 가구를 대상으로 가구원 수에 따라 전기, 도시가스, 지역난방, 연탄 등을 선택적으로 구입할 수 있는 에너지 바우처를 신규로 지원하는 제도이다. 에너지 바우처 콜센터나 읍·면사무소 및 동 주민센터에 신청할 수 있으며 장애인 문화체육관광 지원으로 장애인들의 문화예술 및 체육·관광활동 지원 등을 통해 누구나 참여할 수 있는 전 생애적 문화 향유 환경을 구축하고자 하는 제도가 실시되고 있는데, 이는 찾아가는 장애인 생활체육서비스를 통해서 실시되고 있다. 이에 대한 신청처는 한국문화예술위원회, 장애인체육회나 문화체육관광부의 한국관광공사이다.

한편, 어르신을 위해서는 기초연금제도가 실시되어 그동안 국가의 발전과 자녀양육에 힘쓴 어르신들의 노후생활을 안정적으로 지원하고자 만 65세 이상, 소득하위 70%에 해당하는 어르신에게 매월 최대 20만 2,600원을 주소지 읍·면사무소 및 동 주민센터, 국민연금공단지사에서 지급하도록 하였다.[16]

16) 보건복지부에서는 틀니, 임플란트 건강보험 확대로 어르신 구강건강을 위해 75세 이상 건강보험이 적용되던 레진상 완전틀니, 금속상 부분틀니, 치과임플란트의 연령이 70세로 확대(2015년 7월)되고, 금속상 완전틀니도 건강보험이 적용된다. 2016년 7월부터는 65세로 적용 연령이 확대되는데, 진료받을 치과, 국민건강보험공단 지사, 국민건강보험공단

11) 복지전달체계 개편

복지전달체계개편으로는 다문화가족 정착 및 자녀양육 지원서비스로 다문화가족의 안정적인 정착과 가족생활을 지원하기 위해 가족통합 교육·상담, 자녀양육 지원, 통번역, 자조 모임 운영 등 종합적인 서비스를 제공하는 다문화가족지원센터(전국 217개소)를 운영하는데, 다문화가족지원센터나 다누리 콜센터에서 이를 담당한다.

기타 다문화 예비학교에서는 중도입국, 외국인 학생 등에게 한국어와 한국문화 교육을 집중적으로 제공하여 다문화학생의 공교육 진입 및 조기적응을 지원하는데, 이는 시·도 교육청 또는 중앙다문화교육센터에서 실시한다. 교육부에서는 한부모가정 자녀양육비 이행 지원으로는 1회 신청으로 자녀가 성인이 될 때까지 상담, 소송, 추심 지원 등 한부모가정의 양육비 이행 확보를 위한 단계별 원스톱 종합서비스를 제공하는데, 이는 양육비 이행관리원에서 가능하다.

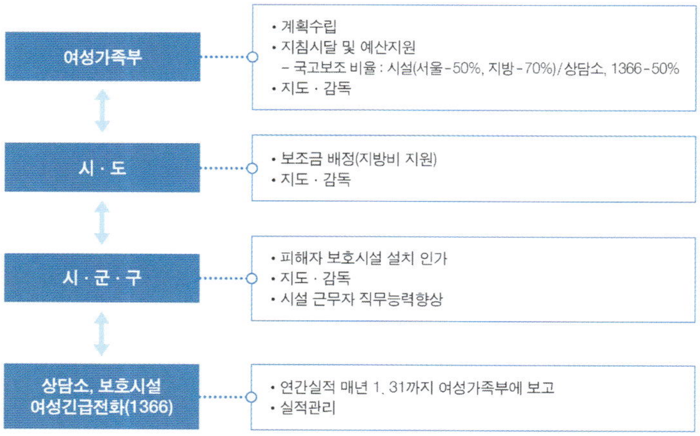

[그림 6-5] 복지전달체계

출처: 보건복지부(2022)

(1577-1000)에서 가능하며 보건복지부에서는 치매노인에게 장기요양서비스를 제공하여 치매로 인해 일상생활에 어려움을 겪고 있는 어르신들에게 인지기능 악화방지 및 잔존능력 유지를 위한 인지활동형 프로그램 등 장기요양서비스를 제공하고 있다.

그 밖에도 문화누리 카드 지급을 통하여 저소득층에게 문화예술 · 국내여행 · 프로스포츠 관람 지원, 개인별 5만 원 범위에서 문화누리카드를 발급하도록 하고 있는데, 그 담당은 문화누리콜센터에서 가능하며 주민센터 또는 문화누리 홈페이지에서 가능하다.

한편, 문화체육관광부에서는 스포츠 강좌 이용권 카드를 발급하여 저소득층 유 · 청소년에게 매월 7만 원(1강좌) 범위 내 스포츠강좌 수강료를 지원하고 있다. 신청은 스포츠 강좌이용권 홈페이지에서 가능하다.

그 밖에도 문체부에서는 문화가 있는 날을 선정하여 우리나라 국민이 일상에서 보다 쉽게 문화생활을 향유할 수 있도록 매달 마지막 수요일에 공연 · 전시회 등의 무료 또는 할인혜택을 제공하는 사업을 실시하고 있다.

12) 위기가족의 긴급복지제도 운영

또한 긴급복지 확대서비스로는 갑작스러운 위기상황으로 생계유지조차 힘든 저소득 위기가구에 생계비, 의료비, 주거비, 시설비, 교육비, 전기료, 해산 · 장제비, 연료비 등을 신속히 제공할 수 있도록 하고 있는데, 신청은 보건복지콜센터 129에서 가능하며 신청처는 읍 · 면 사무소 및 동 주민센터이다.

한편, 찾아가는 읍 · 면 · 동 서비스를 위한 복지 공무원 확충을 위하여 2014~2017년간 단계적으로 복지공무원 6,000명을 확대 배치해 취약계층에 대한 찾아가는 서비스를 활성화하고 위기가구에 대한 맞춤형 복지서비스를 강화하고자 하고 있으며 읍 · 면 · 동 허브의 정보연계를 통한 복지 사각지대를 선제적으로 발굴하고자 하고 있다.

이는 주민 협력을 통한 복지 사각지대 발굴망 구축을 통하여 마을의 통(리)장, 부녀회장 등 지역주민으로 구성된 읍 · 면 · 동 지역사회보장협의체를 통해 취약가구 등을 발굴하고, 민간에 있는 자원을 확보하여 필요한 사람에게 연계하는 제도이다.

기타 복지전달체계 개편의 주요 골자는 보건복지부에 의하여 주요 국정과제 이행

계획에 따라, 국민 모두가 개인의 상황에 '꼭 맞는 복지서비스를 원스톱으로 간편하게' 제공받을 수 있는 '맞춤형 복지전달체계 구축' 방안을 마련하고 있다. 본 복지전달체계 개편의 가장 큰 특징 중 하나는 도시와 농촌의 지역 상황을 고려하여 설계되었다는 것으로 주민센터 이용이 용이한 도시에서는 센터의 복지행정기능을 강화하는 한편, 농촌에서는 희망복지지원단 등을 통해 서비스 접근성을 높이는 데 중점을 두었다.

아울러 복지 인프라를 강화하고, 맞춤형 서비스를 확대하기 위한 계획도 함께 마련되었다. 이러한 계획은 2014년 주민센터 기능 개편을 시작으로 다양한 시범사업을 거쳐 단계적으로 확대될 예정이다. 복지전달체계 개편은 17개 부처 170개 복지사업의 핵심적 복지전달체계의 역할을 담당하고 있는 지방자치단체의 복지 깔때기 문제를 해소하고 복지 관련 서비스들의 분절적 운영체계 개선을 통한 국민 불편을 최소화하며 농촌 특성(넓은 면적, 적은 인구, 자원 부족, 보건서비스에 대한 높은 수요 등)을 고려한 농촌형 복지전달체계 구축을 위해 실시되었다.

13) 지역적 특색에 따른 가족 지원방안

지역적 특색에 따른 가족 지원방안으로 도시와 농촌의 특성을 고려해 TWO-TRACK 추진하게 되는데, 도시형으로는 접근성 · 편의성이 높은 동 주민센터의 복지행정기능을 강화하여 맞춤형 복지허브기관으로 개편하며 농촌형으로는 희망복지지원단의 강화를 통해 접근성 및 서비스 제공 기능을 향상하고 보건소, 학교, 농협, 우체국 등 기관 간 연계 · 협력을 강화하게 된다.

희망복지지원단이란, 군청 내 다양한 문제를 가진 지역주민에게 통합서비스를 제공하는 조직으로 복지전달체계 개편이 되면 상담 · 신청의 내실화 및 종합적 서비스 안내를 통한 원스톱(One-Stop) 통합서비스가 구현되도록 한 것이다. 이를 통하여 이동의 제약이 있는 계층의 방문상담 · 신청 체계화 및 방문형 서비스 연계협력 강화를 통한 찾아가는 서비스가 활성화되게 되었다.

또한 저소득 가구에 대한 보건 · 복지 · 고용 · 교육 · 주거 등 맞춤 서비스 제공 및 희망복지지원단의 맞춤형 사례관리를 활성화하여 지역의 인적 · 물적 자원 동원 등 민관 연계협력 활성화를 통한 주민 주도의 지역 내 문제가 해결되어 맞춤형 복지전달체계 구축을 통한 체감도 높은 복지가 구현되게 되었다.

건강심리 및 건강가정사

Chapter

07

1 건강심리

1) 건강심리학의 개념

WHO에 의하면 건강은 단지 질병에 걸리지 않은 것을 뜻하는 것이 아니라 완전한 신체적 · 정신적 · 사회적 안녕의 상태를 의미한다(WHO, 1946). 이에 따라 건강심리학은 건강과 관련하여 건강 증진, 질병의 예방과 치료, 건강 위험의 요인 분류, 건강관리 체계 향상, 건강에 관한 아젠더(공론화) 형성 등 건강에 관하여 심리학적 기술을 사용하는 학문이라 할 수 있다. 따라서 건강에 도움을 주지 않는 행동을 변화시킴으로써 건강한 상태를 도모하며 각종 질환 환자 및 가족과 구성원들을 도와주는 일이 이에 포함된다.

2) 건강심리학의 배경

소크라테스의 시대나 히포크라테스 시대로부터 심리나 정서적 요인들은 신체적 질환과 연관이 있다고 보았는데, 고대로부터 질병이란 신체적 요인에 국한되지 않으며 인간의 내면 심리적 상태와 연관이 있다고 보았다. 1932년 정신신체의학은 월터 캐넌(Walter Cannon)이 생리적인 변화가 정서에 수반되어 발생할 수 있다는 관찰을 하면서 신체질환에서 심리적 · 정서적 원인을 찾는 의학분야가 발달하게 되었다. 당시는 심리학이 많은 발전을 이룬 시기로 이에 정신분석으로 심리학이 발달하기 시작한 1939년에는 건강심리에 대한 관심이 확대되어 미국 정신신체의학회가 당시 의사들에 의하여 창설되었으며 정서가 신체 변화를 야기할 수 있고 신체적 변화가 질병을 일으킬 수 있다는 학설을 확고히 하였다.

뿐만 아니라 프란츠 알렉산더(Franz Alexander, 1950)는 정서적 갈등이 있을 때 그에 따른 스트레스는 신체적 질병의 전조가 될 수 있다고 하면서 정신신체의학이 더욱 발달하게 되었다. 건강심리학은 이후 1977년 행동의학이 "건강이나 질병과 관련된 행동과 과학적이며, 생물의학적 지식과 기술을 개발하고 통합하는 것이 필요한데, 이런 지식과 기법들을 예방, 진단, 치료 및 재활에 적용하는 다학제적 분야"라고 정의했다(Schwartz & Weiss, 1978, p. 250). 의학의 목적을 치료에만 국한하지 않고 예방의 과정부터 중요한 부분으로 이를 정신적 부분과 연결하였다는 것에 의의가 있다. 이는 상해의 예방, 흡연, 알코올 남용, 식습관, 운동과 같은 영역을 포괄적으로 포함하는 분위기에서 이러한 행동건강에서는 건강을 유지하고 질병을 예방하기 위해서 행동과학과 생물의학의 지식을 활용하기 위해 개인의 책임을 강조하게 되었다(Matarazzo, 1980).

이러한 건강관리수단인 행동건강은 사회나 개인에게 큰 도움을 주었으며 오늘날 건강심리학(health psychology)에 기여를 하였다. 심리학적인 기반의 지식은 오늘날 건강지식에 많은 영향을 주었다. 즉, 이는 건강한 행동을 촉구하고 질병보다 건강에 포커스를 두며 이를 측정하기 위한 과학적 측정도구를 개발하는 기반이 되었고 건강에 관하여 유용한 이론적 모델을 형성하기에 이르렀다.

이후 1982년에는 건강심리학(Health Psychology)을 발행하는 건강심리학회를 통하여 독립적인 전문영역으로 자리를 잡게 되었다. 이에 포함되는 과목으로 병리생리학(pathophysiology), 약리학(pharmacology), 생화학(biochemistry), 심장병학(cardiology), 그리고 건강전문학문으로 건강과 관련한 다학제적인 성격을 가지고 있음을 알 수 있다. 뿐만 아니라 건강심리학자가 되기 위한 전문 프로그램과 임상건강심리전문가로서의 다양한 훈련을 받게 된다.

임상건강심리학자는 진단과 면접, 심리학적 평가, 심리검사, 심리치료, 행동치료, 정신생리학적 행동 조정 및 집단치료를 할 수 있다. 이와 같이 행동주의이론을 포함하여 정신역동이론, 실존이론, 사회학습이론 등을 수용하여 응용하면서 임상에서 질병의 극복을 위하여 진단 및 질병 예방문제 등을 다각적 시각에서 접근하게 된다.

3) 한국의 건강심리학회

건강심리전문가는 인간의 건강 증진과 질병의 예방, 진단, 치료 및 재활을 위한 전문적 능력을 갖추고 스트레스 관리, 통증관리, 건강관리, 행동의학 등의 다양한 영역에서 활동하는 심리학자라 할 수 있다.

한국의 건강심리학회는 신체, 정신, 사회적 측면에 관심이 있는 심리학자들과 건강관리(health care) 전문가들의 협력적 관계를 촉진하기 위해 전문적으로 구성되었다. 한국 건강심리학회는 인간의 건강과 질병의 원인을 통합적으로 이해하여 일상생활의 건강을 영위하고 질병을 예방하는 과정에 이르기까지 폭넓게 건강을 다룸에 있어서 심리학적 지식이 활용될 수 있도록 기여하고 있다.

이에 일정한 수련과정을 마친 후에 자격시험에 합격하면 건강심리전문가로 활동할 수 있는데, 건강심리전문가 자격증은 한국 심리학회가 수여하며 건강심리영역에서 최고의 자격이므로, 건강심리학적 원리를 삶에 적용하는 자세로 건강을 위해 노력해야 하는데, 이에 대한 내용은 한국 건강심리학회 홈페이지를 참조할 수 있다.

2 건강가정사

1) 건강가정사

건강가정사는 사회 내에서 발생할 수 있는 다양한 가정의 문제해결을 예방 및 치료적으로 개입할 수 있는 전문가로 활동할 수 있다. 즉, 가정문제와 관련하여 예방 · 상담 등을 통한 개선을 지원할 수 있는 전문인이다. 뿐만 아니라 가정 관련 프로그램의 구성 개발 및 연구를 통하여 가정문제 분야의 다양한 교육 프로그램의 개발에 참여할 수 있으며 건강가정과 관련한 다양한 콘텐츠 개발과 자료 작성 및 가정 문제해결을 위한 활동의 추진과 관련하여 다양한 활동이 가능하다. 따라서 건강가정사는 소정의 교육과정을 이수한 이후에 건강가정지원센터, 가정 내 청소년문제해결을 위한 청소년 관련 단체 및 가정상담센터와 학교 내 가정문제상담센터 등과 관련 각종 시설 및 심리상담센터에 취업할 수 있다. 이에 건강가정사의 정의와 자격에 대하여 살펴보면 다음과 같다.

(1) 건강가정사

건강가정사란 「건강가정기본법」에 규정된 건강가정사업을 수행하기 위하여 관련 분야에 대한 학식과 경험을 겸비하도록 양성된 전문가를 의미한다.

(2) 건강가정사 자격

건강가정사 자격은 「건강가정기본법」의 규정에 따라 대학 또는 이와 동등 이상의 학교에서 사회복지학 · 가정학 · 여성학 등 관련 교과목을 이수하고 졸업한 자에게 자격이 부여되고 있다(「건강가정기본법」 제35조 제2, 3항). 이를 바탕으로 가정관리사는 전문적 지식을 바탕으로 가정 내 모든 가사 및 돌봄을 지원하게 되었다. 이는 사회가 발전하면서 가사관리, 가정보육, 산후관리 등 뿐만 아니라 가정과 관련한 역동성을 이해하고 이러한 영역에도 전문화가 요구되었다. 따라서 이러한 수요자의 전문화 요구에 맞추어 전문 교육시스템을 갖추고 직업교육과 인성교육을 이수한 가정관리사는 보다 체계적인 서비스를 지원하도록 양성되고 있다.

이에 한국여성단체연합은 2015년 107회 '세계 여성의 날'을 앞두고 전국가정관리사협회에 여성운동상을 수여하였다. 전국가정관리사협회는 2004년 11월에 설립된 이래 기존의 가사노동자의 권리 보장과 사회적인 관심을 촉구하는 활동을 사회적으로 펼쳐왔다. 이는 기존의 가정부와 같은 사회적인 약자로서가 아니라 '국제 가사노동자의 날' 행사를 개최하는 등 가사노동자의 권익이 향상될 수 있도록 이들의 권리를 위하여 활동하였다.

(3) 건강가정사의 자격 및 특징

① 건강가정사는 대학에서 일정한 가정과 관련한 전문 과목을 이수한 자에게 부여하는 자격으로 **별도의 자격 신청 절차가 없으며** 따라서 자격증 및 인증서는 발급되지 않으나 보다 나은 가정의 전문인으로 지식을 갖출 수 있도록 일정 과목을 제시하고 있다.

② 건강가정사가 취업이나 기타 사유로 건강가정사 자격 요건에 대한 확인이 필요할 경우에는 이에 대하여 일정한 과목 **이수증명서(성적 증명서)를 취업처에 제출**하게 되면 건강가정사 자격을 취득한 것으로 간주될 수 있도록 **행정적 단계를 간소화**하였다.

(4) 건강가정사의 직무

「건강가정기본법」 제35조 제2항의 규정에 의하여 건강가정사의 직무는 다음과 같이 제시할 수 있다.

① 가정문제의 예방과 상담 및 개선
② 건강가정의 유지를 위한 가정 관련 프로그램의 개발
③ 민주적이고 양성평등한 가족관계 교육을 포함하는 건강가정교육
④ 가정생활문화운동 전개
⑤ 가정 관련 정보 및 자료의 제공
⑥ 가정에 관한 방문 및 실태 파악
⑦ 아동보호전문기관 등 지역사회자원과의 연계
⑧ 건강가정사업과 관련하여 여성가족부장관이 정하는 기타 활동

(5) 건강가정사의 응시과목 및 이수교과

첫째, 「건강가정기본법」 제35조 제3항에 의거하여 응시자격으로 건강가정사는 대학이나 이와 동등한 평생교육원 등의 학교에서 사회복지학 · 가정학 · 여성학 등 여성가족부령이 정하는 관련 교과목을 이수하고 졸업한 자이어야 한다.

둘째, 건강가정사 이수 교과목(총 12과목, 36학점)은 다음과 같다. 먼저 필수 핵심 5과목은 다음과 같은 과목에서 선택하게 된다. 즉, 건강가정론, 가족정책론, 가족상담 및 치료, 가정생활교육, 가족복지론, 가족과 젠더, 가족과 문화, 건강가정현장실습, 여성과 사회, 비영리기관 운영관리론이다.

그 외 건강가정사 이수 교과목은 총 12과목으로 36학점이다. 관련 과목의 기초이론은 다음의 과목 중에서 4과목을 이수하면 되는데, 그 과목은 다음과 같다. 가족학, 가족관계론, 가족법, 아동학, 보육학, 아동복지론, 청소년복지론, 노년학, 노인복지론, 인간발달, 인간행동과 사회환경, 가계 경제, 가족관리, 가사 노동론, 여가관리론, 주거학, 생애주기 영양학, 여성복지론, 여성주의이론, 정신보건사회복지론, 장애인복지론, 가정생활복지론, 상담이론, 자원봉사론, 사회복지(개)론, 성과 사랑, 법 여성학, 여성과 문화, 일과 가족이다.

추가로는 상담교육 등 실제에 관련한 최소 3과목을 다음과 같은 과목에서 이수하면 되는데, 그 과목은 다음과 같다. 즉, 생활설계상담, 아동상담, 영양상담 및 교육, 소비자상담, 주거상담, 부모교육, 부부교육, 소비자교육, 가정생활과 정보, 가계재무관리, 주택관리, 의생활관리, 지역사회 영양학, 프로그램 개발과 평가, 사회복지실천기술론, 지역사회복지론, 연구방법론, 조사방법론, 부부상담, 집단상담, 사회복지실천론, 가족과 지역사회, 여성과 교육, 여성과 리더십, 여성주의 상담, 위기 개입론, 사례관리론이다.

한편, 대학원에서는 건강가정사 이수 교과목 중 총 8과목과 핵심 4과목, 기초이론 2과목, 상담 · 교육 등 실제 2과목 이상을 이수하여야 한다. 단, 핵심과목 1/2, 관련 과목 1/2 범위 안에서는 대학 또는 이와 동등 이상의 학교에서 이수한 교과목도 대학원에서 이수한 것과 동일하게 인정한다. 건강가정사 동일교과목으로는 가족상담 및 치료, 가족치료, 부부 및 가족상담, 가족과 문화, 한국가족생활문화, 한국가정생활사, 여성과 사회, 여성학, 비영리기관 운영관리, 공공가정경영, 사회복지행정론, 가족자원관리, 가정경영론, 노인학, 노년학, 여성주의 이론, 상담이론, 상담심리학, 사회복지조사론, 여성학방법론, 상담연구방법론, 부부상담, 부부치료, 부부문제와 상담, 보육학개론, 가족생활교육, 가족생활교육 프로그램, 가족생활교육 및 실습, 상담이론 및 실제와 같은 과목을 이수하면 된다.

(6) 건강가정사의 활동

첫째, 건강가정사는 「건강가정기본법 시행령」 제15조에 따라 전국 시 · 도 및 시 · 군 · 구 소재의 건강가정지원센터에서 근무할 수 있다.

둘째, 건강가정사는 그 밖에도 다문화가족지원센터나 가족 관련 상담업무에도 참여할 수 있다.

셋째, 각종 건강가정 관련 프로그램을 기획 및 운영할 수 있다.

다양한 가족 I

Chapter

08

1 미혼모가족과 사회적 접근

1) 미혼모의 발생 배경

현대사회의 가치관과 사회적 변화에 따라 청소년 미혼모와 혼외 임신 등에 따른 미혼모가 발생할 수 있으며 물론 이에 대한 예방적 차원의 개입이 중요하나, 사후에 대한 사회적 대응의 정도가 사회복지의 정도를 대변하고 있다고 할 수 있다. 즉, 혼외 출산이나 10대 출산의 경우에 있어서 미혼모시설 등의 위기대처에 대한 복지는 '버려지는 아기'에 대한 무분별한 방임을 미연에 방지하는 방안이 될 수 있다. 현재 미혼모가족의 비율은 점차 높아지는 추세이며 그 연령도 더 낮아지고 있는 추세이다.

(1) 미혼모의 정의

미혼모란 사회사업사전의 정의에 의하면 합법적인 결혼절차 없이 임신 중이거나 출산한 여성을 뜻한다. 또한 미국의 국립사회사업가협회에 의하면 미혼모의 정의는 처녀로서 비합법적인 아기를 가지게 된 경우를 의미한다. 이 경우에는 이혼, 별거, 배우자 사망에서 법적 배우자와 관계 없는 아이를 가진 여성을 의미한다.

(2) 미혼모가족의 발생 원인

미혼모가족의 발생원인은 매우 다양하다. 즉, 급격한 사회변동과 성에 대한 개방성, 혹은 우발적 사고 등의 충동적인 행동, 자극적인 문화의 확산 등 미혼모가족의 발생 원인은 다양하다. 본문에서는 다양한 미혼모의 발생원인을 다음과 같이 개인적 · 가정적 · 사회문화적 · 경제적 요인 등으로 분류하여 보고자 한다.

① 개인적 요인

미혼모가 되는 개인적인 요인은 다양한데, 성격요인 교육요인, 개인적 가치관이나 성지식에 관한 태도 등을 들 수 있다. 중요한 것은 미혼부가 대체로 충동에 의해 행동하는 빈도가 높으며 무책임하다는 것에서 미혼모는 여성의 문제만은 아님을 알 수 있다.

② 가정적 요인

가정적인 요인으로 주된 것은 가족관계의 부조화나 결손환경을 들 수 있다. 또한 가정의 사회경제적 수준이 낮은 경우에는 자기존중감이 낮거나 부정적인 자아정체감을 갖기 쉽다. 낮은 경제적 수준은 미래의 교육목표나 장래의 기대를 성취하기 위해 현재의 성적 욕구를 유보하는 원인을 찾기 힘들게 하며, 교육과 지인의 지원을 통해 문제를 해결할 자원이나 능력에 영향을 주기 쉽다. 또한 가정의 빈곤은 미혼자녀가 가출이나 이른 시기에 집을 떠나 취업 등을 하는 경우 부모의 통제나 보호지도의 영역 밖으로 밀려 미혼모가 될 가능성이 높아질 가능성이 있다.

미혼모문제에서 중요한 것은 결손이나 해체로 안정적이지 못한 갈등상태에 의한 불안정한 정서상태에서 이루어지는 경우가 많으며 부모의 이혼, 별거 등으로 인하여 안정적이지 못한 상황에서 이루어지기가 쉽다. 이들은 정상적인 가정의 정서를 통하여 남성 또는 여성역할의 모델을 배우기 어렵고 이는 성의 무분별한 행동과 연계될 가능성이 높아진다.

특히, 가족 내의 기능적인 결손은 가정 내의 부모와 자녀관계가 손상되어 부모는 자녀에 무관심하고 양육과 책임 등에 거부적인 태도를 보이며 어머니와의 관계에서 애착관계가 제대로 형성되지 못한 경우에 자녀들은 책임감 형성이나 자기통제의 능력이 부족해진다. 자녀와 부모의 관계는 자녀의 가치관, 책임감, 자아통제, 자아개념에 영향을 미친다. 특히, 여자의 경우 가정의 불행은 혼전 성관계에 영향을 미치는 것으로 나타나, 가족 간의 충분한 애정과 안정성 그리고 친길감은 청소년들에게 중요하다.

③ 사회 및 문화적 요인

미혼모의 발생에 대한 사회적 요인으로 산업화와 도시화는 1960년대 이후 노동집약적 산업구조에 따른 저임금정책으로 여성인력을 제조업 등으로 유인하는 배경이 되었다. 이때 사춘기 소녀들이 직장을 찾아 도시로 오면서 가족과 떨어져 독립적인 생활을 꾸려나가며 이성교제가 자유로워짐에 따라 혼전임신 등의 문제가 사회문제로 대두되었다.

또한 미혼모는 청소년이라는 감수성이 예민한 시기에 미숙한 가치관의 형성에 따른 이성관계와 성에 대한 무지가 대중매체의 퇴폐적이고 자극적인 자극이 될 수 있으며 감수성이 예민하며 모방심리가 강한 청소년의 호기심은 친구집단의 영향에 의해 미혼모가 되는 중요한 요인이 되는데, 청소년기가 되면 부모의 영향력은 감소되는 반면 또래나 친구집단의 영향은 더 많이 받게 된다. 특히, 친구집단은 가족과 사회 사이의 중간 문화가 되어 상호작용을 통하여 사회화의 토대가 된다. 또한 미혼부가 책임지지 않는 사회적 분위기도 커다란 문제가 된다고 할 수 있다.

④ 경제적 요인

한국여성개발원이 조사한 바에 의하면 미혼모의 가출원인이 취직을 위해서가 49.2%이다. 또한 미혼모의 68.2%는 생산직 근로자, 접객업소 등 단순 노무직이나 서비스직에 종사하며 가족의 생계를 미혼모 혼자 유지하는 경우도 29.5%이다.

그런데 대부분의 미혼모는 성교육 부재뿐 아니라 돈이 없어서 피임, 임신중절, 혼전임신을 방지할 기회를 갖지 못하여 미혼모가 되기도 하며 예기치 않았던 임신이지만 아동을 양육하고 싶어 임신을 유지하여 출산하였으나, 경제적 여건이 허락되지 않아 미혼모가 되는 경우도 있다.

또한 미혼모가 저소득층에서 많이 발생하는 것은 경제적인 곤란으로 교육의 기회를 갖지 못하고, 일찍 취업을 함으로써 저임금의 단순직, 유흥업이나 서비스업, 매춘 등의 가능성이 높은 직업에 종사하게 되어 미혼모가 되는 경우도 많다.

⑤ 사회적 책무성

미혼모가족을 통한 결손가정의 증가와 사회적 고립은 복지 사각지대를 증가시킬 우려가 있다. 그러나 미혼모의 권리와 교육의 측면이 박탈당하지 않도록 하고, 사회적 위기가 초래되지 않도록 그에 관한 대처가 필요한 실정이다.

미혼모가족은 잠정적으로 사회적 · 경제적으로 빈곤이나 심리적 위축으로 인하여 비행과 연결될 수 있기도 하다. 따라서 가족복지의 영역에 있어서는 미혼모의 자녀양육과 생활지원의 영역이 포함된다.

이에 대하여 복지선진국에서는 자녀를 혼자서 양육하면서 사회적 낙인을 감당해야 하는 미혼모의 생활을 한부모지원정책의 틀 안에서 미혼모와 그들의 자녀를 지원하고 있다. 그러나 우리나라의 경우는 미혼모와 미혼모 자녀에 대한 정책적 지원이 아직까지 미약하기 때문에 미혼모가족은 많은 어려움에 직면하고 있다.

이것은 경제적 어려움과 사회적 낙인을 동시에 경험해야 하는 과중한 압박을 받게 한다. 따라서 미혼모가족을 위한 최우선 과제는 이들에 대한 삶의 권리적 측면이 있어야 하며 병리적인 관점에서의 접근이 되어서는 안 될 것이다.

2) 미혼모의 어려운 점

미혼모들은 현실적으로 대부분 어린 나이에 사회적 관계가 단절된 상태에서 혼자 임신과 출산을 겪어 내야 한다. 미혼모들이 겪는 어려움으로 마음의 혼란, 경제적인 문제, 가족과의 관계 등을 호소하는 경향이 있다.

3) 미혼모의 요구 및 지원

미혼모의 어려움을 해소할 수 있는 적절한 도움으로는 경제 지원, 분만 지원, 상담 지원 등을 들고 있으며 이것은 사실상 아기를 키우기 위한 의지로 해석될 수 있는 것으로 더욱 사회적 지지가 필요한 부분이다.

다음은 미혼모가족을 바라보는 사회적 인식으로 이에 대한 사회적 시각이 따뜻하지 않음을 알 수 있어 미혼모문제는 미혼모뿐 아니라 미혼부 그리고 이를 둘러싼 가족과 사회가 함께 개입하는 것이 필요함을 알 수 있다.

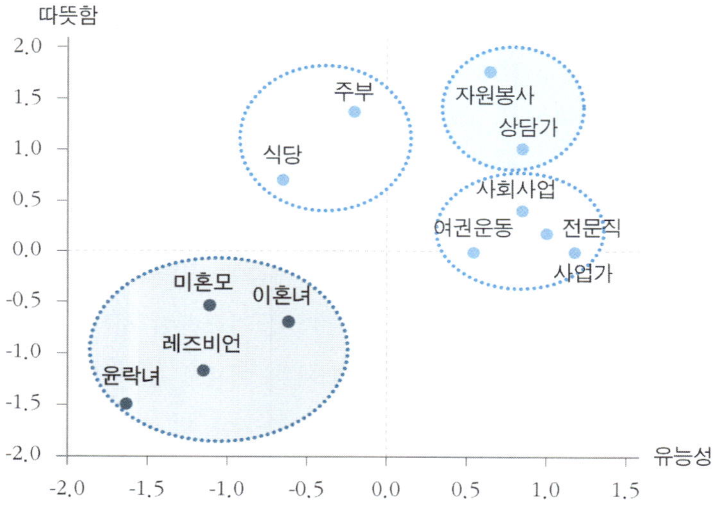

[그림 8-1] 대상집단들에 관한 유능성과 따뜻함 차원의 군집분석결과

출처: 김혜숙, 안상수 외(2005): 122에서 인용함

김혜숙과 안상수 외(2005)에 의하면 [그림 8-1]을 통하여 미혼모에 대한 대중적인 시선의 차가움이 사회적으로 있으며 미혼모의 경우 성매매여성이나 레즈비언여성의 집단보다 약간 상위에 위치하고 있음을 알 수 있고 미혼모들에 관한 사회의 차가운 시선이 식당 아주머니나 일반 주부와 상당한 거리가 있음을 알 수 있다.

즉, 식당 아주머니나 주부들에 대한 감정온도는 따뜻함이지만 미혼모는 차가움에 가깝다는 것이다. 뿐만 아니라 다양한 여성집단에 대한 유능성 평가점수에서도 미혼모는 윤락녀(성매매여성)보다는 약간 상위에 위치하고 있으며, 레즈비언 여성과는 거의 같은 위치에 있어 사업가나 전문직 여성집단과 거리감이 있음을 알 수 있다(김혜숙, 안상수 외, 2005).

이것은 미혼부모에 대한 사회적 인식이 미혼모들을 차별하는 사회적 분위기에서 크게 벗어나고 있지 않음을 알 수 있다. 또한 자녀양육에 있어서 남녀 동등한 책임이 있음에도 불구하고 여성만을 비난하고 책임을 미혼여성이 맡는 사회문화에 변화가 필요함을 나타내고 있다. 비록 미숙한 판단에 의한 결과지만 생명의 소중함을 인지하여, 자녀를 출산하고 자녀양육을 선택한 미혼여성들에 대하여 사회가 함께 경제적 지원을 해야 함과 동시에 가족의 이해와 배려를 절실히 요구하고 있어(여성가족부, 2005), 가족복지적 차원의 정책적인 개입이 필요하다.

미혼모정책은 그 어떠한 정책보다 예방적 차원의 적극적인 접근이 중요하다. 특히, 10대의 청소년 눈높이에 맞는 성교육 강화방안이 마련되어야 하며, 남녀관계로 인한 임신 예방뿐 아니라 임신과 출산, 양육의 전 과정을 아우르는 정책이 필요하며 개인의 책임은 물론 사회적 책임이 수반되어야 함을 인식해야 할 것이다.

그동안 한국의 미혼모정책은 입양정책과 긴밀한 관계가 있었으나 향후는 미혼모로서 양육을 원하는 경우 부모권을 보장하는 방향의 정책전환도 필요할 것이다. 또한 10대 후반과 20대 초반의 미혼모들의 학업복귀와 경제적 자립을 돕기 위한 지원 대책은 중요할 것이다.

현행의 학교교육 풍토에서 청소년기의 미혼모들은 학교로 돌아가고 싶어도 이들을 잘 받아주지 않을 뿐만 아니라 양육을 선택한 경우는 학교생활조차 쉽지 않은 것이 사실이다. 그러므로 이들에 대한 종합대책으로 미혼모 관련 시설 및 서비스 인프라의 구축과 함께 원스톱 지원체계의 지원이 요구된다. 즉, 양육 지원서비스를 다양화할 뿐 아니라 서비스의 질을 높이는 방안에 있어서 각종 보육에 대한 비용이 지원될 수 있도록 보육 지원의 다원화뿐만 아니라 학업과 취업 등을 통하여 미혼모가 보다 안정된 지원을 통하여 책임감 있는 양육을 할 수 있는 건강가정을 위한 다양한 지원이 필요하다.

2 빈곤가족

1) 빈곤의 정의

빈곤의 개념은 사회와 문화에 따라 다르며 개인이 인간의 삶에 있어서 일상생활을 영위함에 있어서 주관적이거나 객관적으로 궁핍을 느끼는 정도로 삶의 영위에 필요하다고 생각하는 재화 획득에서 욕구충족이 필요한 상태를 뜻한다.

빈곤의 측정은 주관적 지표와 객관적 지표 혹은 두 가지를 절충한 지표가 있는데, 이에 대하여 필요한 자원이 불충분하다면 상대적 빈곤의 체감지수를 통하여 나타내게 된다. 빈곤에 대한 객관적 지표는 빈곤을 측정하기에 모호한 것이 사실이며 따라서 상대적 지표나 혹은 주관적 지표가 활용되고 있는 추세이다.

즉, 빈곤은 개인이 어떤 기준에 따라 정의하느냐 혹은 시대나 문화 그리고 지역별로 다양하게 나타날 수 있어서, 제3 국가가 스스로 부유하다고 느끼는 반면, 부유한 지역에서 오히려 상대적 빈곤을 느끼기도 하여 그 양상은 매우 다양하다.

2) 빈곤의 구분

빈곤의 지표는 각 나라마다 기준이 상이하며 주관적 빈곤과 객관적 빈곤 이외에도 절대적 빈곤과 상대적 빈곤으로 구분될 수 있다. 첫째, 절대적 빈곤이란 기본적인 인간의 생존욕구에 필요한 식품, 안전성, 적절한 하수설비, 건강에 필요한 주거, 교육, 정보 등에 있어서 심각한 상태의 박탈에 처한 상태로 정의된 것으로 인간이 살아가는데 요구되는 절대적으로 필요한 최소한의 자원의 계량화나 사회와 문화에 따라 일괄적으로 적용되지 못하므로 그 한계가 있다.

한편, 상대적 빈곤은 한 사회에서 통용되는 기준과 연계하여 자신과 자신이 속한 공동체의 사회구성원과 개인들 간의 비교를 통하여 정의된다고 볼 때 빈곤이 개인 뿐 아니라 사회적인 문제가 될 수 있다.

특히, 현대사회에서 사회구조적으로 문제가 되는 신빈곤[1]의 문제는 사회적 불평등의 개념을 내포하고 있으므로 한 사회의 소득, 권력, 기회 등의 포괄적인 가치에 있어서 적절한 삶의 질을 규정하는 사회의식을 반영하고 있기도 하다.

상대적 빈곤은 각종 재화에 대한 접근성의 불리함 등을 내포하고 있다. 현재 국제적으로 빈곤은 상대적인 개념으로 활용되는 추세이며 빈곤을 사회적으로 정의하는 것에는 그 사회에 있어서 하위 소득분위를 어떻게 잡느냐에 따라 달라질 수 있다.

〈표 8-1〉 빈곤의 개념

구분		내용
객관적 빈곤	절대적 빈곤	인간이 삶을 영위하는 데 있어서 절대적으로 필요한 최소한의 자원을 충족시키지 못하는 상태이다.
	상대적 빈곤	다른 사람들과 비교해 상대적으로 적게 가진 상태로 특정 사회의 대다수가 누리는 생활수준에 못 미치는 수준으로 '불평등'으로 표현되고 있다.
주관적 빈곤		자신이 충분하게 갖고 있지 않다고 느끼는, 즉 주관적인 판단에 의해 근거하는 빈곤의 개념이다.

상기와 같이 빈곤의 정의와 개념은 나라 및 학자에 따라 다르다. 그러나 다수의 연구에서 최저생계비를 기준으로 하여 빈곤선으로 규정하는 절대적 빈곤의 개념을 사용하고 있다(정은희, 2002). 기타 연구에서는 절대적 빈곤의 개념을 적용하여 국민기초생활 수급가정이나 차상위 계층을 포함하여 빈곤가정을 포함하는 연구가 많은데, 그 이유로는 차상위 계층이 최저생계비 계층의 가구소득과 큰 차이가 없이 빈곤의 사각지대에 있기 때문이다(김순규, 2006).

1) 신빈곤 : working poor와 비슷한 맥락으로 열심히 일하여도 빈곤에서 벗어나지 못하는 사회 빈곤층의 계층적 차원의 용어이다.

우리나라의 보건사회연구원의 연구에 의하면 빈곤층이 10년 전에 비하여 2배로 늘어난 것으로 보고되고 있다. 이에 대하여 월 소득이 최저생계비에 미치지 못하는 가구의 경우를 살펴보면 2007년에는 10.2%, 2008년은 10.4%, 2009년은 11.1%로 계속 높아지는 가운데 그에 대한 영향으로 아동의 빈곤율도 높아지고 있으며 가정의 경제적 불안정의 요인으로 인한 한부모가족의 증가도 일어나고 있는 추세이다.

우리나라의 빈곤아동의 추이를 살펴보면 2009년 기준으로 최저생계비 이하의 절대빈곤의 아동은 대략 77만 명으로 전체아동의 8% 수준에 가까웠으며(보건복지가족부, 2009), 이러한 빈곤율은 소득분위의 기준에 따라 더 높아질 수 있을 것이다.

그런데 이러한 빈곤의 심각성은 전승되는 성격을 가지는 '대물림' 현상이 있기 때문에 사회적인 관심이 필요하다(구인회 외, 2009). 즉, 빈곤가정에서 경험하는 환경과 특성은 자녀의 성장과정에 부정적인 영향을 미칠 수 있으며, 빈곤의 대물림이라는 악순환으로 이어지기도 한다(김명순 외, 2010).

이와 같이 최근 우리나라는 세계적인 경제의 불안정으로 빈곤의 계층이 증가하고 있으며 이에 대한 가족이 받는 영향도 무시할 수 없다. 특히, 문제의 심각성은 빈곤아동은 경제적인 어려움으로 스트레스, 가족 갈등, 원만하지 않은 부모-자녀관계 및 양육과 생활의 어려움으로 영향을 받을 수 있으며 가정폭력이나 알코올 중독 등의 다양한 어려움과 더욱 긴밀한 관련을 가지고 있다(장혜자, 2000). 예를 들면, 경제적 어려움이 부모에게 심리적 스트레스를 가져오며 이것은 부부관계와 부모-자녀관계에 순환적으로 영향을 미칠 수 있기 때문에 자녀의 정서 · 심리 · 사회적 발달에 부정적인 영향으로 이어진다는 요지이다.

이에 대하여 빈곤가정 부모의 경우는 생계유지를 위해 장시간 외부에서 일하거나 불규칙한 노동을 하는 경우가 많으므로 자녀와의 상호작용이나 양육에 집중하지 못하게 되며, 따라서 신체적인 처벌을 자주 사용하는 경향이 있어 자녀가 정서적인 어려움을 겪을 확률이 높아진다.

이에 빈곤을 경험하는 아동이 그렇지 않은 아동에 비하여 개인 내적으로 우울이나 자아존중감의 저하, 사회적 관계 형성으로 또래관계의 어려움 및 품행장애를 겪을 가능성과 심리·정서·사회적 문제가 빈곤을 경험하지 않는 아동에 비하여 높게 나타날 수 있다. 따라서 가족정책의 영역에 있어서는 가족이 담당하지 못하는 부분을 보완하고 이에 대하여 사회적 지지 등의 보호요인을 제도적으로 제공할 수 있도록 하는 것이 중요하다.

3) 소년소녀가장의 가족

소년소녀가장의 개념은 보건복지부(2006)의 기준에 따르면 부모의 사망, 이혼, 질병, 장애, 복역, 가출 등으로 부모가 없거나 혹은 있더라도 노동력이나 생활능력이 없는 혈족 또는 방계 혈족을 모시고 있으며, 이로 인하여 생계가 곤란한 결손 세대를 의미한다. 연령으로는 만 18세 이하의 청소년이 경제적으로 가정에 대한 실질적인 책임을 지고 생활하는 세대로 정의될 수 있을 것이다. 그런데 이들의 특징은 경제적 어려움 뿐 아니라 정신적 어려움을 겪고 있는 것이 특징이며 이들에 대해 물질뿐 아니라 심리 및 정서적 지원에도 더욱 관심을 기울일 필요가 있다.

이에 대하여 오승환(2000)은 소년소녀가장의 사회 및 심리적인 적응을 위해서는 자아존중감의 증진과 정보적 지지 및 부모 동거의 여부가 영향을 미친다고 지적하였다. 한편, 소년소녀가장세대 청소년들은 가정생활과 학업의 병행에서 오는 스트레스를 많이 지각하고 있었으며 친구 및 친척과 교사들로부터의 지지를 상대적으로 높게 지각하는 것으로 나타났다(최선경, 2001).

또한 일상생활에서 스트레스를 많이 경험하거나 사회적 지지를 낮게 지각하는 경우일수록 정서적인 불안을 더 많이 느끼는 것으로 분석되었다(최선경, 2001). 반면, 적응유연성을 높이는 요인으로는 자아존중감과 정서 중심의 대처기제가 있으며 사회적 지지의 제공이 될 수 있을 것이다.

따라서 가족정책의 차원에서 볼 때 가구의 소득뿐 아니라 이들에 대한 사회적 지지의 제도는 중요하다. 경제적 빈곤은 아동의 발달에 장기적이며 부정적인 영향을 미칠 수 있는 대표적 위험요인(Masten, 2001)이며, 일상생활에 있어서 만성적인 스트레스의 요인이 될 수 있다.

그 이유로는 저소득층 자녀의 경우에 낮은 교육수준, 불안정한 직업, 낮은 수입으로 인한 어려움에 노출될 가능성이 높기 때문에 자녀의 건전한 성장과 발달에 역기능을 초래할 가능성이 있다. 그러므로 이들에 대한 다각적인 가족정책적인 개입이 무엇보다 중요하다 할 것이다.

4) 노인독거가족

독거노인이란 노인이 단독으로 세대구성을 하고 있는 가족을 의미하며 따라서 배우자나 친족 혹은 비친족 중 누구하고도 함께 거주 혹은 가계를 함께 하지 않는 독립적인 세대나 상태의 노인을 뜻한다. 그런데 독거노인은 단독으로 독립적인 생활을 영위하는 것에 있어서 배우자의 상실 등으로 독거노인의 성별은 여성이 많은 수를 차지하고 있다.[2)]

이는 보통 남편의 연령이 아내의 연령보다 높고 여성의 생존 연령이 높다는 점 뿐 아니라 노령은 여성독거노인이 적절한 남성독거노인을 만날 기회가 적어진다는 것을 의미하기도 한다.[3)] 그런데 독거노인들은 통상적으로 노인빈곤에 처할 위험성이 높으며[4)] 고령으로 인하여 건강뿐 아니라 일상적 활동으로 목욕, 식사 및 가사 일에 대한 노동력에 취약해질 수 있다.

---

2) 정순둘(1999), “독거노인을 위한 체계망 치료”, 「노인복지연구」, Vol.6, No1, 한국노인복지학회, pp. 175-205.

3) 김기태 · 박봉길(2000), “독거노인의 생활만족도와 사회 지지망 : 지역복지관의 서비스를 제공받고 있는 노인을 중심으로”, 「한국노년학」, Vol. 20(1), 한국노년학회, pp. 153-168.

4) 相川良彦(2005), “農村におはゐ 老後不安安－京都府美山町2集落の事例報告－”, 『社會保障研究』, Vol.41, No.1, pp. 22-34. (채현탁(2006. 4), “농촌지역 독거노인의 사회적 지지망 강화 방안 : 일본 시오야마치의 사례를 중심으로”, 「사회복지정책」, Vol. 24, 한국사회복지정책학회, p. 230, 재인용).

이러한 특성으로 인하여 독거노인은 지역사회의 사회적 활동 등 여러 면에서 취약해질 위험이 있다. 그런데 노령층이 생활 속에서 우울과 고독감에 노출되어 있으면서도 자녀와 함께 하지 않고 독신가족을 지속하려는 이유는 자녀에게 부담을 주지 않으려는 뜻(자녀에게 부담이 될까봐 : 16%, 자녀의 직장, 학업으로 인하여 :20.6%, 자녀와의 불화로 : 1.6%)과 노인 자신의 독립 지향적인 태도(독립생활 가능 : 20.3%, 따로 사는 것이 편해서 : 38.3%)로 나타났으며 독립적 형태를 청산하고자 하는 요인은 건강 악화, 경제적 빈곤, 심리 · 정서적 소외, 고립감 등으로 나타났다.[5]

심각한 것은 최근 독거노인과 관련된 국내 연구들을 보면, 독거노인의 건강실태와 삶의 질에 관한 연구[6]에서 일상생활활동 점수는 보통 이상이나, 영양상태는 양호하지 못하며 인지기능은 정상이나 심리적으로는 우울한 상태인 것으로 나타났다. 특히, 심각한 것은 만성질환에도 불구하고 치료의 경험이 없는 노인이 많았으며 그 이유로는 돈이 없어서가 이유로 나타났다. 이에 대한 2005년 통계청의 사회통계조사 결과를 살펴보면 65세 이상 연령계층에게 있어서 가장 어려운 점이 '경제적 어려움'으로 44.6%를 차지하고 있었고, 그 밖에 '건강문제' 30.1%, '외로움, 소외감' 6.4%의 순으로 나타났다.

그에 대한 성별의 구분은 남자(46.4%)가 여자(43.3%)보다 경제적 어려움에 처해 있는 것으로 조사되었는데, 이와 같이 독거노인은 가족의 돌봄으로부터 방임되어 있는 경우도 많으며 가족동거노인에 비하여 신체 및 심리적, 그리고 경제적으로 많은 문제에 노출되어 있고 열악한 환경에 놓여 있기 쉬운 특징이 있다. 이러한 경제적 빈곤, 건강의 취약성 및 사회적 지지의 부족은 각종 사회적 부작용과 연결될 수 있으며 노인이 궁극적으로 달성해야 하는 '일생 동안 잘 살았다고 하는 자아통합감'을 이루어야 하는 인생의 중요한 시기에 낮은 생활만족도로 인하여 궁핍한 생활에서 삶을 마

5) 보건복지부(2004), "전국 노인생활실태 및 복지욕구 조사 주요 결과". pp. 4-9.
6) 김주희 · 정영미(2002), "독거노인의 건강실태와 삶의 질에 관한 연구" 「노인간호학」, Vol. 4, 한국노인간호학회, pp. 16-26.

감할 수 있으므로 이에 대한 개입은 매우 중요하다. 따라서 우리나라에서 최근 실시하고 있는 읍·면·동 허브를 통한 독거노인에 대한 사례관리와 사회적 지지망의 제공은 독거노인에게 힘을 실어줄 수 있는 유용한 관계망으로 기능할 수 있을 것이다.

사회적 지지는 개인의 정신건강과 사회 적응에 긍정적인 영향을 주는 효과가 있다. 이에 대하여 칸(Kahn)은 사회적 지지가 인간의 상호 교류로 애정적 지지, 가치인정의 지지, 물질적 지지를 포함한다고 하였다.[7] 노인들의 사회적 관계망은 사회지지와 관계망의 기능은 인간 대 인간의 신뢰와 친밀감뿐 아니라 삶의 의미와 같은 심리 및 정서적 기능을 하므로 중요하다.

노인에 대한 지지는 크게 정서적 지지, 사회적 지지, 도구적 지지 등이 있다.

이를 살펴보면 첫째, 정서적 지지란 신뢰감, 애정, 친밀감, 존경심 등 심리적인 교류가 가능한 신뢰할 수 있고 의지할 수 있는 사람과의 교류가 중요하다는 개념이다. 둘째, 사회적 지지는 함께 여가시간을 보내거나, 각종 활동에 참여하여 역할상실을 대체하는 노력이 필요함을 지적하고 있다. 노인의 건전한 여가의 활동은 삶의 만족과 자아통합에 도움을 준다. 셋째, 도구적 지지란 노인이 필요로 하는 것을 직접적으로 도움을 주거나 물질적으로 원조하는 지지를 의미한다. 즉, 자녀와 동거하지 않는 독거노인의 경우에는 경제적인 것을 비롯하여 일상생활을 수행하는 데 있어서 자녀와 동거하는 노인보다 더욱 많은 도구적 지지가 필요하며 도구적 지지는 물질원조, 서비스, 병간호, 집안일 돕기, 물건 빌려주기 등이 있다.[8]

이를 위해서는 노인에 대한 사회적 지지망의 점검이 필요하다. 사람들과의 접촉빈도, 심리적 거리, 안정성 등이 있는데, 독거노인의 경우에는 접촉빈도뿐 아니라 지리적 근접성도 매우 중요한 요인으로 작용할 수 있을 것이다. 독거노인들은 독거로 인

7) R. L, Kahn & T. C, Antonucci(1980), "Convoys over the Life Course : Attachment, Roles, and Social Support", Life-Span Development and Behavior, Vol. 3, pp.254-286,

8) 윤경아(1995), "사회적 지원과정에 관한 연구 : 강화노인의 사적지원체제를 중심으로", 연세대학교 대학원 박사학위논문.

하여 경제, 신체 및 정신적인 어려움을 겪으면서도 타인이나 심지어 자식들에게 도움을 받고 싶어 하지 않는 경향이 있고, 사람을 그리워하면서 느끼는 소외감, 외로움, 서러움 등을 동물이나 이웃과 같은 다른 대상물에 의지하려는 경향이 있으며 자신의 몸을 의지대로 움직이지 못하는 현실을 받아들이면서도 생활에 무력감을 느끼는 형태로 나타나고 있다.[9)]

그 밖에도 독거노인은 노화와 관련된 문제 이외에도 홀로 살아가면서 경험하는 다양한 문제들을 복합적으로 직면하고 있는 것이 현실이다. 국가적으로 독거노인에게는 개인적 지지와 사회적 지지가 중요하며, 따라서 세계 각 국은 비공식 부문의 활성화를 위한 대안으로 지역사회 내에서 이웃주민 간의 사회적 지지망을 강화하려는 노력들을 지속해 오고 있다.[10)]

우리나라에서도 독거노인을 포함한 노인을 지지하기 위하여 지역사회적 차원에서 지역주민을 활용하는 사회복지실천이 강조되고 있으며[11)] 사회적 지지는 인간이 느끼는 스트레스의 체감도를 낮추는 역할을 하며, 건강상의 생체 면역을 높여줄 뿐만 아니라 삶의 활력과 만족감을 높이는 데 중요한 역할을 한다. 그러므로 가족지원정책을 통한 적절한 사회적 지지망의 형성과 관심은 독거노인의 삶의 스트레스 수준과 고독감을 낮추고 건강한 생활을 영위하는 데 중요한 역할을 할 것으로 전망된다.

9) 이화간호학회지(1999), "독거노인의 체험 연구", pp. 84-97.
10) 김희연(2001), "지역사회 복지의 네트워크 분석: 대전광역시 사회복지권을 중심으로", 이화여자대학교 대학원 박사학위 논문.
11) 노병일 · 오영선(2005), "지역 노인의 사회적 지지와 우울", 서울: 도서출판 다운샘. pp. 28-36.

3 다문화와 가족건강

우리나라의 다문화사회의 진입은 다양한 사회구조와 사회적 인식의 변화를 가져왔으며 이에 따라 가족정책의 변화도 중요시되고 있다. 다문화주의란 한 사회 내에서 다양한 인종의 집단들의 다양한 문화에 대해 상호 인정하고 존중하면서 공존하는 것에 그 목적이 있는 이념체계이다.

이것은 사회 문화적인 다양성을 인정하고 인종, 민족, 국적에 따른 차별과 배제 없이 모든 구성원이 공평한 기회에 접근할 수 있도록 보장하는 정부의 정책을 뜻한다. 이에 대하여 캐슬과 밀러(Castles & Miller, 1998)는 세계 각국의 이민정책을 이주민 수용방법, 국적 부여의 원칙, 이민자에 대한 사회 분위기 등을 토대로 다문화주의 유형(Multicultural Model), 문화다원주의 유형, 동화주의 유형(Assimilationist Model), 차별배제 유형(Differential Exclusionary Model) 등으로 다음과 같이 분류하고 있다.

다문화주의는 (1) 인종, 민족, 문화적으로 다원화된 인구사회학적 현상, (2) 사회와 문화적 다양성을 긍정적으로 인식하며 가치 있게 여기고, 존중하는 사회적 이념, (3) 사회 및 문화적 다양성을 보호하고 인종, 민족, 국적에 따른 차별과 배제 없이 모든 개인이 공평하게 기회에 접근하도록 보장하는 정부의 정책과 프로그램을 포괄적으로 지칭한다(Tropper, 1999).[12)]

1) 우리나라와 다문화사회 및 정책의 배경

다문화사회의 배경으로 우리나라에서는 국제결혼의 증가로 다문화가정을 이루는

12) 『다민족 · 다문화사회로의 이행을 위한 정책 패러다임 구축(Ⅱ)』, 장미혜 외, 한국여성정책연구원, 2008, pp. 28-29

결혼 이민자의 수가 급속도로 늘어나고 있는 추세이다. 우리나라의 다문화주의는 김동진 외(2013)에 의하면 1970년대를 전후하여 호주와 캐나다에서 본격적으로 언급된 이후 미국, 호주, 유럽, 캐나다 등의 선진국에서 급속도로 확산되고 있다고 하였다. 이에 따라 우리나라 역시 시대적인 조류에 따라 다문화시대를 맞이하여 정책적인 문제뿐 아니라 한국사회가 나아가야 할 방향을 제시해야 하는 사회적인 문제를 안고 있다.

우리나라의 다문화시대의 역사적 배경으로는 1993년 외국인 산업연수생제도의 실시와 이후 2004년 고용허가제가 실시되면서 해외인력의 국내 유입 본격화로부터 시작되었다. 이후 우리나라는 2007년 방문 취업제를 실시하여 외국인의 출입국 규제를 완화하면서 중국이나 중앙아시아 동포들의 입국이 늘어나게 되는 배경이 되었다. 이에 결혼이민자 역시 1990년대 이후 급격한 증가를 보이고 있는 가운데 본격적인 다문화시대가 도래되었다.

이에 우리나라는 다문화에 대한 정책적 입안을 위하여 다문화가정을 대상으로 「재한외국인처우기본법」, 「출입국관리법」, 「국적법」을 제정하였고, 2008년 3월 「다문화가족지원법」을 시행하여 다문화가족을 지원하는 법적인 근거를 두었고, 2008년 10월에는 보건복지가족부의 생애주기별 맞춤형 지원 강화대책 등을 발표하여 여성결혼이민자의 삶의 질 향상을 위한 다각적인 지원을 실시하고 있다(안전행정부, 2009).

또한 2003년 30여 개 시민단체로 구성된 건강가정시민연대가 '다문화가족'의 용어를 권장하면서 현재 한국의 다문화가족은 우리와 다른 민족이나 문화적 배경을 가진 사람들이 포함된 가족을 총칭하여 사용되고 있다(이순자, 2013).

'다문화주의'라는 용어는 캐나다와 호주에서 1970년대를 전후로 본격적으로 사용되기 시작하였고, 정부의 새로운 정책과 사회운동의 목표를 지칭한 이래 급속도로 확산되어 한 국가의 인구정책과 매우 밀접한 연관이 있다. 우리나라도 인구정책에 따라, 다문화주의 개념의 등장으로 민주주의의 확산과 다양한 인종의 정체성이 복잡하게 얽혀 있는 국가들에서는 국민들을 어떻게 하나의 '국민'으로 통합시킬 것인가에 대한 논의가 제기되고 있으며, 이는 곧 국가 이데올로기(ideology)로서의 다문화주의의 채택을 의미한다(강휘원, 2006).

그러나 이와 같은 이념정립의 문제는 어려움을 가지고 있는데, 이에 대하여 이용승(2004)은 다음과 같이 언급하고 있다. 즉, "오늘날 이 다문화주의는 국가, 인종, 민족 등의 거시적인 차원에만 국한되지 않고 사회 내의 소외계층이나 소수인종, 세대 간 갈등과 성역할의 차이 등과 같은 미시적인 문제를 포함하는 매우 광범위한 주제이기 때문에 하나의 의미로 정의하는 것은 불가능하다(이용승, 2004)"는 것이다.

우리나라의 혼인귀화자의 누계를 살펴보면 2015년 3월을 기준하여 우리나라 혼인귀화자는 전체누계 10만 3,789명에 달하며 이것은 2009년 5만 6,205명에 비하여 약 2배 정도 상승하였다. 한편, 이혼율도 전년도 대비 0.9% 상승하였으며 해마다 증가 추세이다(통계청, 2013). 이에 장미혜(2008)는 한국사회의 급속한 다문화사회로의 진입이 여러 문제점이나 갈등을 내포하고 있으며, 급격한 이주 증가로 인하여 발생할 수 있는 위험과 이에 대한 사회비용 등의 논의가 필요하다고 하였다. 따라서 다양한 다문화를 사회적으로 포용하기 위해서는 올바른 가족정책이 필요하다.

즉, 우리나라에 결혼을 통하여 이주해 온 여성들은 새로운 가족과 사회에 대한 적응과 함께 한국사회의 일원으로 통합되어야 하는 어려움에 직면하면서 다양한 문화적응 스트레스에 대한 문제점과 해결방안(권명희, 2011; 최정혜, 2011; 홍미기, 2009)이 요구되고 있다. 이에 홍미기(2009)는 우리 사회에서 다문화여성은 사회적으로 소수자이긴 하지만 지역사회의 성원이자 가족의 구성원으로 한국사회 정착을 위해 지원과 도움이 필요한 집단으로 등장하게 되었다고 언급하였다. 한편, 김기현(2009)에 의하면 이주여성들은 예상치 못한 언어적 · 심리적 · 성적 폭력 및 가난, 편견, 국적취득의 어려움으로 인권을 위협받고 있는 것이 현실이며, 이러한 요인들은 여성결혼이민자의 삶의 질을 저하시킬 뿐 아니라 가족의 삶의 질도 저하시킬 위험성이 크다고 하였다. 따라서 다문화여성의 삶의 질은 이혼이나 자녀양육에 영향을 줄 수 있으며 나아가서는 사회적인 영향을 미칠 가능성이 있는 것이다.

특히, 머피(Murphy, 1997)는 다문화여성들이 문화적 차이로 인하여 좌절과 불안을 경험하고 있으며, 이것은 차별감과 문화충격 및 생활에 대한 적응의 어려움을 동반하여 결혼생활의 만족도나 삶의 만족도에 영향을 미칠 가능성이 있다고 하였다. 또한 김현실(2012)은 낯선 거주지역에서 발생하는 변화는 이주민들에게 다양한 문제 등을 발생하게 할 수 있으며, 이것은 다문화여성의 적응과정에 스트레스를 경험하게 할 수 있다고 하였다. 더욱이 이들은 개인이나 가족을 돌봐야 하는 돌봄 부담자로서 장기적으로 역할 부담을 경험하게 되고 그 결과 삶의 질은 떨어질 수 있다(Schulz, O'Brien, Bookwala, & Fleissnwe, 1995, 강정희, 2003: 12 재인용). 이에 대하여 김미숙과 김안나(2012)는 다문화여성의 삶의 만족도에 가족관계 영향력이 중요한 변인이며 따라서 권구영(2012)의 연구에서는 가족관계 스트레스, 사회적 지지, 사회통합이 삶의 질에 영향을 미친다고 하였다.

2) 다문화사회의 이데올로기

다문화사회에 관한 정의는 학자마다 다양하나 주류사회의 전통이나 관습, 문화에 기반을 둔 다수집단의 정체성과 이에 포함되지 않는 소수집단의 정체성 간의 평화스런 공존을 추구하는 것을 다문화사회라고 하며, 이러한 다문화사회는 소수집단의 정체성을 존중하고 고유문화가 독자적으로 전개되는 시공간을 인정하고 수용하는 단계까지 포함하고 있다(강휘원, 2006).

그러나 현재 우리사회에서 통용되는 다문화주의의 의미를 다원적인 국민성과 '다르게 평등하게 사는 것'으로 두 측면에서 설명되고 있다(송종호, 2007). 이에 다문화, 다원주의는 문화적 존재로서 개개인이 타인의 기준에 의하서 부당하게 평가받지 않으며, 한 사회 내에서 존재하는 각 하위집단과 구성집단들의 신념에 대한 상대성을 동등하게 인정하고 존중하는 것(김광억, 1998; 문경희, 2006)으로 정의되고 있다.

즉, 다문화주의란 개인의 고유한 삶에 대한 의미와 가치를 존중받고 이러한 긍정적인 자기존중의 삶이 실현되는 것이라 할 수 있다(김경아, 2008).

3) 우리나라의 다문화 관련 법과 인구의 변화

우리나라에서 제시하는 다문화주의는 「다문화가족지원법」에 따라 다음과 같은 다문화가족의 법적인 개념을 가지고 있다. 즉, 「재한외국인처우기본법」에 의하면, 제2조 제3호의 결혼 이민자와 「국적법」 제2조에 의해 다문화가족이란 출생 시부터 대한민국 국적을 취득한 자로 이루어진 가족을 뜻한다. 또한 「국적(國籍)법」 제4조에 따르면 다문화가족이란 귀화허가를 받은 자와, 같은 법 제2조에 의하여 출생 시부터 대한민국 국적을 취득한 자로 이루어진 가족으로 정의하였다. 한편, 「국제노동법」 제3조에 의하면 다문화가족은 합법적으로 체류하는 결혼이민자와 외국인 근로자가 대한민국 국민과 혼인, 혈연, 입양 등으로 결합하여 이룬 가족과 귀화자 가족을 포함하는 개념이라 하였다. 이때 출신국이 다른 외국인 간의 결혼에 의한 가족과 영주권자 가족은 법으로 제외하고 있다. 단, 결혼이민자는 대한민국 국민과 혼인한 후 대한민국에 거주할 목적으로 체류하는 외국인 혹은 이에 해당하였다가 혼인관계가 해소된 외국인으로, 간이 귀화자는 귀화자 가족에 포함하고 있다. 그러나 일시 체류 외국인과 외국 거주 다문화가족은 여기에서 제외한다.

4) 다문화의 사회적 논의

김유경 외(2008)는 다문화의 개념에 대하여 다양한 문화가 한 사회 내에서 상호 공존하는 것이며, 광의로는 국가가 구성원들의 다양성을 인정하여 시민적 권리에 있어 차별을 두지 않는다는 것과 협의로는 다양한 정치, 제도적인 보장을 의미한다고 하였다. 이를 종합하여 강휘원(2007)은 이러한 다문화사회의 개념은 한 국가 내에서 다양한 인종과 민족이 어우러져 상호 사회적 차별 없이 시민 또는 국민으로서의 기본적 권리를 향유하는 사회를 의미한다고 하였다.

김이선(2010)에 의하면 다문화주의(multi-culturalism)를 이념적 지향 및 공공정책의 이념으로 채택한 국가나 사회는 '다문화국가' 또는 '다문화사회'로 통칭되는데, 이에 대하여 천선영(2004)은 다문화가 한 사회의 정치, 경제, 사회의 각종 분야에서 인종, 계급, 젠더의 차이에 의하여 야기되는 문제와 밀접한 관련성을 지니며, 따라서 문화다원주의는 정치적 이데올로기이자, 한 정부가 시행하는 정책 및 국민통합의 이데올로기 혹은 시민운동의 목표를 지칭하는 폭넓고 다양한 가치를 반영하게 된다고 하였다.

이러한 개념에 따라 문경희(2006)는 다문화나 다원주의에서의 개인은 문화적 존재들로 타인의 기준에 의하여 부당하게 평가받지 않으며, 한 사회의 구성 집단들의 신념에 대해 상대성을 동등하게 인정받고 존중받는 것이 중요하다고 보았다.

이에 홍미기(2009)에 의하면 최근 논의되는 것이 '다문화주의 모델'이라고 하면서, 다문화주의모델은 다민족, 다문화사회의 통합에 있어 그동안 동화주의는 오히려 인종 간, 민족 간 분쟁의 원인이 되나, 다문화주의는 소수집단의 문화적 · 사회적 차이의 잠재력과 정당성을 받아들이고 수용하는 차이가 있다고 하였다.

그 밖에 한용외(2011)에 의하면 그동안의 다문화주의는 동화주의 모델(assimilationist model)의 관점에서 바라볼 때에 주류문화를 통한 전 국민의 사회통합을 목표로 하는 경향이 있었다고 하였다. 이러한 관점에서는 구성집단의 다수를 이루는 민족이나 지배적 위치의 민족이 지니는 생활양식이 문화적인 준거의 기준이 되고, 그 외 소수민족이나 이질적 집단 등의 다양한 배경을 가진 구성원은 주류사회의 핵심가치를 수용하거나 동화할 것을 강요받는 불합리성이 있다는 것을 주장하였다.

이는 하트만(Hartmann, 1993)의 차별적 배제 모델(differential exclusionary model)의 관점에서 본다면 주류집단이 소수인종의 집단과 접촉을 배제하거나 최소화하여 사회갈등을 회피하는 유형이 될 수 있다는 것이다. 그러나 진정한 다문화사회는 문화다원주의 속에서 진정한 다문화를 구현하고자 하는 긍정적인 실천과정이 요구되며 정책적이며 제도적인 차원의 지속적 지원이 필요하다.

5) 다문화정책과 북한이탈가족

그 밖에도 관점에 따라서 다문화가족에 포함되기도 하고 별도의 가족으로 구분되기도 하는 북한이탈주민가족의 문제는 매우 중요하다. 북한이탈주민의 국내입국은 2007년 10월 이후 지속적으로 증가하고 있는 추세로 1990년 이후 특히 탈북여성과 가족의 탈북 경향이 증가하고 있는데, 북한이탈주민가족의 특징으로 상당수가 편모 혹은 편부가족이거나 혹은 형제가족 등 비전통적 가족형태가 많으며 최근에는 20~30대 이외의 노령자나 청소년입국자도 늘어가고 있으므로 이에 대한 정책적 개념정립에 의한 지원이 필요한 현실이다.

특히, 북한이탈주민가족의 정신보건문제는 중요하며 이는 정신적 외상의 경험으로 인해 발생할 수 있고 사회적으로도 영향을 미칠 수 있다. 예를 들면, 탈출과정에서 생명의 위협이 되는 추격, 기아, 폭행, 성폭행 등의 경험이나 혹은 인신매매 및 고문의 경험이 추후의 정신적 외상이 될 수 있고 외부세계에 대한 반응의 마비나 감소 및 사회적으로 부정적 인식의 문제는 대인관계나 일상활동에 지장을 줄 수 있으며 수면장애나 주의력의 감소, 기억력의 손상 등과 같은 신체 및 정신적 기능의 감퇴문제로 나타날 수 있다. 북한이탈주민은 그 밖에도 가족 이산의 경험을 하게 되는데, 제3국에서 새로운 가정을 시작하게 되므로 가족관계가 더욱 복잡해지고 가족을 두고 온 죄의식과 가족의 안전에 대한 염려로 우울을 경험하기 쉬우며 이는 인간의 행복추구권리에 따른 인권문제와도 깊은 연관이 있을 수 있다.

북한이탈주민은 사실상 전쟁에 의하여 분리된 경우로 우리 국민의 범주로 볼 수 있으며 이산가족이라 할 수 있을 것이다. 그런데 다시금 낯선 나라에서의 문화적응과 정착 스트레스와 생활문화의 차이, 빈곤, 실업, 소외, 차별과 편견, 언어와 문화적응 등은 심리적 어려움을 겪게 하는 요인이 된다.

북한이탈주민가족의 경우는 남성보다 여성의 취업이 용이한데, 그 이유로 여성이 언어와 문화적응이 비교적 쉬우며 여성의 저임금, 비숙련 노동의 기회로 식당 등의 허드렛일에 종사하는 경우가 많기 때문으로 여성의 취업과 빠른 문화적응은 해당 부부간의 권력구조에 변화를 가져오기 쉬우며 가부장적 권위 성향이 있는 북한 남편에게 위협적으로 인식되어 가정불화나 이혼을 유발하는 요인이 되기도 한다. 따라서 정책적으로 이들 가정을 지원하는 제도적 지원이 필요하다 할 것이다.

이러한 가족위계의 변화는 부모와 자녀 간에서도 발생할 가능성이 높으며 북한이탈주민 아동이나 청소년은 제3국을 경유하면서 학령기의 중요한 시기의 경험 단절은 정체성 문제로 이어져 기분장애나 만성적 우울 혹은 불안장애로 나타날 수 있는데, 이들의 문제는 사회문제로 이어질 수 있으므로 정책적인 유의가 필요하다.

6) 다문화 관련 건강가족의 논의

다문화가족을 둘러싼 건강가족에 관한 논의는 아무리 강조되어도 지나침이 없다. 우리나라는 단일민족을 배경으로 하여 다문화의 역사가 비교적 길지 않다. 이러한 가운데 우리나라의 정책이 깊은 통찰을 통하여 입안되기보다는 다소 문화동화의 입장에서 다문화가정의 정책을 펼쳐온 것이 사실이다.

그러나 앞으로 성숙한 다문화사회가 이루어지기 위해 국제결혼가족의 정책적 프로그램은 문화적 상대성을 인정하고 상호 학습하는 차원으로 지속적인 교환 관계가 성립되어야 할 것이다. 이를 위해서 국제결혼가족의 내적 및 외적 자원을 지원하는 부부관계 프로그램이 정착 단계별로 이루어지는 것이 필요하며, 예방적 차원에서 다문화 가족의 의사소통, 의사결정, 원가족 간의 관계, 자녀양육에 대한 프로그램이 다양하게 실시되어야 한다. 또한 사후의 가족해체 이후에도 취업 알선이나 장기 주거서비스의 제공 등 우리나라 국민으로 건강하게 흡수하고자 하는 지속적인 노력이 필요할 것이다.

한편, 국가적으로 다문화 청소년에 대한 이중문화 및 이중 언어의 지원도 필요하며 현행 헌법의 인종차별 금지 규정뿐만 아니라 사회 전체의 신념을 명확히 하고 사회적 안정장치로 이주여성 긴급전화 등을 통한 긴급한 도움과 상담 및 법률자문을 정책적으로 제공하는 것이 필요하다.

또한 중개업에 대한 규제를 강화하여 중개의 과정에서 부정확하거나 거짓정보를 제공하였을 경우 인권보호의 장치가 강화되어야 한다. 이러한 정책적 입안은 건강한 다문화가정이 우리나라에 정착될 수 있도록 돕는 기능을 하게 된다.

4 아동학대와 가족

1) 우리나라의 아동학대 현황

아동학대 발생요인 중 공통적으로 가장 중요한 요인으로 주목하고 받는 것은 빈곤이나 빈곤과 관련된 요인(Pelton, 1989; 이봉주 · 김세원, 2005; Waldfogel, 2000; Becker, 1993)이다. 현대사회는 1980년대 전후에 들어서면서 아동학대를 사회문제로 인식하고 사회적 차원의 정책적 개입 필요성에 대한 주장이 일어나고 있으며, 아동학대 발생요인을 아동개인을 포함한 가족요인을 비롯하여 지역사회 요인(Coulton, Su, 1999), 사회경제적 요인(Garbarino & Kostelny, 1992; Kantor and Straus, 1987), 문화적 요인(Korbin, 1980; Beckett, 2005; Ferrari, 2002)으로 다양하게 분류하여 다각적으로 살펴보고자 하는 연구들이 나타나고 있다.

특히, 오늘날과 같이 사회 양극화로 인한 사회구성원들 간의 경제적 · 심리적 불편등이 심각한 사회문제로 대두되고 있는 현실에서는 절대적 빈곤뿐 아니라 상대적 빈곤으로 인한 아동학대의 영향에 대해서도 주목이 필요하다(Young and Gately, 1988; Wilkinson, 2005; WHO, 2010).

이에 대하여 김선숙(2012)은 사회적 책임을 공감하고 아동학대에 대한 사회적 노력과 아동가족을 위해 지출하는 '사회복지적인 노력'이 필요하다고 하였다. 또한 사회 양극화로 인한 사회구성원들 간의 경제적 · 심리적 불평등이 심각한 사회문제로 대두되고 있는 현실에서 절대적 빈곤뿐 아니라 상대적 빈곤으로 인한 아동학대의 영향은 어떠한가에 대해서도 주목이 필요하다(Young and Gately, 1988; Wilkinson, 2005; WHO, 2010).

이에 대하여 김선숙(2012)에 의하면 아동빈곤은 아동학대에 영향을 미친다고 하였다. 즉, 빈곤부모의 자녀양육 및 보호를 위한 자원의 부족이나 경제적 결핍으로 인하여 부모의 높은 스트레스는 자녀에게 부적절한 양육태도를 보이거나 자녀를 학대 및 방임할 가능성을 높일 수 있다는 것이다.

아동빈곤에 대한 사회적 지원과 아동학대의 관계에서 가족의 공공부조 수급 여부(Pelton, 1989; Needel, Cuccaro-Alamin, Brookhard, Lee, 1999)는 아동학대로 인한 아동보호서비스 대상이 될 확률이 달라질 수 있다. 즉, 빈곤가족은 그렇지 않은 가족에 비하여 아동학대로 인한 아동보호서비스 대상이 될 확률이 높을 수 있다는 것이다.

또한 지역사회의 빈곤수준도 아동학대 발생률과의 높은 상관관계가 있는 것으로 나타났다(Gargarino & Kostelny, 1992; Brown et al., 1998; Coulton, Korbin, & Su, 1999; Doe, 2000; 1995; 이봉주 · 김세원, 2005) 혹은 유럽 국가들의 체벌금지정책에 대한 몇몇 연구들은 체벌금지가 아동학대 예방에 효과적임을 지지하였다(Durrant, 1999; Durrant & Janson, 2005). 이것은 경제나 정책이 아동학대의 감소와 밀접한 영향이 있음을 의미하는 것이다.

스웨덴의 사례를 분석한 연구에서는 체벌금지가 실제 체벌의 감소, 위기에 처한 아동 발견 증가, 아동학대로 인한 사망률의 감소, 정책적 개입이 예방적으로 변화 등의 효과가 있었다고 보고하고 있다(Durrant, 1999). 이와 같이 체벌금지는 부모의 체벌에 대한 인식을 변화시켜 체벌을 감소시킬 뿐만 아니라, 아동의 체벌의 경험을 줄여 줌으로써 그 아동이 자라서 부모가 되었을 때 체벌을 하는 경향을 줄여 주는 역할도 한다(Bussmann & Erthat, 2011).

이에 1980년대 전후에 들어가면서 아동학대를 사회문제로 인식하고 사회적 차원의 경제적 개입 필요성에 대해 주장이 일고 있으며, 아동학대 발생요인을 아동개인을 포함한 가족요인을 비롯하여 지역사회요인(Coulton, Korbin, Su, 1999), 사회경제적 요인(Garbarino & Kostelny, 1992; Kantor and Straus, 1987), 문화적 요인(Korbin, 1980; Beckett, 2005; Ferrari, 2002)으로 분류하는 다각적인 시도들이 등장하고 있는 추세에 있다. 다음의 아동학대에 대한 사례를 살펴보고 이에 대해 논해보자.

2) 가출청소년 및 가족정책

청소년의 가출문제는 부부간의 불화, 별거, 이혼 등의 가족 해체와 함께 사회적으로 문제화되며 또래 간의 불건전한 문화의 확산과 비행 등으로 가출청소년의 수는 매년 증가하는 추세에 있다.

가출청소년의 경우 문제의 심각성은 각종 범죄에 노출될 수 있다는 것이며 이것은 당초의 가출 의도와 달리 위험상황으로 비행, 약물, 알코올, 매춘, 중독 등의 유혹에 노출될 가능성이 높다는 것을 의미한다.

이것은 가출청소년의 원가족에서 문제가 이어지는 경우가 많아 원가족의 상태가 심리 및 경제적 자원이 불안정한 가족에서 가출 전부터 부모와의 갈등으로 인한 경우가 많으며 이는 부모나 자녀의 알코올 남용, 폭력, 방임 등으로 인하여 원가족 간의 심화된 갈등 및 스트레스의 회피처가 되기도 하므로 청소년 가출의 문제는 원가족과 함께 다루어져야 할 것이다. 이들의 경우 대부분 가족 간의 의사소통문제에 있어서 심각한 역기능적인 순환이 있어온 것으로 나타나고 있으며 따라서 청소년 가출은 가족의 문제에 대한 행동화라고 볼 수 있기 때문이다.

이에 대하여 조사된 바에 의하면 청소년들의 우울과 낮은 자존감과 낮은 통제력이 지적되고 있으나 이는 가족의 영향으로 인한 것일 가능성도 배제할 수 없기 때문인 것으로 나타났다. 청소년은 가족 속에서 영아기, 유아기, 아동기를 보낸다. 이러한 시기에 정상적인 사랑과 친밀한 의사소통관계가 형성된다면 청소년의 일방적인 가출이 일어나기란 쉽지 않다는 것이다.

따라서 이들에 대한 가족정책적인 개입은 가족을 중심으로 한 다중체계적(multi-systemic)인 관리가 되어야 하며 청소년을 둘러싼 가족 및 학교체계, 또래 등의 다차원적인 접근과 지원이 되어야 한다. 사실 청소년가출은 청소년의 절망감을 표현한 하나의 형태이기도 하다. 이를 청소년 쉼터를 찾는 가출청소년에게서 보면 사회경제적 박탈(socioeconomic deprivation)과 관련한 대처가 어려운 다양한 문제를 지니고 있는 'hard-core family' 상태인 경우가 많아서 단순 선도를 통한 귀가가 어려운 상황이 많이 나타나고 있다.

이들 가족은 이미 실업, 방임, 학대, 중독, 알코올 등으로 많은 문제에 얽혀 있으며 따라서 가족이나 사회적 지지체계가 약하고 장시간의 총체적인 개입을 요하므로 이는 한 사람의 관리자가 상담을 통해 담당하기에는 한계가 있다. 청소년은 아직도 보호를 받아야 하는 존재임에도 불구하고 가족이나 사회로부터 적절한 돌봄을 받지 못한 상태에서는 가족과 사회에 대한 반항과 스스로의 무가치, 무기력한 상태에 대한 발로로 논리적인 선택보다 무책임성에 오히려 방치되게 되는 것이다.

따라서 이들에게 정책적으로 개입할 때는 보다 포괄적인 가족 차원의 지원이 필요한데, 가출청소년들이 가지고 있는 구체적 결과문제뿐 아니라 원가족문제, 경제문제, 청소년의 꿈과 같은 상위목표에 관한 문제, 영성, 힐링, 관심 분야의 취미 등을 통하여 이들의 상처받은 마음과 정서를 감싸주고 희망을 줄 수 있어야 할 것이다.

이를 위해서는 한부모가족문제, 이혼가족문제, 재혼가족문제, 알코올중독가족문제, 빈곤가족문제 등 다양한 가족이 가지는 특성에 대한 지식과 이해가 전제되어야 하며 경우에 따라 임상병리적 차원의 다학제적인 팀협력적 지원도 필요하다.

가출청소년은 대부분 트라우마(post traumatic stress diso der)로 고통받는 경우가 많고 소아 우울(childhood depression)이나 우울행동장애(depressive conduct disorder)가 발전하여 청소년기에 외부로 드러나는 경우도 많다. 그러므로 무조건적 대안보다는 가족적 차원의 개입이 필요하다.

우리나라에서는 이에 대하여 대학생 멘토 제도나 혹은 다양한 참 만남 자조집단 등을 각종 센터를 통해서 실시하고 있으며 각 지역별로 건강가족지원센터를 통한 사례관리의 상담도 진행하고 있는데, 이것은 청소년의 마음을 돌보는 데 중요한 기능을 하고 있으며 향후 더욱 심화확대되는 지원방안이 필요하다.

다양한 가족 II

Chapter

09

1 특수문제와 가족정책

1) 알코올 중독에 대한 정책적 개입

(1) 알코올 중독의 정의

세계보건기구의 정의에 의하면 알코올 중독의 정의는 전통적인 음주습관의 범위를 넘거나 또는 지역사회 전체의 사회적 음주습관을 넘어서 음주하는 경우로 정의하고 있다. 우리나라는 사회적으로 알코올을 통하여 친목을 다지려는 경우가 많으며, 비즈니스의 한 형태, 각종 학생들의 엠티의 관례 등의 문화에서 스스로 중독자임을 인식하지 못하는 경우도 많다.

이에 미국 정신의학회에서 제정한 정신장애의 진단기준에 따르면 알코올 중독이란 알코올로 인하여 사회적 또는 직업적 기능의 장애를 초래하고 스스로 알코올을 줄이거나 끊을 수 없으며, 거의 매일 알코올을 마셔야 한다면, 또한 술을 마시면 육체적인 질병이 악화되는 줄 알면서도 계속 마시는 경우는 명백한 알코올 중독이라고 하였다.

(2) 알코올 중독의 원인

알코올 중독에 대한 정확한 원인은 아직도 분명하지 않으나 생물학적 및 유전적 소인과 심리 및 사회학적 요인 등의 상호관계에 의하여 이루어지기도 하고, 스트레스나 다른 질환들이 복합적으로 작용한 결과라고 추측되기도 한다.

현재까지 밝혀진 알코올 중독의 원인은 크게 유전적 원인, 심리적 원인(스트레스), 정신분석학적 원인, 성격적 원인, 사회문화적 원인으로 나타나고 있다.

(3) 알코올 중독자의 특성

알코올 중독자의 특성은 다음과 같다.

① 알코올 중독자는 술을 조절할 수 있는 능력이 부족하고 음주에 대해 집착하여 스스로 단주가 힘들다.
② 알코올 중독은 알코올에 대한 내성이 증가하며 단주 시엔 금단증상이 온다.
③ 알코올 중독자는 음주로 인해 개인의 신체 · 심리 · 정서상 장애가 있어 정상적인 사회생활과 자제가 힘들고 직장생활을 하는 데 어려움이 있다.
④ 알코올 중독자는 스스로 자신의 음주 사실을 강하게 부정한다.
⑤ 알코올 중독자는 일단 술을 마시면 평상시와는 다른 모습으로 아내 구타, 아동학대 등 폭력적인 행동을 할 가능성이 정상인에 비하여 높을 확률이 있다.
⑥ 알코올 중독자는 심리적으로 미숙하고 스스로 컨트롤 할 수 있는 통제능력의 부족과 대인관계에서의 높은 불안, 죄책감, 자기중심성, 수동적, 심한 의존성, 지나친 완벽주의, 적개심, 좌절감, 우울증, 혼돈, 비합리적인 사고 등을 갖는 경향이 정상인에 비해 높은 편이다.

2) 알코올 중독자 가족에 대한 정책적 개입

(1) 알코올 중독자 가족의 정의

알코올 중독자 가족이란 가족 중 한사람이 알코올 중독자인 경우를 지칭하며 부모 중 한 사람이 알코올 중독자로 많은 문헌상에서는 아내, 남편이나 아버지 혹은 어머니가 알코올 중독자인 경우를 다루고 있으며 이들 가족이 겪는 정신적 고통은 매우 큰 것으로 나타나고 있다.

특히, 자녀의 성장과정에서는 부모에 대한 피해의식으로 인하여 가족해체, 반목, 폭력 등으로 성장에 부정적인 영향을 주어 각종 사회문제로 이어질 수 있다.

(2) 알코올 중독자 가족 관련 현황

한국 음주문화연구센터에서 2000년 전국 1만 5,000명을 대상으로 조사한 결과 우리나라 성인 5명 중 한 명이 스스로 인지하지 못하는 상태에서 알코올 중독 수준으로 조사되었다. 한국 음주문화연구센터는 만 18세 이상 남녀 3,029명의 응답내용을 세계보건기구(WHO)가 정한 알코올 장애 측정 진단표에 따라 분석한 결과 19.5%가 알코올 장애로 나타났다고 하였다.

또한 음주의 연령도 점차 낮아지고 있는 추세이다. 한국음주문화연구센터에서 2000년 7~8월 사이 전국 70여 개의 병원에 입원 중인 알코올 중독자 493명을 대상으로 실시한 연구결과로 전체 대상자 중 약 47.9%가 음주 가족력을 가진 것으로 조사되어 가족, 특히 자녀에 대한 치료적인 개입은 예방적 차원의 성격까지 정책적으로 개입되어야 할 당위성을 설명하고 있었다.

〈한국음주문화연구센터〉

한국음주문화연구센터 및 바커스 예방협회는 우리나라의 알코올 문제의 예방 및 해결을 위해 알코올 문제 치료 및 재활, 그리고 조사와 정책연구사업을 주요 사업으로 하고 있으며, 이에 대한 지식을 청소년들에게 알려주고자 다양한 행사를 통하여 노력하고 있다.

한국음주문화연구센터의 경우는 청소년의 예방활동으로 1998년 이후 초등학생, 중학생, 고등학생, 대학생 각각을 대상으로 각종 예방 프로그램을 개발하여 지속적으로 운영하고 있으며 이에 대한 정보를 제공하고 있다.

각 연령별로는 알코올 문제에 대한 인식의 정도와 술을 마셔본 경험, 이에 대한 지식의 수준이 다르므로 각각에 적합한 프로그램을 실시하는 것이 효율적이라 보고 있으며 따라서 초등학생을 위한 'STAR', 중학생을 위한 'TEEN PLUS', 'COPE', 그리고 고등학생을 위한 'SAY NO' 등의 프로그램은 대상별로 특성에 맞게 프로그램화하여 제공하였다.

청소년 예방은 단순히 청소년만을 대상으로 하기보다 청소년에게 영향을 미치는 또래와 부모 및 교사 등을 한 울타리로 보고 이들을 위한 프로그램을 개발하고 함께 대상화하여 시행함으로써 건강한 알코올문화의 정착에 힘쓰고 있다.

이들 프로그램 중 일부는 교수와 학생들로 구성된 예방단체르 '한국바커스'와 공동개발 운영하고 있다. 또한 직장인을 위한 음주 예방 프로그램 개발 준비 및 주부, 여성, 군인, 예비군, 공무원, 탈북자 등을 대상으로 한 예방 프로그램 등 대상을 세분화하고 다양화하여 인식을 제고하고 홍보 및 예방활동을 펼치고 있다.

이들 각각 프로그램의 대상자는 곧 미래사회문제를 감소시킬 수 있는 것으로 생각될 수 있으며 정책적 입안만큼이나 중요한 사안이다.

(3) 알코올 중독자 가족의 특성 및 문제점

알코올 중독자 가족의 심각성은 알코올 중독자의 가족이 정상가족에 비하여 가족환경이 일정치 않은 경우가 많으며 각종 폭력에 노출되기 쉬우므로 결손가정이 많고 가족구성원이 정서적 문제를 많이 호소하고 있다는 것이다. 따라서 학업성적에 지장을 주거나 사회적 수행이 떨어지며 반사회적 심리 및 알코올과 관련된 피해의식이 많이 있다.

또한 알코올 중독자의 배우자들은 우울, 불안 및 신체증상을 호소하거나 가족원의 심리적 스트레스나 위축을 호소하는 경우가 많다. 그러므로 이는 알코올 중독자만의 문제가 아니며 그에 대한 가족에 대한 정책적 개입도 필요하며 알코올 중독을 하나의 질병으로 간주하여 철저히 관리하는 것이 필요하다.

그러나 문제는 당사자가 가장인 경우 가부장적 사회분위기에서 방치되는 경우가 많으며 본인의 심리적 불인정으로 인하여 만성적인 패턴으로 가는 경우가 많아, 사회적으로 중독에 대한 바른 인식이 필요하며 청소년이나 사회초년생 등은 이에 대한 철저한 예방도 필요한 현실이다.

다음은 알코올 중독자 부부의 문제점으로 구체적으로 알코올 중독자 부부가 경험하는 문제는 심리적인 측면으로 불안정과 스트레스로 인한 과다 음용, 낮은 자존감, 과잉 간섭, 억압, 비신뢰 및 강박증상을 보이며, 특히 자신이 제대로 인정이나 이해

받지 못한다는 피해의식을 통하여 점차 왜곡되고 고립된 관계를 형성해가게 된다. 이러한 현상은 직업의 중단이나 상실로 이어질 수 있으며 이를 통하여 음주습관은 악화되고 이것은 가족에게 고스란히 고통으로 전가되는 현상으로, 술을 위해 위험과 폭력을 감수하는 병리적 현상으로 발전할 수 있다.

알코올 중독자의 자녀는 이러한 혼란상태에서 부모의 모델을 무의식적으로 학습하는 경우도 있으며 부모와 위계가 바뀌거나 혹은 강한 방어기제를 형성하여 혼란스러운 가족환경에서 받은 스트레스에 적응하기 위해 감정표현 억제, 친밀한 관계 회피, 거절 등의 방어기제를 형성하고, 가족 내의 역기능에 적응하기 위해 희생양 등의 역할을 수행하게 되기도 하므로 정책적 개입이 요구된다.

또한 부모로부터 끝없는 요구나 비난 혹은 과잉간섭과 학대를 받으므로 자존감과 자아 효능감, 심리적 안녕감이 낮은 편이다. 이들에게 나타날 수 있는 질병으로는 과잉행동장애증후군, 성인기의 각종 중독증후군, 우울증, 분노 등이 유발될 수 있다. 또한 알코올 중독자에 대한 수치심과 가족의 알코올 중독의 문제를 은폐하고자 하는 태도로 인한 대인관계의 어려움 그리고 남을 신뢰하지 못하게 되는 불신감과 친구를 자연스럽게 집으로 데리고 올 수 없는 부담감, 위축 및 외부세계와의 단절 등이 나타날 수 있으며 공격적인 심리, 대인 불신적 성향이나 의존성이 나타나는데, 이로 인하여 2차적인 대인관계와 사회관계에 부정적인 영향을 줄 수 있다.

(4) 알코올 중독자의 가족을 위한 가족정책

「정신보건법」에 의하여 1998년부터 우리나라는 알코올 중독자 가족을 위한 정책적인 제도로 알코올과 약물중독자에 관한 예방 및 홍보와 관리를 실시하고 있다. 이를 통하여 알코올 중독문제 개입에 대하여 민간 차원의 각종 프로그램과 병행하여 중증의 경우에는 입원치료 중심으로 접근하고 있다.

그러나 알코올 중독은 대부분 본인이 이를 자각하고 의지를 가지고 치료하려는 의지가 적으므로 많은 전문적인 발견을 통한 개입과 관심이 필요한 분야이다.

① 알코올 단주치료

알코올 중독치료를 위해서는 알코올 중독자 자신이 알코올로부터 벗어날 수 있도록 의지를 심어주고 실천하도록 하는 것이 무엇보다 중요하다. 이를 위해 단주치료의 상담 및 프로그램의 적용이나 정책적 홍보도 필요하다.

단주치료는 가족이나 지인의 강요에 의해 시작되는 경우가 대분이므로 많은 환자들은 숨어서 술을 마시고 싶은 욕구로 인해 계속 양가감정의 갈등을 겪는데, 이러한 갈등은 치료과정에서 꼭 다루어야 하며, 이때 치료받그자 하는 동기를 강화하는 데 중점을 두고 치료 후의 생활에 대한 모습의 이미지를 강화하며 이를 통한 자기관리 능력을 강화시킨 뒤 사회에 복귀시키는 것이 필요하다.

특히, 클라이언트에게는 무엇보다 객관적인 현실을 자각하게 하고, 클라이언트 스스로는 술에 대해 무기력하고 조절능력이 없음을 인정하며 전문적 치료를 받아들이도록 해야 하는 것이 필요하다.

알코올 중독이 병이라는 사실과 이것이 어떤 병이더 어떻게 진행되어 자신의 신체와 가족에게 어떠한 영향을 미치는지에 대하여 인식시킴으로써, 알코올 중독에서 회복되는 유일한 길은 술을 끊는 것밖에 없음을 클라이언트와 가족이 깨닫도록 해야 한다.

② 알코올 재활치료

알코올 중독의 재활이란 개인이 지나친 음주 유형에 직접적으로 개입할 뿐 아니라 다시 정상이었던 상태로 회복하여 과거의 알코올의 습관으로 돌아가지 않고 향후 알코올 문제를 예방하도록 설계된 모든 행동을 의미한다. 따라서 재활과정은 일차적 보호와 장기적 보호의 두 단계로 구분할 수 있는데, 일차적 보호란 과도한 음주의 원인을 생활 가운데 발견하고 다른 긍정적인 대치행동으로 이를 바꾸는 것이며, 장기보호는 금주 이후 안정화 단계로 일차적인 보호기간 동안 시작된 변화를 확고하게 강화하기 위한 긍정적인 활동들과 관련된다.

세계적으로 널리 활용되는 미네소타 재활 모델은 진단과 의뢰센터, 해독센터, 일차성의 거주형 프로그램 및 장기적 보호 프로그램, 중간의 집, 외래치료, 사후관리 차원의 치료 등으로 구성된 매우 체계적이며 연속적 보호체계를 통해 운영되고 있다. 일반적으로 재활치료에서는 술을 피하기가 어려운 상황에 대처하는 생활 속의 기술과 자조집단을 통하여 동료에 의한 음주의 유혹을 극복하는 방법, 음주했던 시간을 환자가 흥미를 느낄 수 있는 다른 제반 취미와 활동들의 개발로 대체하는 활동 등이 함께 다루어져야 한다.

③ 알코올 중독 가족치료

알코올 중독자들은 자조모임뿐 아니라 가족 개입에는 질병 모델의 관점, 행동주의적 관점, 가족체계적 관점을 통해 다양하게 다루어져야 한다. 알코올 중독자는 가족구성원에게 음주에 대해 그럴 수밖에 없다는 식으로 자신의 입장의 합리화하면서 심지어 함께 술을 권하기도 한다.

이에 대하여 세르막(Cermak)은 일반적으로 공동 의존상태에 있는 사람은 항상 사람을 기쁘게 하려는 욕구가 있으며, 다른 사람의 욕구를 충족시키는 데에 책임을 느끼고, 자존감이 낮으며, 충동적이고 방어적이며 문제를 부인하려는 경향이 있다고 보았다.

알코올 중독의 치료로는 질병으로서 알코올 중독에 대한 지식교육, 역기능적인 가족의 행동에 대한 개입으로 인식교육, 개인적이고 대인관계적인 문제에 초점을 두는 개별 또는 집단치료과정이 포함된다. 또한 행동주의적 관점에서는 배우자가 알코올 중독자에게 상당한 잠재적 영향력을 가진 사람이라고 인식한다.

알코올 중독이 가족과 많은 체계 강화요인에 의해 지속적으로 유지된다고 보기 때문에 행동변화기법과 부부치료 절차를 동시에 사용한다. 그러나 가족의 개입에는 한계가 있는 경우가 많아 신문 등으로 위장하여 술을 구입하고 집안 곳곳에 술을 숨겨서 마시는 행위 등이 일어날 때에는 반드시 전문가의 개입이 필요한 시점임을 인식하여야 한다.

④ 재활을 위한 지역사회 지원서비스

알코올 중독자를 위한 지역사회를 통한 사회적 지지 서비스의 지지적 행위의 속성은 크게 4 범주로 구분할 수 있다.

•재활을 위한 기관 등을 통한 정서적 지지

알코올 중독을 극복하기 위해 자조 모임 등을 통하여 애정, 신뢰, 관심, 경험의 행위를 포함하는 정서적 지지가 필요하다.

•재활을 위한 정보적 지지

알코올 중독을 극복하기 위해 재활의 차원으로 구직 기회를 주거나 직업을 구할 수 있는 방법을 가르쳐 주는 것과 같은 적극적인 개입과 정보를 제공하는 정보적 지지가 필요하다.

•재활을 위한 물질적 지지

알코올 중독을 극복하기 위해 물질적 지지로 금주를 위한 프로그램의 지원이나 기관 연결 같은 지지가 필요하다.

•활동을 위한 평가적 지지

알코올 중독을 극복하기 위해 클라이언트의 행위를 인정해 주는 등 자기 평가와 관련된 정보를 제공하는 평가적 지지가 필요하다.

(5) 알코올 중독치료에 따른 사회적응 프로그램 활성화

알코올 중독자 가족이 느끼는 스트레스 중에서 경제적인 문제는 매우 큰 비중을 차지한다. 이러한 가족성원의 경제적 부담을 완화하고 2차적인 문제를 예방하기 위해서는 국가 차원에서 알코올 중독자의 정상적인 사회 적응 및 복귀와 직업활동을 지원하기 위한 단계적인 직업재활 프로그램의 개발이 필요하고 이를 적극적으로 보급해야 한다.

현재 우리나라는 1995년 통과된 「정신보건법」에 의하여 만성 정신질환자들이 직업재활이라는 사회적응 프로그램으로 사회로 복귀하도록 하는 정책을 펼치고 있으나 향후 보다 다양하고 적극적인 자립재활 작업장의 제공도 필요하며 전문가 양성을 통한 체계적인 지도가 가능한 공동 거주시설을 늘리는 것 등 보다 적극적 개입도 필요하며, 예방정책에도 많은 지원이 필요하다.

(6) 알코올 중독자와 가족 자조집단의 활성화

알코올 중독자 자조집단뿐 아니라 그 가족의 자조집단은 비슷한 경험을 공유하고, 상호 간의 사회적 지지를 제공할 수 있는 의미 있는 모임이라고 할 수 있다. 현재 우리나라는 알코올 중독을 치료하는 병원 등에서 가족친목모임을 지원하고 있다. 또 전국 단위의 알코올 중독 환자들의 사후모임인 단주 친목모임이 있으며 가족친목모임으로는 알라논과 알코올 중독환자 자녀를 위한 알라틴 모임 등 다수 있으나 아직 홍보가 활발히 이루어지고 있지는 않다.

특히, 빈곤층의 의료보호가족들은 평일에 생계에 관련된 일로 일터에 나가 있는 경우가 대부분이어서 이러한 모임에 나갈 시간적 여유가 없기 때문에 모임을 지속하기 어렵다. 그러므로 정부의 지원을 통하여 주말을 이용한 가족친목모임이 활성화되어 각 지역사회에서 열릴 수 있도록 하는 것과 다양한 접근을 통한 발굴과 관리가 필요하다.

2 이혼, 재혼, 입양가족과 정책

1) 이혼가족의 개념 및 실태

우리 사회의 부부를 살펴보면 이혼율은 증가 추세에 있으며 이러한 양상은 개인적인 문제를 넘어 가족 및 사회문제로 주목받고 있다. 이러한 이혼율의 증가와 함께 결혼 및 출산율의 감소 등이 동시에 진행되고 있다.

이혼은 이전 시대에는 일종의 일탈행위로 낙인감이 부여되기도 하였다. 그러나 최근 이혼은 성격 차이 등으로 인한 불행한 결혼관계, 스트레스와 갈등의 주체적 해결방안으로 새로운 자기 자신의 발견의 기회라는 측면으로 개인의 '선택적 사항'이라는 인식이 존중되고 있다.

이혼은 법적으로는 하나의 간단한 사건에 불과할 수 있겠지만 개인이나 심리 및 사회적으로는 일련의 사건들이 고리를 이루고 있는 복합적인 과정이라 할 수 있다. 즉, 이혼에는 다양한 요인들이 작용하며, 그중 여성의 사회 및 경제적 지위의 향상과 독립적 자기인식, 가족 및 결혼에 대한 가치관의 변화 그리고 이혼의 사회적 인식 및 개인의 태도 변화 등이 있을 수 있다.

(1) 이혼의 실태와 원인

우리나라 통계청(2022)에 의하면 한 해 동안 혼인은 19만 2,800건으로 전년대비 0.4%(800건) 감소한 것으로 나타나고 있다. 또한 2022년 이혼건수는 9만 3천 건으로 전년대비 8.3%(8천 건) 감소한 것으로 나타났다.

이혼은 소송을 통한 이혼과 당사자 간의 협의에 의한 이혼이 있다. 소송을 통한 이혼은 쌍방 중 한 사람이 다른 한 사람에게 재산의 분할 등을 통보하는 형식으로 상대가 동의하면 이루어지는 형식으로 진행된다. 이 경우 재판이혼은 법률이 정하는 기준에 따라 이혼을 할 수밖에 없는 원인이 있다고 인정하는 경우에 법정에서의 재산 기여 정도 등에 대하여 재산분할이나 양육권 등의 판결에 의하여 이혼이 성립된다.

반면, 협의이혼은 당사자 간에 이혼할 것을 합의하여 부부가 함께 가정법원에 가서 접수를 하고 3개월의 숙려제도를 거쳐서 판사로부터 이혼 의사 확인을 받아 이를 관할기관에 신고하는 방법으로 「호적법」에 의하여 이혼 확인서를 제출함으로써 성립이 되는 법적인 이혼의 형태이다(「민법」 제834조, 제837조, 「호적법」 제79조).

〈표 9-1〉 혼인건수 및 조혼인율, 2012~2022

	2012	2013	2014	2015	2016	2017	2018	2019	2020	2021	2022
혼인건수(천 건)	327.1	322.8	305.5	302.8	281.6	264.5	257.6	239.2	213.5	192.5	191.7
증감(천 건)	−2.0	−4.3	−17.3	−2.7	−21.2	−17.2	−6.8	−18.5	−25.7	−21.0	−0.8
증감률(%)	−0.6	−1.3	−5.4	−0.9	−7.0	−6.1	−2.6	−7.2	−10.7	−9.8	−0.4
조혼인율*	6.5	6.4	6.0	5.9	5.5	5.2	5.0	4.7	4.2	3.8	3.7

* 인구 1천 명당 건

(2) 이혼의 인구사회학적 특성

〈표 9-2〉에서 나타난 사항을 살펴보면 총 결혼 건수 대비 총 이혼건수는 해마다 꾸준히 이어지고 있으며 결혼에 대한 이혼율은 매우 높은 비율을 보여 주고 있음을 알 수 있다. 이를 제시하면 다음과 같다.

다음의 표는 동거연수를 포함하여 이혼율을 나타낸 것으로 2022년을 기준으로 하여 4년 이내에는 17.3%, 5~9년 이내는 16.7%, 10~14년은 13.8%, 15~19년은 11.2%, 20년 이상도 34.2%에 달하고 있음을 알 수 있어 이혼은 지속 햇수와 상관없이 이혼의 비율을 일정 비율의 이상에 도달해 있음을 나타내주고 있다.

〈표 9-2〉 혼인지속기간별 이혼건수 및 구성비, 2015~2022 (단위 : 천 건, %, 년)

	2015	2016	2017	2018	2019	2020	2021	2022		전년대비	
									구성비	증감	증감률
계*	109.2	107.3	106.0	108.7	110.8	106.5	101.7	93.2	100.0	−8.4	−8.3
4년 이하	24.7	24.6	23.7	23.2	23.3	21.1	19.1	17.3	18.6	−1.8	−9.3
5~9년	20.8	20.6	20.5	20.1	20.0	18.4	17.3	16.7	18.0	−0.6	−3.5
10~14년	14.9	14.7	14.8	15.5	16.0	15.4	14.6	13.8	14.8	−0.8	−5.3
15~19년	16.2	14.9	13.8	13.5	13.2	11.9	11.3	11.2	12.0	−0.1	−1.1
20년 이상	32.6	32.6	33.1	36.3	38.4	39.7	39.4	34.2	36.7	−5.2	−13.1
20~24년	13.4	12.8	12.6	13.1	13.5	13.0	12.0	10.3	11.0	−1.7	−14.0
25~29년	8.8	9.0	8.9	9.7	10.0	10.0	9.6	8.3	8.9	−1.3	−13.4
30년 이상	10.4	10.8	11.6	13.6	15.0	16.6	17.9	15.7	16.8	−2.2	−12.4
평균혼인지속기간	14.6	14.7	15.0	15.6	16.0	16.7	17.3	17.0	–	−0.3	−1.7

* 미상 포함

(3) 이혼이 자녀에게 미치는 영향

가족관계에서 부모의 이혼에 의해서 가족의 연대감이 변화되었을 때 자녀들은 부모의 문제가 자신의 문제인 것으로 오인하여 스스로 죄책감을 느끼기도 하며 심리적 · 정서적으로 타격을 받을 수 있다. 또한 이혼 가정의 자녀들은 이로 인하여 학교와 사회 및 이성문제에 부적응현상을 보이게 되는 경향도 높은 편이다.

부모의 이혼을 경험한 아동은 대인관계에서 불안함을 보이는 경향이 있으며 불안감으로 인하여 낮은 자아존중감을 느낄 수 있다. 특히, 성장기에는 정서적인 문제가 매우 중요한 시기이므로 이 시기에 아동에 대한 적절한 정책적인 개입이 요구된다.

① 이혼에 따른 자녀의 심리 · 정서적 문제

모든 아동은 가정을 통하여 행복하게 성장하여야 할 권리가 있다. 부모는 이혼을 하였을지라도 지속적으로 자녀가 건강하게 심리 및 정서적으로 성장하도록 도울 의

무가 있다. 청소년이나 아동들은 인격의 완성을 이루어야 하는 시기에 자녀에게 있어서 부모의 이혼은 가족과 관련하여 매우 충격적인 사건이며 이에 대하여 적절한 심리 및 정서적 접근이 이루어지지 못한다면 이혼자녀는 극심한 혼란과 우울을 경험할 수 있다.

② 이혼과 경제

부모의 이혼은 가족 가계의 경제에 영향을 미칠 수 있으며 이러한 현상이 청소년의 정서에 영향을 주는 경우에는 청소년들은 학교생활에 흥미를 잃기 쉬우며 경제적 압박감과 역할 혼돈을 함께 경험하기 쉽다. 연구에 따르면 경제적 빈곤은 청소년 빈곤에 영향을 미칠 수 있다. 그러므로 이혼으로 인한 경제적 변화는 자녀의 학업 성취도와 심리적 적응 및 자아 존중감, 사회적인 행동양식에 영향을 줄 가능성이 있으므로 세심한 관심이 필요하다.

③ 이혼으로 인한 자녀의 사회성발달의 문제

부모의 이혼을 성장기에 경험한 자녀는 또래관계 및 학교생활에 영향을 받게 된다. 따라서 조직을 통하여 사회적인 지지가 필요하며 이혼에 대한 낙인감을 주지 않는 분위기라면 자녀는 이러한 심리적 변화와 충격을 비교적 극복할 수 있을 것이다.

이혼 이전의 자녀의 인성이나 행동 및 성취도에 따라 자녀는 회복탄력에 의하여 변화한 생활에 적응을 하게 된다. 그러나 그러한 자녀라 할지라도 상실감을 극복하기 위한 과정을 겪게 되므로 이에 대한 배려와 관심이 필요하다.

④ 이혼가족을 위한 정책 및 프로그램

• 이혼가족교육 프로그램

가족생활교육 프로그램은 새롭게 변화한 가족관계에 적응하고 가족 내 발생할 수 있는 인간관계의 갈등을 해결하며 선 순환적인 의사소통이 가능하도록 하는 의사소통방법과 긍정성을 가지고 생활할 수 있도록 하는 것을 돕는다. 이를 통하여 가족이 직면한 현실에 대응할 수 있도록 도움을 주게 된다.

이때 특히 이혼 자녀의 정서적 문제와 지지체계 등에 있어서 가족을 대신하여 기능을 담당할 수 있는 친지 등을 포함한 주변 조직도 활용할 수 있다.

• 이혼에 따른 법률적 문제

이혼과 관련한 법률적 사항을 통하여 부모가 재산을 분할할 시에는 위자료뿐 아니라 자녀에 대한 양육권이나 양육비에 관한 사항을 반드시 다루어야 한다. 또한 함께 살지 않는 다른 한편의 부모와의 면접 교섭에 관한 내용을 함께 다루어 이혼 후에 분리되어 생활하는 부모로 인하여 일방적으로 자녀가 브모와의 만남이 중단되지 않도록 하는 것이 중요하며 자녀에게 변함 없이 애정을 가지고 있으며 필요하면 언제든지 볼 수 있다는 것과 자녀의 의견을 존중하겠다는 자세를 보여 주는 것이 중요하다.

• 사회 · 경제적 자원의 강화

이혼 후 자녀에게 필요한 충분한 사회적 지지체계의 확보가 필요하다. 이는 친지, 이웃, 사회복지조직, 교육적 영역을 고려한 각종 센터의 활용 등 자녀가 이혼 후에 다양한 사회적 지지자원을 통하여 지지를 받는 것이 중요하다.

이는 비단 경제적인 부분의 도움뿐 아니라 남은 구성원으로, 특히 자녀가 교육적 문제뿐 아니라 가족원으로서의 역할을 감당하는 것에 도움을 주기 때문이다. 이는 각종 아동양육서비스와 각종 비공식적 자원을 포함하는 것이라고 할 수 있다.[1)]

• 지속적인 상담의 지원

이혼 이후 자녀와 부모에 대한 지속적인 가족상담이 필요하다. 상담은 정상적 범

1) 이에 관한 관련 법률은 본 교재의 부록을 참조한다.

주이나 발달학적으로 일시적으로 문제를 겪고 있는 사람들이 환경에 올바로 적응하기 위한 유용한 도구이다. 특히, 이혼으로 말미암아 내재될 수 있는 부정정서를 다루는 문제는 중요하며 상황에 대한 적절한 대처능력을 갖도록 한다.

이를 위한 상담의 다양한 기법이 적용될 수 있을 것이나 중요한 것은 특히 자녀의 경우 발달단계에서 건강한 성장을 도모할 수 있도록, 무력감이나 분노 및 죄의식과 같은 감정을 다양한 관점으로 바라볼 수 있도록 다루어 주는 것이 바람직하다.

3 재혼가족

1) 재혼가족의 개념 및 문제

재혼가족이란 결혼한 파트너의 한쪽 혹은 양쪽이 결혼했다가 이혼 혹은 사별한 경험에 의하여 다시 형성된 가족을 의미한다. 또한 이러한 재혼가족에는 함께 동거하거나 따로 살면서 연락을 취하고 있는 자녀가 있을 수 있으며, 경우에 따라 조부모가 함께 하는 경우도 있다. 이러한 경우 자녀의 입장에서 볼 때에는 부모 중의 한쪽이 계모 혹은 계부에 해당하게 되므로 새로 형성된 부모체계에 적응을 해야 하는 과제를 안게 된다.

우리나라의 2022년의 재혼가족은 전체 혼인의 12.3%를 차지한다. 즉, 2022년 혼인건수 19만 2,000건 중에서 2만 3,616건이 재혼인 것이다. 따라서 재혼가족에서 발생할 수 있는 문제를 다룸으로써 사회에서 다양한 가족이 건강하게 존재할 수 있도록 하는 것이 중요할 것이다.

재혼은 높은 이혼율에 대한 대처로 새로이 가족이 재 조각될 때에는 더 이상 기존 가족에서 문제가 되었던 부분이 다시 발생되지 않도록 자신과 상대를 이해하는 끊임없는 성찰과 노력이 필요하다. 또한 부모 양쪽 다 이전의 원 가족에 자녀가 있으며 하나의 가족으로 합쳐지는 경우는 실제로 재혼가족들의 삶에서 자녀와 관련한 문제가 발생 가능하므로 이에 대하여 미리 예측을 통하여 원칙을 세워두는 것도 중요할 것이다.

2) 재혼가족의 특징 및 과업

재혼가족의 특징은 새로운 원가족 및 새로운 형식의 라이프사이클(life cycle)에 적응해야 하는 과제를 안고 있다. 재혼가족은 새로 선택한 동반자와 정서 · 심리적 적응의 기간을 필요로 하며 이에 따라 경제 및 새로 형성된 가족구성원의 부양이나 교육문제 등에 대한 논의가 선행되는 것이 바람직하다.

따라서 재혼가족의 과업으로는 새로이 부부 및 가족체계를 구축하는 일이다. 그러나 현실 속에서는 이상적인 상황만 존재하는 것은 아니며, 전 배우자와의 혈연관계에 있는 아동과 새로운 부 혹은 모에 대한 충성갈등 및 질투 등으로 인하여 아동은 심리적 갈등을 경험하고 새로 형성된 가족구성원에 적응해야 하는 과제를 안고 있으므로 정책적인 지원이 필요하다.

이러한 과제의 수행에 있어서는 자녀의 문제, 재정적 문제, 자녀 보호의 역할 등에 도움을 받는 상황이 있을 수 있으며 이러한 상황에서 정책적인 도움이 필요하다.

3) 재혼가족의 발생 가능한 문제점

(1) 새로운 부모 및 자녀 간의 갈등

재혼가족에서 가장 문제가 될 수 있는 것은 계부모와 자녀관계의 정립이다. 이는 자녀의 선택으로 맺어진 혈연관계가 아니므로 급만성적 갈등을 유발할 수 있으며 계부모와 자녀관계에서 두터운 정서적 유대를 맺기까지는 많은 시간의 소요와 배려의 마음이 요구된다고 할 수 있다.

그에 대한 인내와 기다림이 없는 당위성은 때로 부작용을 유발할 수 있으며 스트레스로 작용하게 되는 요인이 될 수 있다. 따라서 현재의 상태를 있는 그대로 수용하며 긍정적이며 현재의 상태에 충실하게 반응하는 것이 중요하다고 할 수 있다. 특히, 아무리 어린 자녀라고 할지라도 서로의 인권과 개별적인 개성과 인격을 존중하는 태도가 중요하다.

(2) 부부 갈등

재혼 부부는 초혼 부부에서와 같이 아이의 잉태를 통한 과정을 생략하고 일정기간의 성장기간을 지낸 후 혈연관계에 의하지 않은 가족관계를 형성하게 되는 경우도 있다. 이는 이미 자녀가 있기 때문에 인위적으로 형성된 가족체계 속으로 편입해야 하는 부담감에 적응해야 하는 과정이 요구되는 것이다. 따라서 경우에 따라 더욱 불안정한 관계를 형성할 가능성이 있다. 이러한 재혼가족의 경우 가정의 규칙과 교육 및 가치관에 대한 상호존중은 때로 부모의 몫만이 아닐 수 있으며 이는 재혼 부부의 새로운 갈등요인으로 작용할 여지가 있으므로 적응과정에서의 지원이 필요하다.

(3) 재혼에 따른 가족 경계의 재성립

재혼가족의 새로운 당면과제는 새로운 가족에 적응하는 건강한 가족경계선의 확립과 그에 따른 건강성의 확립일 것이다. 가족은 상호 영향을 주고받는 관계이다. 그러므로 재혼가족의 특징은 갑작스럽고 애매모호한 상황에서 어떤 가족원은 상실되고 어떤 가족원은 추가되는 것이므로 이에 발생할 수 있는 스트레스나 우울감 및 역기능적인 의사소통의 방식으로 악순환되지 않도록 이에 대한 가족정책적인 지원이 필요하다.

4) 재혼가족의 기대

재혼가족은 재혼으로 맺어질 때 초혼의 경험을 바탕으로 이혼을 통하여 고통의 시간을 겪고 다시 선택하는 결정이므로 재혼에서는 초혼의 갈등이 극복될 수 있으리라는 기대감을 갖게 된다.

그러나 만일 이러한 결정 역시 불합리성을 지니며 도순과 모호성과 또 다른 갈등을 유발하는 경우에 내재된 좌절감을 가질 수 있다. 이는 재혼가족이 더욱 쉽게 깨어지는 원인이 될 수 있으므로 다음의 보상 기대, 흑백 논리, 착한 역할의 콤플렉스에 대한 사전의 점검과 자기성찰이 필수적인 선행요건이다.

(1) 보상기대

보상기대는 첫 번째 배우자에게 불만족했던 경우 재혼에서 그 보상을 찾으려고 하는 기대감이라 할 수 있다. 그러나 이러한 기대감은 새로운 배우자에게 더 많은 기대감으로 작용하게 하여 스트레스를 줄 수 있으며 새 배우자에게 친절과 진실 및 성실감을 기대하게 하나, 이는 양쪽 당사자가 갖추어야 하는 상호 관계성을 전제하는 덕목으로 기대와 책임이 함께 따른다.

(2) 흑백논리의 적용 가능성

흑백논리의 적용 가능성은 인간관계에 있어서 위험한 적용이 될 수 있다. 이는 특히 아동과 계부 혹은 계모의 관계에 있어서 상대방을 규정하는 논리로 자칫 자신의 선입견과 편견에 의하여 형성될 수 있으므로 이에 대한 세밀한 관찰이 요구된다. 인간관계는 상호성이 존재함을 인식하는 것이 필요하다.

(3) 착한 부모 혹은 착한 자녀 콤플렉스

재혼가족이 형성되면서 각 당사자는 착한 부모 혹은 착한 자녀 콤플렉스가 형성될 수 있음을 인지하는 것이 필요한데, 이것은 재혼에 대한 기대감에서 비롯될 수 있다. 즉, 자기분화가 없는 상태에서의 착한 역할 콤플렉스는 올바른 관계 형성에 도움이 되지 않을 뿐 아니라 관계의 진실성을 저해하는 요인이 될 수 있음에 유념하여야 한다. 그러므로 자녀에게 이러한 관점에서 행동할 것을 요구하기보다는 개별성을 존중하고 자녀가 느끼는 혼란의 감정을 스스로 정리할 기회와 적응의 시간을 주는 것이 바람직하다.

5) 재혼가족을 위한 가족정책

재혼가족은 이혼이라는 개인 및 사회문제를 겪은 이후 다시 선택하게 된 결정으로 초혼 가족에서 발견하지 못했던 부가적인 문제를 복합적으로 내포할 가능성이 있다. 따라서 재혼가족의 가족 응집력이 거짓 친밀감이 되지 않도록 하는 과정에서 정책적 차원의 지지와 지원체계의 지지가 필요하다. 이는 재혼이라는 중요한 결정이 다시 실패를 겪지 않도록 함에 있어서 중요하다.

(1) 재혼가족을 위한 가족 프로그램

재혼은 초혼보다 더 많은 사려 깊은 신중함을 필요로 하고 있으나 재혼가족이 보다 복합적인 문제를 안고 있음에도 불구하고 재혼 가족을 위한 정책적 차원의 프로그램과 지원은 체계적으로 구축되어 있지 않은 것이 현실이다. 그러므로 재혼가족이 건강한 결혼생활을 구축하고 상호 역할을 충실히 이행하며 가족 간의 응집력과 유대감을 건전히 형성해 가기 위해서는 재혼 가족을 위한 자녀양육과 부부 의사소통 등의 사회적 지원과 다양한 정책의 마련이 필요하다.[2)]

2) 「건강가정지원법」 부록 참조

(2) 재혼가족에 대한 자녀상담

우리나라의 한국가정법률상담소 및 건강가정지원센터에서는 재혼가족에서 일반적으로 발생하는 다양하고 복합적인 갈등에 관하여 예방 및 사후 해결방안을 모색하여 사회 내에서 재혼가족이 행복하고 건강한 가족을 형성할 수 있도록 교육 프로그램을 지원하고 있다.

여기에는 재혼가족의 다양한 상황에 대한 다양한 대처방법과 법률적 관계 및 갈등 중재방법 및 스트레스 대처법과 성숙한 부부의 역할 및 자녀양육에 대한 이해 등의 과정이 포함되어 있다. 재혼이라는 어려운 적응의 시기와 역할을 성공적으로 수행할 수 있도록 사회적으로 지원하기 위함이다. 또한 자녀로 하여금 새로운 가족의 의미를 받아들이고 스트레스 발생 등의 상황에 대처하는 방법, 원 가족과 새로운 가족의 관계 정립과 환경이 바뀌었다고 할지라도 본인에 대한 애정관계의 변화가 있는 것은 아니며, 미래의 성장과정에 재혼이 긍정적인 영향을 줄 가능성도 있다는 믿음이 필요하다. 따라서 다소 어려움이 있더라고 부모님과 함께 상호관계를 통하여 신뢰를 바탕으로 해결해 나갈 수 있다는 믿음을 형성하기까지, 부모님과 사회적 지원체계의 상담 및 가족정책적 프로그램의 지원 등이 지속적으로 이루어져야 할 것이다.

4 장애인가족과 아동

본 절에서는 장애에 대한 사회적 모델을 중심으로 하여 중요한 관점을 살펴볼 것이며 다양한 장애아동에 대한 특성과 가족 정책적 개입에 대하여 살펴볼 것이다. 우리나라에서 장애아동의 인권과 권리가 정책으로 보장되기 위해서는 관련 종사자들뿐 아니라 사회적 인식도 개선되어야 할 필요가 있다.

1) 장애인가족에 관련한 제도

우리나라에서는 1988년 이후 장애인 등록제도를 실시해왔으며 2010년도 "장애인 경제활동 실태조사"를 통하여 1차 및 2차 장애의 범주를 확대하고 이를 통하여 파악된 등록 장애인의 수가 지속적으로 증대됨에 따라 등록 장애인 비율이 2000년 2.0%에서 2009년 4.9%로 약 2.5배 이상 증가하여 이에 대한 국가적인 차원의 개입을 실시하고 있는 추세이다.

장애인의 정의에 대하여 유엔의 장애인 권리선언 제1조에서의 정의를 살펴보면, 장애인이란 선천적이나 후천적으로 신체 및 정신적 능력의 불완전으로 인하여 일상의 개인적 혹은 사회생활에서 필요한 것을 확보하는 것에 있어서, 자기 자신으로서는 완전하게 또는 부분적으로 할 수 없는 사람을 의미한다.

1997년 세계보건기구(International Classification of Impairment, Activities & Participation : ICIDH-2)는 장애개념의 사회적 측면을 보다 강조하고 있다. 여기에서 손상(impairment)의 의미는 신체 구조나 심리적, 기능상의 상실이나 비정상성을 의미하며, 활동(activities)은 일상에서 기대되는 개인의 통합된 활동으로 일상생활의 걷기부터 쇼핑, 직무 완수 등의 복합적 활동을 의미한다. 한편, 참여(participation)란 손상, 활동, 상황요인과 관한 생활상황에서 개인의 연관 정도를 뜻한다. 2001년 세계보건기구는 ICF(International Classification of Functioning)를 제시한 바 있는데, 이는 장애인에게만 적용되는 개념이 아니라 모든 사람의 건강 관련 요인을 설명하는 보편적 준거 틀로 장애와 비장애의 개념을 사회적 관점에서 장애를 바라볼 수 있게 하였다.

한편, 2003년부터 장애인 분류영역은 총 15개로 나뉘고 있으며 기존의 장애에 안면, 간질, 페기능, 장루, 요루, 간기능 장애가 추가로 포함되었다. 장애인의 인구는 현재 전체인구에서 차지하는 비중이 5%에 육박하고 있다.

2) 장애의 유형

장애인이란 신체나 정신적 장애로 생활의 불편함을 갖는 사람으로 사회적 측면에서 연령, 인종, 성 등에 있어 사회여건에 의하여 다수 집단과 분리되어 차별이나 소외를 받을 수 있는 소수집단(minor group)이란 의미 혹은 사회적인 약자(the sccially underprivileged)로 불리기도 하였다.

이를 우리나라의 국어사전을 살펴보면 장애인이란, 신체 및 정신의 충분한 기능 미비로 신체가 본래의 기능을 못하거나 정신적 능력의 결함을 지니고 있는 상태의 사람의 의미이다. 그러나 장애인도 인간의 천부적 권리를 가지며 따라서 장애인의 권리에 대하여 재활의 의미가 정상인을 기준으로 설정되는 경우가 많아왔던 것에 많은 지적이 있었으며, 이것은 곧 장애인의 관점에서 장애인의 선택과 의사를 존중하여 서비스를 제공하는 것에 정책적인 보완의 여지가 있다.

다음을 보면 장애와 관련한 예상 장애범주가 나와 있는데, 소화기장애, 비뇨기장애, 만성통증, 기타 암, 만성알코올 · 약물중독, 기질성뇌증후군, 치매, 기타 정신자폐성장애 등으로 분류되고 있다.

〈표 9-3〉 「장애인복지법」 제2조에 따른 장애유형의 분류

대분류	중분류	소분류	세분류
신체적 장애	외부 신체기능의 장애	지체장애	절단장애, 관절장애, 지체기능장애, 변형 등의 장애
		뇌병변장애	뇌의 손상으로 인한 복합적인 장애
		시각장애	시력장애, 시야결손장애, 겹보임(복시)
		청각장애	청력장애, 평형기능장애
		언어장애	언어장애, 음성장애, 구어장애
		안면장애	안면부의 추상, 함몰, 비후 등 변형으로 인한 장애
	내부기관의 장애	신장장애	투석치료 중이거나 신장을 이식받은 경우
		심장장애	일상생활이 현저히 제한되는 심장기능 이상
		간장애	일상생활이 현저히 제한되는 만성 · 중증의 간기능 이상

대분류	중분류	소분류	세분류
		호흡기장애	일상생활이 현저히 제한되는 만성 · 중증의 호흡기기능 이상
		장루 · 요루장애	일상생활이 현저히 제한되는 장루 · 요루
		뇌전증장애	일상생활이 현저히 제한되는 만성 · 중증의 뇌전증
정신적 장애	발달장애	지적장애	지능지수가 70 이하인 경우
		자폐성장애	소아청소년 자폐 등 자폐성 장애
	정신장애	정신장애	조현병, 조현정동장애, 양극성정동장애, 재발성우울장애, 뇌의 신경학적 손상으로 인한 기질성 정신장애, 강박장애, 투렛장애(Tourette's disorder), 기면증

출처: 보건복지부(2022). 장애인복지 사업안내.

현재 장애학의 발전 패러다임은 의료학적 시각에서 정상인을 기준한 결핍의 개념에서 사회적인 패러다임의 통합적 장애학의 패러다임으로 변화하고 있다. 즉, 장애인의 상황의 초점과 기준은 정상인의 상태보다는 장애인 당사자의 현재상태가 보다 중심이 되어야 하며 이들이 건강하게 사회와 소통하는 모습과 방향을 정책적으로 지향해야 한다는 것이다. 즉, 장애가 재활을 통하여 비장애인의 기능과 가깝게 회복되어야 한다는 재활 패러다임에서 벗어나 장애인이 장애를 갖고도 스스로 자립생활을 영위할 수 있도록 하는 사회적 모델의 관점인 자립생활 패러다임으로의 전환이 필요하다.

3) 장애인에 관한 모델과 이론

(1) 과거의 의료적 모델

의료학적 모델은 장애를 의료적이며 개인적인 문제로 바라보아 의료적인 정상학적 기능의 기준을 가지고 의료적 관점에서 보는 모델이라 할 수 있다. 이 모델의 특징은 장애를 정상과 비교하여 극복대상으로 간주하며 이를 위하여 전문적인 치료나 신체기능 강화를 도입하는 재활 패러다임의 맥락이다. 이것은 장애의 근본적인 원인을 개인의 결함으로 간주하므로 장애를 열등요인으로 인식하게 하여 이러한 인식이 사회 전반까지 확산되어 사회에서의 교육 등에서 배제되는 결과가 초래되기도 한다(김희진, 2013).

(2) 미래 지향적인 사회적 모델

사회적 모델은 영국에서 시작되었다. 영국의 배경은 사회복지의 역사적인 맥락에서 장애인을 위한 수용시설을 통한 보호정책을 실시하여 온 바 있다. 그러나 이들 수용인으로서 장애인들은 일찍이 비인간적인 차별과 대우에 관한 처우개선을 요구하는 노력을 계속하였다.

이러한 결실로 1976년 UPIAS(Union of Physically Impaired Against Segregation)이 제정되고 장애인에 대한 기본 원칙이 설립되었으며 이것은 사회적인 모델의 시초가 되었다. 다음은 UPIAS가 명시한 장애에 관련한 기본원칙으로 사회적 모델에 입각한 장애운동은 세계장애인연맹인 DPI에 의해 채택되게 되었다(김희진, 2013).

"장애(Disability)란 신체적 손상을 입은 이에게는 책임이 없으며 이것은 시대적인 사회조직에 의한 활동의 불이익, 제약 그리고 이로 인한 사회활동의 배제를 의미한다. 따라서 신체적인 장애는 사회 억압의 특정 형태를 의미한다"(UPIAS, 1976; 김희진, 2013 재구성).

이것은 장애인에 대한 사회의 억압체계를 의미하며 이를 위한 해결로는 사회체계의 변화가 되어야 한다는 입장으로 우리나라에서도 이를 도입하여 「장애인 차별금지법 및 권리구제 등에 관한 법률」을 제정하기에 이르렀으며 이는 장애아동에게도 적용될 필요가 있다.

(3) 사회학적 차원에서 바라본 장애인 등에 대한 특수교육법과 접근성

우리 사회에서는 장애 관련 문제를 관리하거나 해결하기 위해서, 사회행동(social

action)을 필요로 하며 장애인이 전 생활영역에서 완전한 참여를 할 수 있도록 환경적 개정을 필수요건으로 하여 이것이 사회적인 집합적 책임으로 보고 있다(최진섭 외, 1999). 이것은 사회 변화를 요구하는 이데올로기적이며 정치적으로 인권과 연관된 것으로 장애를 바라보는 사회적 · 정치적 정의에 해당되는 것이다(최진섭 외, 1999).

그러므로 사회적인 접근성을 개선하기 위해서는 장애인의 의사를 고려한 시설의 정비 및 경제적 지원이 절실히 필요하다. 이에 관련하여 장애인과 같은 사회적 약자의 물리적 접근권의 중요성을 강조하고 장애인이 받게 되는 차별에 관하여 사회적 약자에게 있어서 물리적 접근권리의 부여는 자유권을 좀 더 자유권답게 만드는 권리가 필요하고, 이것은 사회권을 좀 더 사회권답게 만들기 위한 권리라 하였다(박덕규, 2004). 다음은 이를 위한 접근권의 종류 및 내용이다.

〈표 9-4〉 접근권의 종류 및 내용

종류	내용
사회적 접근	• 사회조직의 정비를 통한 균등한 기회 제공 • 편의시설은 모든 사람에게 편리한 것이라는 인식으로의 전환 • 지속적인 학교교육과 사회교육 실시 • 사회적 약자의 활동영역 확대를 위한 계획 수립
경제적 접근	• 생활보호, 국민연금 등 사회보험을 통한 직접적인 소득보장 • 각종 시설의 이용요금할인, 세제우대, 교통비 경감 등 간접적인 소득 보장
물리적 접근	• 사회적 약자의 주거지를 고려한 공공시설의 입지조건 재설정 • 보행시설 정비 • 교통시설 정비 • 가로시설물 및 교통시스템 등 정비

출처 : 박덕규(2004)

(4) 사회학적 차원의 장애인 지역사회 중심 재활

지역사회 중심 재활(Community Based Rehabilitation : CBR)은 장애인의 재활 및 사회통합을 위하여 매우 중요하다. 이것은 장애인과 가족 및 지역사회가 인적 및 물적 자원을 활용하고 지역사회를 기초로 정상화나 탈시설화의 발전적 결과로 지역사회 중심 재활 이론이 구상되고 있다. 이 이론은 1981년 이후 세계보건기구(WHO)의 중요한 재활정책으로 권장되어 왔다.

이것은 장애인이 정상인과 같이 지역사회의 생활을 건강하게 영위하는 것을 목적으로 하므로, 지역사회를 기반으로 하는 재활서비스가 장애인을 위한 정책으로 필요하다는 것이다.

(5) 장애인에 대한 권리옹호제도의 도입

우리나라의 장애학은 의료학적 기준의 모델이 향후 사회 모델(social model)로서 자리 잡고 성장해 가야 하며, 이것은 인간의 진정한 욕구에 부응하는 삶의 질 변화에서 볼 때 반드시 성취되어야 하는 과정이다. 따라서 자활 패러다임보다는 자립생활 패러다임이 보다 바람직한 모델로 자리 잡아 인간과 환경을 함께 생각하여 소비자 중심의 상담, 옹호, 자조집단의 구성, 사회와 환경의 조화 등이 고려되어야 한다.

이는 장애아동에게도 해당하며 따라서 전인적인 재활을 의미하고 의료적 재활, 심리적 재활, 교육적 재활, 사회적 재활, 직업적 재활이 유기적으로 연계되는 장애 아동을 위한 서비스가 정책적으로 구축되어야 함을 의미한다. 이것은 과거의 능력주의에서 비롯된 정상인의 기능 위주의 개념정의로부터 사회복지적인 차원에서 장애인을 소비자로 보고 이들의 권리와 의사결정과 선택을 보다 존중하는 패러다임으로 나아가야 함을 의미하는 것이다.

또한 이것은 사회적인 장애인에 관한 호칭에 있어서도 불구자, 기형아, 장애자, 장애우와 같은 호칭보다는 장애인으로 보다 인권을 존중하는 호칭과 그에 걸맞는 대우가 이 사회에 자리 잡아야 한다는 것이다.

그동안 장애학은 탈 시설화(deinstitutionalization), 정상화(normalization)와 의료화의 개념에서 사회적 역할강화(social role valorization) 모델 그리고 자립생활론(independent living model)으로 발전을 거듭해나가고 있다. 따라서 장애인문화와 정책 역시 수요자 중심의 욕구를 존중하고 의사결정의 선택권을 다양하게 할 수 있는 장애인복지서비스가 되어야 하며, 장애를 바라보는 우리나라 사회의 이분법적 사고에서 탈피하여 다원적인 패러다임으로 장애인도 문화의 생산자와 소비자로서 사회적으로 인권적인 존중을 받는 분위기가 정착되어야 할 것이다.

이것은 그동안 장애인이 문화사회의 객체로서 인식되었으나 이제는 장애인의 정체성을 가지고 보다 주체적인 사회의 주권을 향유하는 계층이 되어야 함을 뜻하며 이러한 사회적 인식이 수렴될 때 우리나라의 장애학도 진보가 이루어질 것이다. 즉, 장애인은 기존의 사고와 같은 동정의 대상이 아니라 장애문화, 장애 정체성, 장애 개성을 지닌 새로운 이미지로 정착될 필요가 있으며 이러한 장애문화는 정책적으로도 적극 지원될 필요가 있을 것이다. 장애인은 신체적으로 잘못된 개념이 아니라 다름의 개념으로 수용되어야 하며 인간으로서의 자부심과 위엄이 존중되어야 한다. 이렇게 될 때에 장애인은 자연스럽게 사회의 구성원으로 인정될 수 있으며 각종 장애인 인식 역시 긍정적이고 평등한 개념으로 전환될 수 있을 것이다.

따라서 사회복지정책 속에서 장애학이 올바르게 정착되기 위해서는 장애인가족에 관한 서비스와 전달체계 그리고 실천현장의 변화가 수요자 중심으로 선택적 정책이 보다 다양하게 개발되고 활성화되어야 한다. 또한 장애인의 특성을 감안하여 보다 접근성, 다양성, 통합성 및 연계성 등을 고려하여 현실을 개선하려는 노력이 심도 있게 기울여져야 할 것이다.

4) 장애인가족의 유형

장애인가족이란 지체장애, 시각장애, 청각장애, 음성－언어장애, 정신지체장애를 가진 가족구성원을 가진 가족을 뜻한다. 다음 각각의 장애 특성에 대해 살펴보면 다음과 같다.

(1) 지체장애인

지체장애인이란 신체적으로 지체부자유 상태, 즉 신체의 골격, 근육, 신경 중 어느 한 부분 이상에 외상으로 인하여 기능장애가 영구적으로 남아 있는 경우를 뜻하며 주로 운동 기능장애, 감각장애의 상태로 증상이 관찰된다.

지체장애인의 범주는 뇌성마비, 소아마비, 척추손상, 뇌졸중, 관절염, 절단 등으로 야기되는 기능성장애가 포함된다. 지체장애 아동의 특성은 운동발달의 지체로 인한 행동반경의 제한으로 언어와 인지발달이 정상 아동과 차이가 없음에도 성장과정 중에 사회성발달의 지체가 수반된다는 것에 유념해야 한다. 반면, 뇌성마비의 아동의 경우에는 전체적인 영역에서 지체를 보이는 특징이 있다. 이들은 지속적인 운동기능의 장애, 근육 약화와 무기력, 자세의 불균형, 불수의적 동작, 경련을 보일 수 있으며 이로 인하여 사회적인 참여의 제약을 받을 수 있는 점을 감안하여야 한다.

(2) 정신지체장애인

정신지체인이란 지능의 작용이 불완전한 사유로 인하여 지능이 낮거나 불완전한 상태를 뜻한다. 이와 같이 지능의 작용이 불완전하거나 지능의 발달이 늦거나 한정된 상태를 정신지체라고 한다. 정신지체인의 증상은 운동기능의 장애 감각장애의 상태를 호소한다. 특히, 정신지체 아동은 개인차가 심하지만 일반적으로 언어발달지체, 낮은 학업성취도, 기본 사회생활의 어려움 등이 있으며 이로 인한 열등감도 많이 느끼는 편이고 운동기능도 차이를 보이는 특성이 있다.

(3) 시각장애인

시각장애의 의미는 눈으로 물체를 식별하는 기능의 장애를 의미하며, 의학적으로 시각손상, 시각 불능을 의미하는 개념이다.

세계보건기구(WHO)는 시각장애의 범주에 눈, 각막, 공막, 수정체, 황반, 전방 등의 기능장애를 포함하여 제시하고 있다. 시각장애 아동의 발달특성으로 공간 이동, 보행에 제한을 받아 운동기능이 저하될 수 있으며 이로 인한 사회성 발달이 위축될 수 있다. 또한 시각의 손상에 의하여 정보 습득에 제한을 받으므로 개념발달이 지체될 수 있으며 추상적 사고를 요하는 과정에서 개념정의가 늦어질 수 있다. 그러나 손가락의 촉각을 사용하며 사물과 사상을 인지하거나 청각이 뛰어난 경우가 있으며 그 밖의 언어나 인지발달, 신체발달은 정상인과 큰 차이가 없다고 보아야 할 것이다.

(4) 청각장애인

청각장애란 소리를 듣는 청각기관의 이상으로 들리는 소리의 의미 구분이 어렵고 의사소통에 지장이 있는 경우를 의미하는데, 장애의 정도와 성격에 따라서 난청을 분류한다. 난청의 종류는 외이의 기형에 의한 난청과 염증에 의한 난청, 그리고 이경화증에 의한 난청인 전음성 난청과 약제에 의한 난청, 음행의 자극에 의한 난청, 질환에 의한 난청, 원인 불명의 감음성 난청으로 구분될 수 있다.

특히, 청각장애 아동의 발달특성은 언어발달 지체의 특성이 있으며 그중에서도 말하기의 장애를 보일 수 있으며, 이로 인하여 대인관계가 어려우나 수화 등을 이용하여 의사소통이 가능하고 인지발달에 있어서는 언어발달 지체의 영향으로 인하여 정상아동과 큰 차이가 없으며, 신체 및 운동기능도 정상 아동과 비슷하다고 할 수 있다. 그러나 이로 인하여 언어장애를 겪을 수 있으며 사회적응의 문제를 초래할 수 있다.

언어장애 아동의 발달특성으로는 청각장애 이외의 언어중추신경 손상에 의한 언어장애와 목젖 부분 손상 및 성대 손상 등으로 인한 장애, 말더듬에 의한 장애, 난청 등으로 인한 언어장애와 지능지체에 의한 언어장애 등이 있으며 이는 언어발달이 늦어질 뿐 아니라 사회생활에 장애를 줄 수 있다. 따라서 각 장애아동의 발달적 특성을 잘 관찰하고 이들에게 재활 및 향후 적절한 직업활동의 지도가 지원되는 것이 정책적으로 필요하며 각 장애의 정도별로 어떤 발달 가능성이 있는지 살펴보아 일반 아동교육으로 충분히 교육성과나 사회성의 성취가 어려운 경우에는 적절한 특수교육을 받는 것이 권장되며 이를 위한 지원이 필요하다.

5) 장애가족의 문제

장애가족의 문제는 복합적이라 할 수 있다. 첫째, 장애인을 부모로 두고 있는 일반 아동은 부모 간의 불화를 호소할 수 있으며 부모의 죄책감이 있을 수 있다. 또한 자녀양육과 관련한 부모의 자녀양육의 역할분담문제, 사회생활의 부적응 등으로 인하여 부부간의 갈등을 증가시킬 수 있다. 이때 아동은 부모에 대한 수치감을 느낄 수 있으며 부모의 역할을 대신하며 미래에 대한 보상심리 등의 부담이 과중될 수 있다.

둘째, 장애인을 형제를 둔 경우나 자매로 둔 경우는 부모들로부터 받는 시간과 관심의 양에 의하여 영향을 받을 수 있다. 자칫 정상인이라는 이유로 소홀히 하는 경우, 특히 장애아가 위 형제일 경우 부모의 정서적 상태에 따라서 관심을 받지 못할 수도 있으므로 아동에게 적절한 관심과 정서적인 돌봄을 제공하는 것이 중요하다. 또한 사회적으로 수치심을 가질 수 있으므로 장애 형제나 사회에서 적절한 반응과 대처를 할 수 있도록 정책 및 프로그램 지원을 통하여 돕는 것이 중요하다. 특히, 장애에 대해 개방적인 의사소통을 통하여 장애에 대한 객관적인 정보를 제공할 필요가 있을 것이다.

셋째, 평균수명의 연장에 따라 주 보호 제공자인 부모나 형제의 사망 이후 장애아동에 대한 보호나 자립문제 등이 평생계획의 구상과 지원에 의하여 이루어져야 한다. 이에 대해서는 사회적인 돌봄을 고려해볼 수 있고 각종 기관과 단체 등의 지원을 통하여 지속적인 접촉이 있도록 하는 것이 바람직하다. 즉, 정책적으로는 후견인제도, 위탁보호 및 그룹 홈 등의 주거보호서비스 등이 있으며 재정적인 지원이 취약한 경우에 적절한 지원책이 필요하다.

6) 장애인가족에 대한 서비스

장애아동을 둔 가족에 대한 정책적 서비스는 다음과 같다. 첫째, 부모교육으로 장애아동의 자녀를 둔 부모를 위한 교육이 필요한데, 부모가 장애아동에게 바람직한 양육자로서의 기능을 담당할 수 있도록 돕는 특별교육과정이 필요하다. 이를 위한 부모집단 프로그램에서는 장애아동을 둔 부모가 느끼는 공통적인 문제와 경험에 대하여 교육하고 장애아동의 일상생활 대처에 도움이 되는 심리교육과 사회적인 지지의 정보 등을 제공하여야 한다.

둘째, 가정에서 필요한 연계 치료서비스 지원을 제공한다. 장애아동에 대한 치료 및 교육효과를 사회와 교육기관이 협력하여 지속적으로 제공하기 위하여 가정에서 적절하게 정보를 활용하고 체계화시킬 수 있도록 하는 것이 필요하다. 이를 위하여 장애 아동의 가족들은 장애 아동을 위한 치료 및 교육의 내용과 방법들에 관하여 숙지하면서 장애아동을 가정 내에서도 수용하고 이해하는 분위기가 중요하다 할 것이다.

또한 장애아동을 위한 프로그램에 가족들도 적극적으로 협조하고 참여하는 협력적인 자세가 중요하다. 이를 위하여 장애아동의 치료와 심리 및 발달단계를 이해하는 것이 중요하며 현재 장애아동이 독립적으로 성장하는 것에 필요한 도움을 적절하게 제공하는 것이 중요하다. 이를 위해서 일관성 있는 태도와 행동이 중요하며 장애아동의 성장 시 필요한 기술로 독립적 거주나 지역사회 참여기술 및 직업 등에 대하여 가르치는 것은 중요한 과업이다.

셋째, 가족의 심리적 건강성을 위하여 정기적인 가족 사정이나 가족상담이 함께 이루어지는 것이 바람직하다. 가족 사정은 장애 아동의 복지에서 중요한 기능이며 대개 아동의 욕구와 잠재력의 발현을 도와 향후 전인적인 성장을 할 수 있도록 하기 위한 것이라 할 수 있다.

넷째, 함께 이루어지는 가족상담의 경우는 가족이 장애아동을 수용할 수 있도록 도우며, 가족과의 상호작용에서 발생할 수 있는 문제의 해결과 가족구성원이 체감하는 정서적 스트레스를 해소하면서 함께 성장할 수 있도록 돕는 기능을 한다. 이를 위하여 각종 건강 및 재활정보와 타 기관의 정보 제공 등을 활용하여 가족이 필요로 하는 정보와 기술을 제공하는 기능을 수행하기도 한다.

이를 위하여 가족관계의 강화서비스로 가족 캠프의 제공 시 이에 대한 홍보서비스도 중요한 부분이다. 현대사회에서는 개인보다는 가족을 하나의 단위로 보아 개입하는 프로그램을 진행하고 있다. 이는 건강한 가족 응집력을 원활하게 하여 상호 가족구성원에 대한 이해, 올바른 의사소통기술과 갈등해결방법의 습득 및 부모와 형제의 역할훈련 등을 통하여 가족과 개인의 기능을 함께 향상시키는 것을 목적으로 한다.

7) 장애아동을 위한 전문가족단위 프로그램의 활성화

장애 아동 프로그램은 기존에는 주로 특수교사, 사회복지사, 작업치료사, 물리치료사, 언어치료사 등이 한 팀으로 프로그램에 함께 개입하였다. 프로그램의 활동 내용은 다양하며 아동의 근육운동, 인지성발달, 사회성 함양, 언어영역의 개선 등 복합적인 영역에 관하여 포괄적인 예방과 치료의 목적을 달성하도록 하였다. 즉, 장애아동의 교육 프로그램은 전문가 등이 포괄적인 팀을 이루어 아동의 발달 측면을 세심하게 파악하고, 발달 가능성을 고취하여 적응능력을 함양시키기 위한 서비스 제공이라 할 수 있다.

이와 같이 장애아동을 위한 치료와 교육 프로그램의 변화는 기존의 장애아동을 위해서 그동안은 전문기관으로 특수교육시설, 그리고 학교 및 전문치료를 위한 교육 및 치료기관에 주로 의존해 왔던 것이 사실이다. 그러나 최근 장애아동에 대한 치료 및 교육 프로그램이 변화하고 있는데, 이는 부모 및 지인 등의 참여를 통하여 상호협력적인 개입이 강조되었고, 가족으로 하여금 장애아동의 치료 및 교육 프로그램에 적극적으로 참여하여 조력자의 역할을 하도록 하고, 프로그램이 가정과의 연계성 속에서 이루어지도록 하고 있는 추세이다.

그 밖에 의료 및 정신보건 분야로, 특히 장애아동의 정신보건을 다루는 정신보건사회복지사는 슈퍼비전에서 갖추어야 할 기본지식으로는 아동의 장애, 외상의 신체적 특징의 이해, 아동의 특징적 반응 양태와 행동의 이해, 장애아동에게 사회문화적 태도의 이해, 장애별 특수문제에 대한 이해가 필수적으로 선행되기를 권장한다.

과업의 범위로는 개인상담, 가족상담, 집단상담, 위기 개입, 자원연결, 교육 및 옹호 등의 방법이 활용될 수 있으며, 다양한 재활, 가족교육, 가족치료, 사회기술훈련, 집단치료 및 직업훈련, 사례관리 등이 전문 프로그램에 적용된다. 이러한 영역은 다학제적인 관점으로 이루어지며 의료 및 정신보건 사회복지정책에 있어서 다양한 영역이 협력적으로 일하는 팀 접근방식으로 전문성과 책임성에 있어서 효과적이다. 이때 장애인 정책과 관계된 윤리적 이슈가 중요하며 동료 간과 다학제 간 협력에서의 관계 기술은 매우 중요하다.

한편, 장애 아동의 개인 생활을 보조하는 서비스에 대한 수요가 증대하고 있으며 성년 후견제 등 성년이 되었을 경우의 법률적 지원서비스의 수요의 확산, 차별의 금지, 인권, 가사지원서비스, 문화생활 등에 대한 욕구도 높은 수준이며 중도 장애인을 포함하여 장애인 인구의 새로운 복지수요에 효과적으로 대응할 수 있는 합리적인 서비스 전달체계의 모색이 매우 중요하다.

그 밖에도 재가서비스의 전략이 개발되어야 하며 현재의 장애아동에 대한 다양한 욕구를 충족시키기 위하여 장애아동과 부모가 의사결정을 할 수 있도록 돕는 것이 필요하고 향후 성년이 되어 자립의 준비도 필요하다. 또한 서비스의 통합기능의 향상으로 장애아동의 욕구에 포괄적으로 접근하기 위한 사례관리체계가 사회 통합적 관점에서 지역사회의 연계적인 노력으로 이루어질 필요가 있으며 장애인에 대한 복지 패러다임의 재정립 요구가 대두되고 있다.

건강가족상담 및 특성

Chapter

10

1 건강가정에서 가족상담가의 중요성

건강가족의 구성을 이해하는 가족상담가의 역할은 중요하다. 상담학에서 존경받는 학자로 꼽히는 칼 로저스는 현상학과 내담자 이론을 통하여 클라이언트가 구성하고 있는 내면세계에 대한 존중을 극대화하였다. 구성주의적 입장에서 볼 때 개인의 내면은 그 사람이 가지고 있는 세계를 나타내며 이는 이야기 치료로 혹은 내담자 이론으로 클라이언트의 생각을 존중하는 것에 활용되고 있다.

이는 가족복지에서 클라이언트의 자기결정권으로 나타나며 이에 개인이 구성하고 있는 이야기를 통한 상담가의 통찰은 클라이언트의 변화의 기회를 이끌어 낼 수 있으므로 생각의 범위와 인지와 동기를 움직임에 있어 매우 중요하다. 이야기 치료, 즉 내러티브 치료의 목적은 클라이언트나 가족으로 하여금 기존의 해석을 보다 넓은 시각에서 바라볼 수 있도록 하여 문제를 겪고 있는 그들에게 여러 가지 대안을 제시하는 것에 있다. 즉, 클라이언트로 하여금 문제나 사건에 대하여 다른 각도의 가능한 해석을 깨닫는 과정에서 자신의 삶을 새로 구성(re-author)할 수 있는 가능성을 접하면서 '문제의 재인식' 그 자체가 문제의 해결방안의 접근이 됨을 깨닫는다. 이것은 우리가 알고 있는 기적질문에서도 활용되고 있는 방식이다.

1) 가족상담가의 역할

가족상담가의 역할은 최대한 경청하면서 반영적인 질문들(reflective question)을 하는 것이라 할 수 있다. 이러한 맥락에서 내담자와 가족을 스토리의 맥락 속의 구성적 존재로 보면서 자신의 생각이 사회문화적 규범과 상호작용 속에 함께 구성되는 문화적 총체의 일부로 때로는 외부로부터의 강요된 것임을 인식시킬 수 있어야 한다.[1)]

건강가정을 위한 사회복지 실천현장에서 내러티브 접근방법들을 사용하게 되는 목적은 일차적으로 클라이언트로 하여금 자신의 삶을 조직하는 데 중심적 역할을 했던 이야기들을 깨닫도록 하는 데 있으며, 그 이야기들을 확장시키고 변화시키는 데 있다. 이러한 목적은 클라이언트로 하여금 문제의 지배적인 이야기가 유일한 진실이라는 생각에 도전하도록 하고, 그 이외에도 진실일 수 있는 삶의 다른 측면을 발견하도록 도와주는 일을 포함한다.

2) 상담을 통한 새로운 관점의 제공

상담사는 내담자(클라이언트)와 그의 문제가 있는 가족구성원으로 하여금 그동안 비판없이 가지고 있던 신념에 대하여 비판적으로 생각해보도록 기회를 제공한다.[2] 그 단계의 구성은 다음과 같다.

① 클라이언트 스스로 본인이 경험하거나 처한 현실을 다른 각도에서 바라보기 한다.
② 클라이언트 스스로 답을 찾아갈 수 있도록 반영적인 다양한 질문을 통하여 클라이언트 스스로의 재해석과 대안적 방안을 통해 삶을 새로운 측면에서 바라볼 수 있게 한다.

이와 같은 과정에 관하여 이야기 치료의 화이트와 엡스톤은 내러티브 접근방식을 '해체(deconstruction)단계'와 '재구성(reconstruction)단계'로 구조화하여 제시하고 있다. 이때 문제의 외재화(externalization)는 내러티브 접근방식의 핵심개념으로, 합류단계로부터 시

1) 사회적 소수자나 피해자의 경우 많은 부분이 사회적 권력 혹은 가해자의 의식으로부터 온 것일 수 있으므로 분별력을 가지고 이야기를 재구성할 수 있도록 돕는 것이 중요하다.
2) 문제에 대한 성찰로 인한 재명명은 현대사회에서 역량강화(임파워먼트)의 첫 번째 단계의 작업이기도 하다. 즉, 스스로에게 낙인화되고 있는 부분을 찾아서 그에 대한 관점을 긍정적으로 바꾸는 작업이 가지는 의미이다.

작되어 치료과정 중에 지속된다. 외현화가 지니고 있는 목적은 문제와 사람의 융합에서 분리로, 문제의 발생은 그 사람의 본질에 있는 것이 아니며 삶에 있어서 성장을 위해 '도전해야 하는 어떤 것'으로 받아들이도록 하는 것에 있다.

2 건강가정과 의사소통

1) 의사소통이론

(1) 의사소통이론과 가족 응집력

의사소통이론은 가족의 건강성 및 상담의 영역에 있어서 매우 중요한 영역이다. 의사소통은 가족의 응집력을 구성하는 것에 있어 매우 중요한 영역이며 이는 가족 간의 건강한 경계선의 확립에 있어서도 중요하다. 예를 들면, 병리적 가족의 이중구속(double-bind)의 의사소통은 정신분열뿐 아니라 각종 임상적인 병리현상에 좋지 않은 영향을 미치는 것으로 알려져 있다.

따라서 건강가정을 지향하는 가족상담사는 클라이언트의 반복적이며 역기능적인 의사소통 패턴을 기술적 개입으로 중단시킬 수 있는 방법을 적절히 활용할 수 있어야 한다. 즉, 의사소통이론에 있어서는 다양한 기법과 기술이 활용되는데, 전문적인 훈련을 요하게 된다. 즉, 긍정적 재정의를 하며 변화의 규제, 전략적 기법의 증상에 대한 처방 등을 통하여 각종 임상적 치료에 적용하게 된다.

그에 대한 실천적 기법으로 사용되는 기술과 전략의 단계는 다음과 같다.

첫째, 재정의의 단계를 통하여 클라이언트가 제시하는 문제의 상황이나 사실에 대해 대안적 의미를 부여하여 인식의 긍정성을 회복하는 단계를 거친다. 이러한 단계는 성찰의 단계로 재명명은 임파워먼트의 시작이기도 한데, 관계의 재정립에 영향을 줄 수 있다.

둘째, 변화에 대한 규제의 단계로 이는 클라이언트 자신이 스스로에게나 타인의 변화에 높은 기대를 가지고 있을 때 이에 대하여 일정 정도의 전문적 통제와 개입을 하게 된다.

셋째, 입장 취하기의 단계에서는 보다 전략적인 입장을 통하여 가족치료상담사가 의도된 임상가의 비관을 낙관으로 대응하여 도전하도록 하여 반항적인 클라이언트가 스스로 문제를 해결해나가는 실마리를 터득해나가도록 유도하기도 한다.

넷째, 본격적인 처방으로 역설적 지시나 조언 및 정보의 제공 등으로 클라이언트에게 개입하게 된다.

(2) 건강가정을 위한 가족상담의 적용

가족치료의 연구를 통하여 개입하는 재정의 및 처방은 단기상담의 한 형태에 접목되어 각종 불면증, 강박증, 우울증, 물질 및 알코올 중독의 치료에 효과적인 것으로 보고되었다. 특히, 행동주의적 관점에서 강화 및 소거의 방법을 적용하는 병행적 방법이 효과적인 임상보고도 있다. 일반적으로 가족상담사는 가족 간의 병리적인 의사소통에 있어서 '구두점 찍기'와 같은 중요한 개입을 통하여 가족의 의사소통의 체계에 관여하게 된다.

구성원에 있어서 상호 비난적인 관계의 본질은 의사소통 진행과정의 끝없는 순환고리와 함께 이어지는 경우가 많다. 촉발요인에 의한 비난의 순환고리는 매우 반복적이며 상대방에 대한 비난의 메시지를 담고 있다.

따라서 적절한 지점에서 순환 고리를 끊어주는 역할을 가족치료 및 상담가가 하게 된다. 이러한 원리는 관계 내의 원인과 진행 및 비난의 이슈에 대한 것들을 포함하고 있다. 의사소통이론은 직선이 아니라 순환적 인과관계를 통하여 끊임없이 지속되는 연속선상에 있다.

〈의사소통의 연속성의 패턴을 보이는 일반적 현상〉

친구들과의 모임에서 술을 먹은 뒤에 늘 늦게 귀가하는 청소년은 부모가 잔소리를 많이 해서 더 술을 마신다고 주장하고 부모는 자식인 청소년이 술을 마시니까 잔소리를 계속하게 된다고 반박하는데, 이는 원인의 구두점을 서로 다른 곳에 찍고 있는 것을 알 수 있다.

즉, 자식인 청소년은 '잔소리를 하니까 술을 마시고'에 구두점을 찍었으며, 부모는 '술을 마시니까 잔소리를 하게 되고'에 구두점을 찍고 있는 것을 알 수 있다. 이와 같이 연속적인 흐름인 대화는 부분으로 연결되고 각각 자신에게 유리한 방향으로 주장하게 된다. 이것을 구두점의 원리(Principle of punctuation)라고 한다.

① 아날로그와 디지털 방식의 의사소통

가족상담가는 의사소통이 디지털 형식인지 아날로그 형식인지 구분하게 된다. 디지털 방식의 의사소통은 언어의 논리성에 의하여 조절되는 의사소통의 구성인 단어로 이루어지게 된다. 반면, 아날로그 의사소통방식은 비언어적인 의사소통의 방식을 많이 사용하게 되는데, 이것은 의사소통의 언어적 전달뿐 아니라 자세, 표정, 제스처, 목소리의 톤, 억양, 리듬과 같은 다양한 심리 및 정서적 양식이 포함되어 정황까지 함께 전달되는 것이다.

그런데 이러한 아날로그식 의사소통방식에 있어서 상황의 불유쾌함의 문제를 가진 사람은 그 문제를 해결하거나 증상을 없애기 위해 분노 등의 촉발을 매개로 하여 사회적으로 용인이 되지 않는 부분까지 이르며 자신의 의사를 관철하고자 하는 경우가 종종 있다. 이러한 경우에는 표면적으로는 단순한 의사의 전달이나 자기주장의 형식으로 보여질지라도 그 이면에는 그 사람이 가지고 있는 성장과정에서의 처리되지 못한 감정이 내재되어 있는 경우도 많다는 것이다.

따라서 가족상담사는 의사소통방식에 대한 주의 깊은 탐색을 요하며 그에 따른 최면요법 등을 통한 무의식의 탐색도 경우에 따라 실시할 수 있다. 이러한 경향은 내재적인 경향으로 인하여 일시적인 상담만으로는 나타나지 않는 경우도 많다.

② 강점과 장점의 발견

가족상담을 찾는 사람들은 가족으로부터의 적절한 지원을 받기보다 섬과 같이 고립되어 자신의 입장만을 항변하는 경우도 많기 때문에 이러한 각각의 구성원을 하나의 이해단위의 조직으로 묶어주려기 위해서는 다양한 각도에서의 은유적인 활동도 상담에 활용되게 된다.

예를 들면, 부부간에 서로가 느끼는 짐을 여러 장의 스카프에 비유하며 상대방에게 걸어주고 그 상대방을 바라보는 느낌을 이야기하며 다시 미안하다는 사과와 함께 한 장씩 풀어주거나 하는 은유적인 활동 등이 활용될 수 있다. 전략적 접근으로는 상대방이 가진 장점을 50가지를 이야기하게 하다보면 인지하지 못하던 많은 장점을 보게 되기도 한다. 가족의 문제는 자원이 없어서라기보다, 자원보다 상대방에게서 바라는 점에 대한 서운함에 대해 포커스가 맞추어져 있는 경우가 많다.

따라서 가족상담가는 가족 내에서 바람직한 변화를 위한 노력이 일정기간 지속되면 행동치료에서 적용되는 바와 같이 바람직한 모델링이 내면화될 수 있다. 혹은 과거의 습관적 문제에 관련된 가족구성원은 차츰 주도적으로 문제해결을 위해 스스로 노력하게 된다.

혹시 항상성의 원리에 의해 다시 일시적으로 과거의 현상으로 돌아가더라도 그에 대한 잘못된 상황을 적어도 인지하게 되는 성과를 가지게 된다. 이러한 경우에 과거로 다시 돌아가지 않도록 지지하는 의지와 새롭게 형성되는 가족규칙이 중요한데, 새롭게 형성된 가족규칙에 성공적으로 동화된 이후에는 가족이 새롭게 적응하며 변화하고 발전하는 계기가 될 수 있다.

③ 이중구속

상호관계상의 어려움은 이중구속에서 일어나는 경우가 많다. 이중구속이란 두 가지 메시지를 함께 주는 것이다. 예를 들면, 사랑한다고 하면서 보이는 표정이나 행동은 그렇지 않은 경우, 상대방에 대하여 간섭하는 방향이 두 가지 방향인 경우, 이러한 의사소통에 노출되어 있는 대상자는 무기력을 느끼며 현실에 적응 장애현상을 보이게 된다. 대표적인 예로 자녀양육에 있어서 성적이 다가 아니라고 하면서 성적을 가지고 자녀를 야단치거나 하는 등의 이중구속의 예는 무수히 많으며 성장과정에서 정신분열의 요인으로 보기도 한다.

이와 같이 일관적이지 않은 상대방의 태도에 혼란을 느끼면 그 대상자는 상대방에 대한 관심을 점점 철회하며 다른 대상이나 대상자에게 관심을 가지고 몰두하는 현상을 보이게 된다. 또한 자녀의 게임중독이나 각종 알코올 중독 등은 관계 속에 표출되는 은밀한 이중구속의 모순적 상황에 노출되는 경우에 만성적이거나 심각한 상황으로 발전하게 된다.

이중구속이나 이중메시지를 자주 보이는 상대방과의 진정한 관계는 성립되기 어려우며 의사에 있어서 감정의 반영이나 변동 혹은 철회가 빈번한 경우에는 특히 관계의 형성이 어렵게 되어 상대방의 정신건강에 악영향을 미치게 된다. 특히, 이중구속의 효과는 관계에 있어서 지위가 다른 경우 낮은 지위에 있는 사람이 메시지의 해석에서 혼란을 느끼는 경우, 동시에 수신되는 메시지의 상충되는 내용 속에서 어느 한 부분을 취하여 행동해야 하므로 대상자가 어린 자녀인 경우에는 정신적으로 매우 심각한 결과를 초래할 수 있다.

이중구속의 상황은 언어적 메시지와 표정이나 태도 등의 비언어적인 메시지와 함께 전달되는 경우도 많으므로 매우 혼란스럽고 불안이나 분노 등을 경험하게 될 수 있으므로 신뢰관계를 기반으로 하는 의사소통이 이루어지기 어렵다. 따라서 동등한 관계에서 이러한 상황이 일어나는 경우는 상대방에 대한 불신이 오가며 의사의 송수신에 있어서 감정처리의 문제가 발생할 수 있다.

설혹 비난의 상황에서라도 가족치료상담가는 문제의 대상자들이 상호 감정을 배제하고 너 전달법이 아닌 나 전달법을 통하여 정확하고 일치되며 일관적인 메시지를 전달하는 방식에 있어서 주의를 기울여 개입할 필요가 있음이 권장되고 있다.

3 가족체계이론의 이해

가정의 건강성을 논하기 위해서는 가족의 체계에 대한 이해가 필요하다. 가족체계론의 기본 개념은 오랜 역사적 배경을 지니고 있다.[3] 1926년 어니스트 비지스(Ernest Burgess)는 ASA(American Sociology Association)에서 가족을 거인들이 상호작용하는 단위로 언급했다. 근대 일반체계이론의 근본적인 가정은 체계는 부분보다는 전체로 이해되어야 한다는 것으로, 가족의 체계는 가족원 간의 교류[4]를 통해 이허된다.

가족의 교류 패턴은 가족구성원의 행동의 순환절차에 영향을 주는데, 가족체계이론은 기존의 구조주의적 입장의 단선적 인과관계의 기계론에 반대하며 전체 체계의 산물로 이해하는 것을 필요로 한다. 이에 대하여 브론펜브레너(Bronfenbrenner, 1989)는 인간의 생태체계에 관한 모델로 미시, 중간, 거대 및 외부체계로 체계 간의 영향력에 대하여 설명하고자 하였다.

1) 체계이론의 기본 가정

① 전체는 부분들의 총합보다 크다.
② 병리적인 문제는 개인보다 체계의 역기능 안에 있음을 중시한다.
③ 인과적 순환이 행동을 이끈다.
④ 체계의 규칙은 원칙들의 반복으로 만들어지며 이것이 가족을 정의한다.
⑤ 피드백의 순환이 행동을 이끈다.
⑥ 병리적인 의사소통이 문제의 관계에 기인한다.
⑦ 모든 가족구성원들은 체계 안에서 역할을 수행한다.

3) 제2차 세계대전에서의 인공지능 피드백으로 알려진 과정의 연구도 체계이론에 영향을 미치게 된 사건으로 평가되고 있다.

4) 가족 내 과정, 즉 기능, 의사소통과 교류 패턴, 가족갈등, 가족원과의 분리와 연계, 응집, 통합 그리고 변화에 대한 적응 등을 들 수 있다.

체계이론에 의하면 의사소통과 가족 유형학(typologies: 개방 유형, 폐쇄 유형, 임의 유형의 세 가지[5] 가본 유형을 중요시하고 있다.)에 대하여 휘트처치와 딕슨(Whitchurch & Dickson, 1999)[6]은 체계론적 관점에서 가족의사소통에 대한 개요를 제공했으며, 데이비드 올슨(David Olson, 2000)[7]은 이를 발전시켜서 가족체계의 상호성에 관한 순환 모델의 치료법을 사용하였다.

또한 올슨과 그의 동료들은 FACES와 치료적인 평가도구 모델을 도입하여 가족의 균형을 위해 부부와 가족치료에 사용했다. 이에 대하여 브로데릭과 풀리엄 크라거(Broderick & Pulliam-Krager, 1979)[8]는 **흐름도 모델**(flowchart model)을 사용하여 다양한 양상의 **병리적인 커뮤니케이션**을 보여주었다.

1979년 브로데릭과 스미스(Broderick & Smith)[9]는 체계이론의 주요 개념을 설명하였고 이후 체계이론과 관련된 용어들을 발전시켰다. 먼저 체계란 근본적으로 상호 새로운 개체를 형성하는 방식으로 서로 관련되어 전체를 구성하는 요소들의 집합체이다. 그것은 사회적 체계로서 상호 연관되고 한 부분의 변화는 모든 체계에 영향을 주는 방식으로 **상호의존적인 구성단위로 경계가 유지되는 단위**이다.[10] 여기에서 가족 간의 **경계**에 대한 이해가 필요한데, 이는 다음과 같다.

---

5) 이후에 콘스탄틴(Consstantine)은 동시 유형 가족(synchronous-type families)으로 가족의 갈등을 피하기 위해 가족성원들의 목표와 세계관을 만장일치로 통일시키는 가족의 유형을 추가하였다.

6) Whitchurch, G. G., & Dickson, F. C.(1999). *Family communication. In Handbook of marriage and the family*(pp. 687-704). Springer US.

7) Olson, D. H.(2000). Circomplex model of marital and family systems. *Journal of family therapy, 22*(2), 144-167.

8) Broderick, C. B., & Pulliam-Krager, H.(1979). Family process and child outcomes. *Contemporary theories about the family: research-based theories/edited by Wesley R. Burr...[et al.].*

9) Broderick, C., & Smith, J.(1979). general systems approach to the family. *Contemporary theories about the family: research-based theories/edited by Wesley R. Burr...[et al.].*

10) 가족은 세대, 젠더, 관심 혹은 역할과 기능에 의해 형성된 하위단위를 가지고 있다. 가족 내에서 가장 지속적인 하위체계는 부부(가장 기본적인 하위체계), 부모-자녀, 그리고 형제자매의 하위체계가 있다.

2) 가족 간의 경계

경계[11]는 환경과 두 개체 간의 정보와 에너지 흐름의 영향으로부터 그 체계가 구분되는 선을 말한다. 이러한 경계는 외부에 대한 교환이 활발한 개방적 경계로부터 그렇지 않은 폐쇄적 경계까지 연속되는 두 양극단 사이에 놓여지며 투과성과 유연성에 의해 구분되는데, 때로 이러한 경계는 물리적이고 심리적인 존재의 특성이나 역할로 인하여 모호할 수 있다.

가족치료[12]에서는 경계에 대한 부분에 주목하며 의사소통의 기술, 즉 경청, 반복, 명료성 등을 통하여 가족이 유연성의 균형을 이루도록 돕는다. 이를 설명하면 개방적 체계를 지닌 가족은 민주적이며 개인의 권리가 보호되고 외부와의 상호작용이 허락되는 특성을 지닌다. 그리고 의견합의에 유연성이 있고, 가족은 사랑과 존중으로 활발히 상호작용하는 가족이다.[13]

반면, 임의가족은 경계선이 없으며 가족의 영역을 수호하는 규칙이 거의 존재하지 않으며 서로 밀착이나 관심, 관여 정도가 낮은 특성이 있다. 또한 폐쇄가족은 개인의 독자성이 인정되지 않으며 외부세계에 대해 폐쇄적인 특성을 지닌다.

11) 미누친(S. Minuchin)의 가족치료이론의 중심 개념의 하나로서, 가족 성원들이나 하위체계 간에 서로에게, 그리고 비가족성원들과 기대되는 관계를 어떻게 맺을 것인가를 결정하는 함축적인 규칙과 상관 있다. 즉, 살아 있는 세포막과 유사한 것으로서 경계선의 기능은 체계들과 그들의 하위 체계 간을 구별하고 정체성의 개발을 가능하게 한다. 가족구조 내에 있는 하위체계의 경계선은 누가 어떻게 참여하는가 하는 것을 규정하는 가족 규칙으로 가족이 적절한 기능을 유지하기 위해서는 하위체계의 경계선을 분명히 하여야 하며 심한 방해 없이 가족성원들이 기능을 발휘할 수 있도록 명확히 규정해 주어야 한다. 미누친은 가족구조 내에서 경계선의 명확성은 가족기능을 평가하기 위한 유용한 척도가 된다고 주장하고 있다. 그리고 그는 모든 가족들은 밀착된 경계선과 유리된 경계선을 양극으로 하는 연속선상의 어느 지점에 위치한다고 보았다. 가족체계에 있어 넓고 명확한 경계선을 수반한 가족의 경우 그 가족의 기능은 바람직하다고 볼 수 있으며 반면, 하위체계 간의 경계선이 부정확하고 불분명하거나 딱딱한 경우에는 그 가족의 기능이 바람직하지 못하다고 볼 수 있다.

12) 이 모델은 세 가지 차원을 포함한다: 그것은 바로 가족밀착도와 유연성과 의사소통이다. 그것은 높은 레벨의 밀착도나 유연성을 보이는 경우와 보통 정도의 균형을 유지하는 이상적이고 생산적인 건강한 가족의 기능을 가정한다.

13) 개방형 가족의 부모들은 자녀의 친구들에 대해 개방적이며, 좋은 친구와 나쁜 친구의 기준이나 규율을 가지고 있으나 자녀와의 상호작용이 활발한 편이다. 그러나 임의형 가족은 이러한 구별이 없으며, 폐쇄적 가족은 외부나 친구들에 대하여 폐쇄적인 자세를 보이는 경향이 있다.

3) 가족상담과 체계이론

체계이론에서 주목하고 있는 것은 체계 간의 교류와 정보의 교환을 통하여 조직체를 형성하고 물질과 에너지로 기능하면서 구성되는 경계(boundary)를 가지게 된다. 보통 이때 경계의 투과 정도에 따라 개방체계(opened system)와 폐쇄체계(closed system)로 구분된다. 사실상 거의 모든 생물학적 및 사회학적 체계들은 환경과 상호작용하는 개방체계인 반면 폐쇄체계는 환경과의 교환이 거의 없는 채 자신의 경계 내에서만 작용하는 체계를 의미한다.

체계론적 입장에서 보는 관점은 모든 체계가 그대로 폐쇄체계인 상태에서는 서서히 무질서와 혼란의 상태로 되돌아가게 되는 엔트로피(entropy)의 상태로 향해서 분해되고 해체되어 사멸되는 경향이 있다고 보았다. 이와는 반대로 네겐트로피(negentropy)는 환경이나 주위 다른 체계 간의 정보와 에너지를 교환하면서 환경으로부터의 에너지 투입을 받아들여 산출물을 생산하여 다시 환경으로 보낸다. 이러한 개념에서 볼 때 네겐트로피가 증가되면 가족체계 속에는 질서와 법칙성이 부여되고 체계의 항상성과 변화가 적절히 환경과의 상호 에너지 교환 속에서 이루어지게 된다.

4) 체계이론에서 다루는 용어들

(1) 엔트로피[14)]

엔트로피란 의미—무질서를 향해 움직이는 체계의 경향이다. 주의를 기울이지 않으면 결혼이나 가족체계는 무질서와 황폐를 향해 갈 것이다. 반면에 에너지는 체계의

14) 엔트로피는 체계가 해체, 고갈되고 본질적으로 사망으로 진행되는 자연적 경향이다. 이 개념은 영원히 지속된다는 것은 없다는 것을 의미한다. 한편, 부적 엔트로피는 혹은 네겐트로피는 이와는 반대 개념으로 체계의 성장과 발전을 향해 움직이는 과정이다. 네겐트로피는 가족체계가 최대한 잠재력까지 성장 발전하도록 도울 때 유용한 개념이다. 이상적인 조건하에서 개방체계는 네겐트로피를 가진다. 개방체계는 적응할 수 있으며 새로운 경험에 열려 있고 현재 상황에 부적합한 패턴을 변경시킬 수 있다.

생명력이다. 가족은 번창을 위해 에너지를 시스템에 기꺼이 투입할 수 있어야 한다. 개방되고 투과성 있는 경계는 체계로의 에너지 흐름을 좀 더 용이하게 한다. 체계의 활력을 위해 환경과의 상호교환은 매우 중요하다.

(2) 가족규칙

가족규칙이란 행동패턴을 반복하여 명시적이거나 암묵적인 가이드라인을 제공함으로써 가족의 기능을 규제하는 대리적인 원칙을 말한다. 만일 가족이 규칙을 가지고 있지 않다면 새로운 환경에 접할 때 적절하게 대응하여 적응할 수도 있지만 반면 문제해결에 충분하기 않을 경우 쉽게 깨어질 수도 있다. 그러나 가족은 메타규칙(규칙에 관한 상위의 포괄적 규칙)을 가지고 있어서, 해석이나 강요 혹은 변화나 새로운 규칙을 창조한다.

(3) 피드백

피드백[15)]이란 가족구성원의 반응이 다른 사람의 행동에 영향을 주는 것으로 특히 가족 간의 상호작용의 패턴으로부터 일탈되는 경우에 다음과 같이 전개될 수 있다. 정적 피드백, 즉 일탈 증폭고리 피드백으로서 체계의 확장적 작동을 강화시킴으로써 체계를 교정하고자 하거나, 부정적 피드백은 일탈감소 고리로 현 상태를 유지하고자 한다(정적 피드백의 예와 부적 피드백의 예는 아래의 각주 참고). 이러한 피드백의 고리는 구성원 간의 말과 행동 등에 영향을 미친다.

15) 예를 들어, 정적 피드백으로는 10대 청소년이 흥분했을 때 부모도 함께 흥분하여 청소년의 감정이 점점 흥분하여 저항하게 되었다면 긍정적 피드백의 고리가 작동한 것으로 체계의 불안정성을 초래한다. 반면, 부적 피드백은 교정적이며 체계를 일정의 작동범주에서 유지하는 데 기여하므로 10대 청소년이 흥분했을 때, 부모가 침착하게 규칙준수의 필요성을 설득하여 청소년의 흥분이 가라앉은 예에 해당할 수 있다.

(4) 평형

평형[16]이란 행동과 규칙의 안정과 변화 간의 균형을 찾기 위한 체계의 경향이다. 이러한 자연적인 경향은 현재의 상황을 유지하고 '변화에 저항'하는 것[17]으로 보통 이것을 항상성이라고 부르며, 이것은 체계의 균형을 의미하며 일상적 습관의 범주에 해당한다.

(5) 순환적 인과성

순환적 인과성을 살펴보면 가족은 체계 내에서 각각의 행동들이 상호 영향을 미치게 되는 상호 순환적인 인과성을 지닌다. 이러한 작용은 한 가지 행동이 다른 행동에 영향을 미치는 경우에 단선적인 인과성이라고 할 수 있으며 이들의 원인과 결과가 상호 순환되는 경우에 이를 순환적 인과성이라고 할 수 있다.

그러나 가족 내에서는 다양한 요인들이 영향을 미치는 원인이 되고 상호관계를 촉진하는 경우가 많으므로, 단선적인 인과관계에 관한 논의는 의미가 없다고 할 수 있다. 따라서 가족체계에서는 명백한 시작과 끝이 있기보다는, 지속적인 순환이 있게 되므로 발생한 원인보다는 발생한 일에 대한 책임을 상호가 나누는 것이 중요하다.

(6) 상호성

상호성은 개방된 가족에게서 발견되며 모든 구성원이 심지어 받아들이기 어려운 의견에도 불구하고 서로 수용되고 애정이 있는 가족을 의미한다. 이것과 반대되는 개념은 거짓 상호성인데, 이것은 표면적으로는 상호성이 높은 것으로 보이나 실상은 그렇지 않은 가족을 의미한다.

---

16) 개방체계는 등결과성(equifinality)이라는 체계의 개념에 의해 특징지어지는데, 이는 체계가 상이한 경로를 통해 동일한 목표를 달성하는 능력을 말한다.

17) 가족은 균형과 안정성을 유지하기 위하여 일단 변화를 거부하고 저항하는 경향이 있으며 이에 따라 사회복지사는 변화를 예측 가능한 반응으로 인식해야 한다.

또한 이와 연관되는 가족 유연성의 개념으로는 가족의 새로운 상황이나 스트레스의 상황에 대한 적응능력을 의미한다. 올슨(Olson, 2000)[13]은 가족의 유연성 역시 두 극단적 범주의 양 극단을 통하여 구분할 수 있다고 하였다. 즉, 가족규칙의 패턴이나 역할에 있어서 변화능력이 적은 가족으로서 경직된 가족이거나 무엇을 받아들일지 모르는 혼란된 가족과 개인과 가족이 대외적이고 발달적인 변화를 수용하는 건강하고 유연한 가족[19]의 양극단의 연속체라고 볼 수 있을 것이다.

(7) 가족 항상성

가족항상성은 가족 내부의 역동성에 있어서 균형 있는 관계를 유지해 주는 상호작용의 과정을 의미한다. 모든 체계는 일정한 상태나 균형을 유지하고자 하는 경향이 있다. 가족항상성은 한 가족구성원의 문제의 개선이 다른 가족구성원의 상황에 작용한다. 따라서 가족치료사는 가족문제에 개입하고자 할 때 이러한 부분을 감안하여 특정 구성원에게 개입을 적용하기보다는 역기능적인 구성원 간의 상호작용체계에 치료의 초점을 두는 것이 좋으며 인간의 뇌나 체계는 커다란 변화보다는 안정된 범위에서 서서히 변화하거나 성장하는 것이 저항이 적게 되며 항상성을 지향하는 이러한 특성은 가족의 개입에 고려되어야 한다. 따라서 건강한 가족항상성을 가지는 것이 중요할 것이다.

18) Olson, D. H.(2000). Circumplex model of marital and family sytems. *Journal of family therapy, 22(2), 144-167.*

19) 가족의 유연성은 건강한 가족의 특성이다.

4 가족치료를 위한 일반체계이론의 적용

가족상담 및 치료이론에 체계이론을 적용한다면 가족을 하나의 단위체와 체계로 인식하여 전체성을 중요하게 받아들이며 체계 간의 상호작용을 중요시한다. 결국 가족치료방식 간의 차이는 관점의 차이이며 체계이론은 가족 간의 일련의 상호작용 패턴에 주목하고 가족의 규칙을 관찰한다. 이때 가족체계와 하위체계의 의사소통을 통하여 정보와 에너지 교환의 양상을 관찰하여 이를 통하여 가족치료가 이루어지게 된다.

흥미로운 것은 생물학자인 버탈란피(Bertalanfiy)가 1940년대 생물학적 유기체에 적용될 수 있는 법칙이 인간의 마음으로부터 전 지구적 생태체계에 적용될 수 있다는 가정에서 일반체계이론이 사회과학 및 가족학에 도입되면서 체계이론이 정립되게 되었다.

체계이론에 따르면 체계란 통일된 전체를 구성하고 있는 전체를 기준하여 상호 관련된 부분 간의 집합체로, 구성원 간의 상호작용을 중시하는 개념이다. 이것은 마치 모빌과 같아서 한 부분에 대한 힘의 영향을 생각할 수 있는데, 각각에 대한 변화는 다른 부분과 전체에 영향을 미치며 이러한 변화는 다시 처음 변화를 주었던 부분에 다시 영향을 주게 된다. 체계이론의 핵심은 또 다른 전체성을 가지고 부분 간의 상호작용이 창조하는 전체의 어떤 모습을 보여 주게 된다. 즉, 다른 전체성이란 각 부분의 합보다 큰 가족의 의미라 할 수 있을 것이다.

5 가족상담의 사정의 실제

1) 클라이언트 체계의 합류

가족상담사는 개입 초기에 클라이언트에 대한 정확한 사정을 위하여 클라이언트를 중심으로 하여 다양한 정보를 수집하게 되는데, 여기에는 언어적 의사소통뿐 아니라 비언어적 의사소통이 포함된다.

이 단계에서는 클라이언트와의 충분한 라포 형성이 필요하며 이를 토대로 하여 가족치료상담가의 감정이입, 수용, 지지, 공감 및 자기노출을 통하여 클라이언트와 협력하여 문제에 통찰을 적용하여 전문적으로 개입하게 된다. 개입의 단계는 다음과 같다.

2) 증상의 정의

증상은 여러 가지로 분류될 수 있는데, 자신이나 타인과의 관련 문제나 직장 및 사회 환경의 문제가 될 수 있으며, 가치, 규범 및 법의 문제도 될 수 있다. 그러나 어떠한 문제이든지 명확하고 구체적으로 파악되고 정의되는 것이 중요하며 이러한 정의는 문제의 개입방법에 영향을 미친다.

3) 목표의 설정 및 계획

구체적인 개입에 따른 목표를 설정하는 것에 있어서 라포의 형성은 중요하며 증상의 정의의 단계가 이루어지면 그 다음에는 클라이언트와 함께 목표를 설정하고 그에 대한 세부목표, 회기, 상담기간, 방문시간 등을 정하여 구체적으로 동의된 목표를 달성하기 위한 구체적인 계획을 세운다.

4) 변화전략의 개발과 적용

클라이언트의 변화에 대한 전략을 적용하여 목표달성을 위한 해결책의 효과성을 분석한 뒤에 이를 생활 속에서 안정화할 수 있도록 하는 이차적 변화전략의 단계가 도입되어야 한다. 이때 해결책의 확인으로 클라이언트와 주변사람들이 문제를 해결하며 원하는 목표에 도달하기 위해서 어떤 개입을 했으며 어떠한 성과를 거두었는지에 대하여 상호 의논하고 확인하여야 한다.

5) 종결 및 추수상담

가족상담가와 클라이언트가 상호 합의한 목표를 달성하고 증상의 문제를 해결하였다면 치료를 통하여 결과 목표에 도달한 이후 이를 클라이언트에게 확인해주는 단계가 필요하다. 이 시기는 치료를 종결하게 되는 단계이다. 이러한 단계에서 추수상담에 대한 논의도 함께 할 수 있다. 추수상담을 통하여 개입을 마친 이후 상담의 효과가 지속적인지, 증상 개선의 유지 등을 점검하게 된다.

6 가족치료 사례의 현장적용

1) 사례관리의 목적

가족치료 및 상담을 통하여 접근된 부분은 사례의 축적을 통하여 실천적으로나 이론적으로 기여할 수 있으며 그 대상이 되는 개인, 부부, 가족 및 특수한 가족의 상황에 다양하게 접목될 수 있다. 또한 다양한 전략적 접근방법은 클라이언트의 다양한 문제(우울증, 자살충동, 약물중독, 섭식장애, 부부문제, 학교문제, 분노조절 등)에 대하여 단기간에 효과적이며 성공적으로 적용될 수 있다.

이러한 전략적 치료는 진단을 통하여 질병을 치료하는 것에 초점을 두기보다는 문제에 고착화되고 유지 패턴의 순환고리를 중단하는 데 중점을 두고 적용되는 것이 특징이다. 따라서 다양한 전략적 기법을 적용하여 전략적 치료의 방법을 선택하기 위해서는 문제의 정확한 진단과 함께 다양한 기법의 적용과 기술에 대한 지식 및 실천기술이 필요하다.

이 밖에도 해결 중심 치료, 이야기 치료 및 구성주의를 적용한 내담자 치료, 역설적 인지 및 행동주의적 과제 중심 치료 등이 접목되어 활용될 수 있다. 이것은 클라이언트의 바람직한 변화를 가장 효과적으로 촉진하는 것에 그 목적을 두고 선택할 수 있다.

2) 회복 탄력성

회복 탄력성이란 가족을 통해 발생하는 많은 개인의 역사적 사건 중에서 클라이언트가 외상 후 다시 정상적이고 건강한 상태로 복귀되는 것을 의미하며 모든 사람들은 외상과 회복의 단계를 거치게 된다. 회복 탄력성이란 마치 우리가 신체적 상처가 나면 아무는 정도 그리고 흉터나 장애 없이 건강한 상태로 복귀되는 정도라고 이해해도 될 것이다. 그런데 여기에서 중요한 것은 원 상태로 돌아오는 과정에서 가장 중요한 것은 사랑과 지지의 경험과 정도라는 것이다. 따라서 가족상담에 있어서 지지와 믿음과 기다림도 가족의 생활에 있어서 중요한 요인임을 간과해서는 안 될 것이다.

건강가정을 위한 가족 사정도구

Chapter

11

1 건강가정을 위한 가족 사정의 주요 과업 및 사정도구

가족 사정의 과업의 단계는 문제의 발견, 정보의 수집이며 가족구성원의 규정된 문제에 대한 계획 수립에 있어서, 클라이언트가 제공하는 정보에 대한 점검으로 신뢰성, 일관성을 분석하는 것이 필요하며 건강한 의사소통이 이루어지고 있는지에 대한 점검이 필요하다.

한편, 클라이언트뿐 아니라 환경에 대한 개입도 가족사정에서는 필요하며 다양한 정보에 대한 지식이 올바른 사정에 있어서 필요하다. 클라이언트의 개입에 있어서 도움이 되는 정보원은 클라이언트 자신을 비롯하여 가족구성원, 친구, 동료, 이웃이나 주변인, 기타 전문가 등이 있으며 클라이언트의 언어와 비언어적 메시지와 인테이크 때 활용된 면접지와 각종 심리검사결과서, 병원 진단서 등이 참고가 될 수 있다.

가족 내에서의 클라이언트에 대한 자료의 정리 시에 활용할 수 있는 도구로는 가계도, 생태도, 소시오그램을 비롯한 사회관계망, 생활력도표, 생활주기표 등이 유용하게 활용될 수 있으며 이에 몇 가지를 살펴보고자 한다. 즉, 가족상담의 기본적인 가계도 외에 생태도, 사회적 지지망, 사회적 관계망 도표, 생활력 도표 및 간단한 심리상태의 점검에 대하여 살펴보도록 하겠다.

1) 생태도

(1) 생태도(Eco-map)의 특징과 활용

생태도(Eco-map)의 특징과 활용으로 생태도는 클라이언트 개인과 가족의 사회적 맥락을 함께 볼 수 있는 장점이 있으며 개인 및 가족을 둘러싼 사회체계들과의 상호작용을 한눈에 살펴볼 수 있도록 그림으로 고안된 특성이 있다.

생태도를 통하여 개인과 가족을 포함하고 있는 삶에 존재하는 다양한 생태체계들을 살펴보아 가족원으로서의 역할수행에 있어서 장애가 되는 외부 요소와 함께 개인의 적응 및 대처능력의 조화성을 짚어볼 수 있다.

이를 통하여 가족 사정 시에 조정되어야 하는 갈등의 요소와 동원되어야 하는 자원을 점검해볼 수 있다. 이에 활용되는 생태도는 향후 가족의 건강한 성장과 발전 및 적응에 기여하는 상호 교류의 에너지 흐름을 점검할 수 있으며 가족의 건강한 기능과 상호성을 점검하는 것에 도움이 된다. 이와 같이 현재의 흐름상 클라이언트에 대한 접근은 클라이언트 개인적인 접근보다는 가족을 통하여 에너지의 흐름을 점검하여 클라이언트의 욕구를 보다 정확하게 사정하는 것이 중요하다. 이와 같은 작업은 가족 교류의 문제점을 클라이언트 자신과 상담가가 공동으로 인식하여 향후 개선되어야 하는 상황의 객관적인 이해와 점검이 필요하다.

(2) 생태도의 작성방법

① 클라이언트의 가족 체계의 범주를 원으로 그린다.

② 원 안에 간략한 가계 도표를 그릴 수 있다.

③ 원을 둘러싸고 있는 클라이언트의 활동영역에 대한 환경체계를 그린다.

④ 가족상담가는 클라이언트와 함께 가족체계와 그 주위 환경체계와의 교류 및 외부환경체계들 간의 상호 교류의 횟수, 정도, 건강성 등의 상황을 살펴본다.

⑤ 상호교류의 성격을 선으로 나타내어 객관적으로 알 수 있도록 표기할 수 있다.

⑥ 외부체계가 가족 전체와 연결되어 있는 경우에는 외부체계와 원을 선으로 연결하며, 외부체계가 가족 내의 특정 개인과 연결되어 있다면 이를 개인과 외부체계와의 선으로 연결하여 비교해볼 수 있다.

⑦ 가족상담가는 간단한 설명을 옆에 적어놓을 수 있다. 가족상담가는 클라이언트와 함께 욕구의 점검과 함께 가족의 역동성의 변화를 가져올 수 있는 방향에 대하여 논의할 수 있다.

생태도의 예를 다음과 같이 제시할 수 있다. 각자 자신 및 가족의 성명이나 역동력을 응용하여 다양한 가족의 생태도를 그려보자. 생태도의 작성 시 고려할 사항은 가계도를 그린 후에 생태도를 통하여 개인을 둘러싸고 있는 환경을 파악하는데, 화살표의 굵기에 따라 영향력의 크기를 가늠할 수 있으며 에너지나 자원의 흐름을 화살표로 나타낼 수 있다.

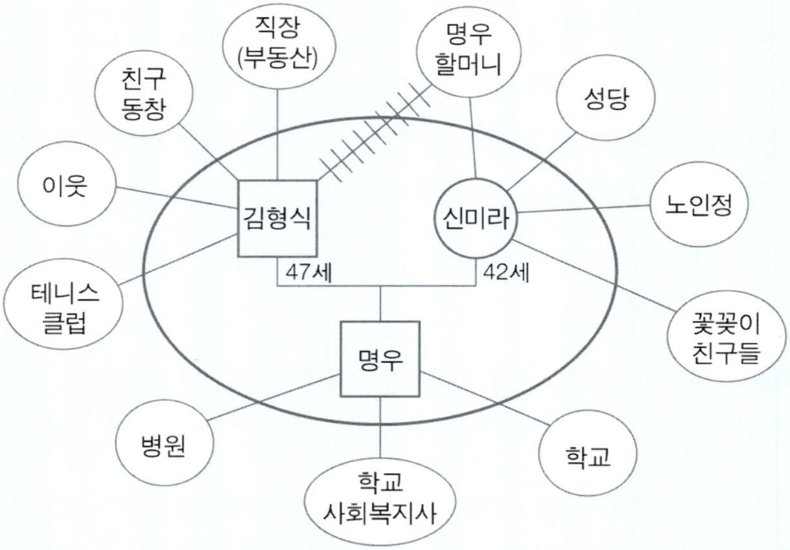

2 사회적 지지망(social support)

1) 사회적 지지망의 개념에 대하여 이해하기

사회적 지지망은 가족 내의 클라이언트에 대한 사회적 지지를 점검하고 활용하기 위하여 사회적 지지망을 점검해볼 수 있다. 먼저 각각의 개념을 살펴보면 다음과 같다.

- 사회적 지지 : 사회적 지지란 어려운 상황 중에서도 클라이언트의 스트레스나 문제를 해결하는 데 심리적으로 도움이 되며 문제의 해결에 대하여 직접적 · 간접적인 영향을 주어 스트레스나 어려움을 극복하는 것에 도움을 주는 사회적 형식의 지지(support)의 한 형태라고 할 수 있다.
- 사회적 지지망 : 사회적 지지망이란 사회관계망(social network)이라 하기도 하는데, 이는 가족상담사가 클라이언트의 문제상황을 함께 해결하기 위해 노력을 하며, 클라이언트에게 영향을 미칠 수 있는 자원을 활용하고 동원하는 것에 있어서 기본이 되는 사회적 자원의 형태라고 할 수 있다.

2) 사회적 지지원 및 지지의 유형

사회적 지지	공식적 지지 유형	학교, 단체, 각종 영리 및 비영리단체, 정부와 공공 혹은 민간에서 제공하는 서비스로 일정한 지침과 절차가 있다.
	비공식적 지지 유형	가족, 친구, 이웃 등 규정과 절차가 없으며 물리적 거리와 심리적 거리로 친밀감을 형성하는 사적인 영역이다.
	정서적 지지 형태	공감의 말, 칭찬이나 위토, 돌봄의식 등이 기본이 된다.
	정보 및 평가적 지지 형태	사회적 정보의 활용과 다양한 조언이나 피드백이다.
	물질 및 도구적 지지 형태	재원, 물건이나 물품과 같은 제공의 지지가 해당한다.

3) 사회적 지지 및 구조의 측면

사회적 지지의 구조에서의 점검사항	
방향성	지지를 주고받는 방향이 일방향적인가 아니면 쌍방향적인가?
빈도 및 기간	지지가 얼마나 자주 혹은 오랫동안 지속되는지에 대한 상황의 점검이 필요함
지리적 거리	지지를 제공받을 때의 지리적 거리는 어떠한가? (비대면적 친밀감은 한계가 있을 수 있다)
밀집 정도	일정 공간 내에 얼마나 많이 가깝게 생활하는가에 관한 부분이 점검될 수 있다.

4) 사회적 관계망 도표

트레이시와 휘테커(Tracy & Whittaker, 1990)가 개발한 사회적 관계망표를 작성하는 방법을 소개하면 다음과 같다.

〈작성방법〉

먼저 클라이언트가 중요하다고 생각되는 사람을 대략적으로 12~15명 정도 선택하도록 한다. 이들의 이름을 표 가장 좌측에 기록하여 클라이언트 개인이 이들과 삶의 어떤 영역에서 접촉하게 되는지 정도에 따라 주관적으로 해당 번호를 기입한다. 즉, 이들을 중심으로 그 사람들이 제공하고 있는 물질적 지지, 정서적 지지, 정보적 지지 및 비판 등이 자주 있었는지 혹은 친밀도에 따라 해당하는 번호를 기입한다. 한편, 지지의 방향을 선택하여 기록하고, 비판에 대해서는 클라이언트에게 비판적인 느낌을 주고 있는 사람을 기록하도록 할 수 있다. 클라이언트와의 친밀성 정도는 상대방과 얼마나 자주 보는지 혹은 얼마나 오랜 기간 동안 보아 왔는지에 대하여 스스로 참고하여 기록하며 해당 번호를 기입한다.

〈연습문제〉 사회적 관계망 도표의 예

[사회적 관계망 도표]

클라이언트 성명:		생활영역	물질이나 도구적 지지	심리 및 정서적 지지	정보 및 조언 정도	비판 정도	원조의 방향	친밀성 정도	얼마나 자주 만나는가?	얼마나 오래 보아왔는가
		1. 동거가족					1. 양방향	1. 친밀하지 않음	0. 거의 보지 않음	1. 1년 미만
		2. 기타 가족					2. 일방향: 당신이 그(들)에게	2. 친밀함	1. 몇 회/년	2. 2~3년
		3. 직장학교 동료	1. 거의 없음 2. 가끔 있음 3. 항상 있음				3. 일방향: 그(들)이 당신에게	3. 매우 친밀함	2. 매달	3. 3~5년
		4. 소속집단							3. 주별	4. 10년
		5. 친구동료							4. 매일	5. 그 이상
		6. 전문가								
성명	번호	7. 기타								
	01									
	02									
	03									
	.									
	.									
	15									

상기의 사회적 관계망 표는 누구나 작성 가능하므로 이를 활용하여 자신의 사회적 관계를 일목요연하게 파악하여 상담에 활용할 수 있다. 그 외에도 점검해 볼 부분으로 나의 응급상황에서 병원 이동에 도움을 줄 수 있는 사람은 누구이며 위급할 때 치료비를 보조받을 수 있는 사람이 있는지를 점검하여 물질적 지지를 보내줄 수 있는 사람에 대하여 점검해볼 수 있다. 또한 내가 외로움을 느낄 때 나와 이야기를 나누어 줄 사람은 누구이며 경우에 따라 비밀을 지켜주고 믿음으로 고민을 털어놓을 때 나를 수용해주며 지지해줄 수 있는 사람은 누구인지 점검해본다. 그리고 기쁜 일이 있는 경우에 이를 함께 진심으로 기뻐해주며 그 마음을 나눌 수 있는 사람이 있다면 그는 정서적 지지를 보내주는 사람일 것이므로 이를 점검해볼 수 있다. 그 외에도 나의 진로의 상담이나 특정한 정보접근에 있어서의 어려움이 있는 경우에 이에 대한 도움을 줄 수 있는 사람이 있다면 그는 충고와 정보에 대한 도움을 줄 수 있는 사람으로 생각해볼 수 있다.

5) 생활력표(life history grid)

생활력표란 클라이언트의 삶의 사건이나 문제에 대하여 시기별로 나타내어 표로 기록한 것을 의미한다. 즉, 클라이언트나 가족이 인지하는 특정한 삶의 사건이나 문제를 시기별로 하여 도표로 표기한 것으로, 문제나 사건의 발생시점을 질문한 이후 사회력을 조사할 때 이를 시기별과 연도별의 순서대로 정리하여 클라이언트나 가족 문제를 이해하는 데 참고로 활용한다. 이를 통해서 클라이언트가 인지하지 못하는 통찰을 가족상담가가 할 수 있다. 이를 위하여 문제나 사건의 발생시점을 기록하는 경우 문제의 발생시점과 함께 촉발사건의 시점을 파악하는 것은 사건 간의 드러나지 않은 양상이나 관계를 파악할 수 있는 커다란 장점이 있다.

6) 생활주기표(life cycle matrix)

생활력주기표란 클라이언트의 삶에 있어서 주기(cycle)를 파악할 수 있는 장점이 있으며 도표를 통하여 클라이언트의 생활주기뿐 아니라 단계적인 발달과정에 따른 발달과업과 가족구성원에 대한 발달단계 및 주요 과업의 조화 정도를 알 수 있어서 유용하다. 이를 통하여 가족구성원의 발달과정에 따라 주어지는 과업과 역할 및 위기 등을 일목요연하게 살펴볼 수 있는 것에 유용하다.

7) 가계도 작성법

가족치료의 사정도구로 보웬은 효과적인 상담을 위해 가계도의 작성을 활용하였는데, 다음과 같이 가계도 작성법의 예시를 들 수 있다.

(1) 가계도 작성방법

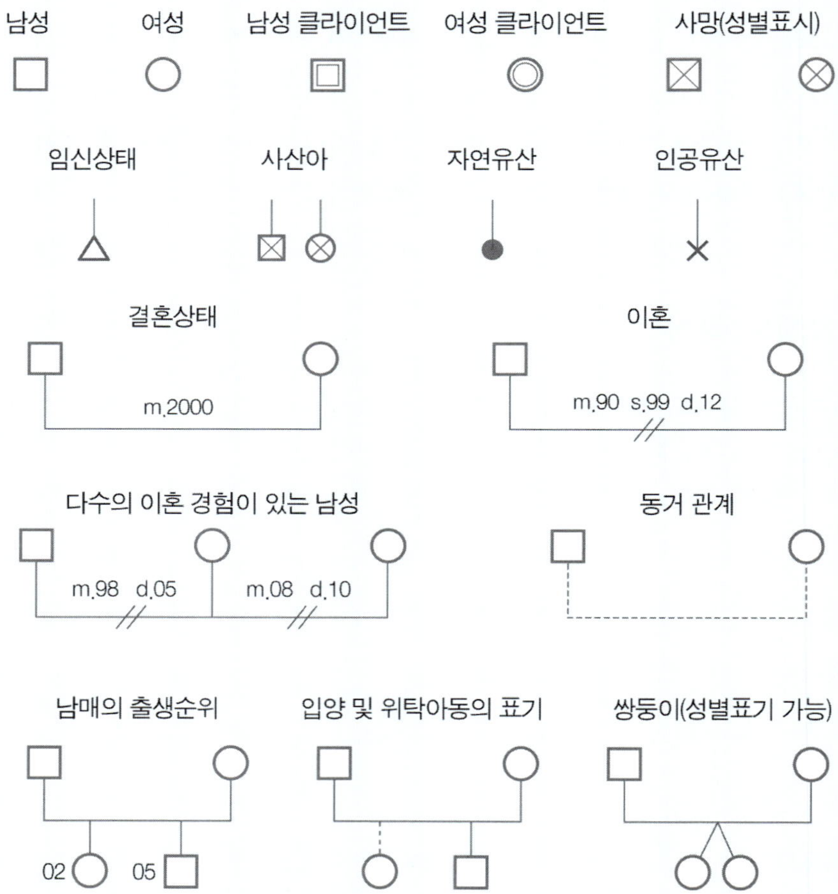
남성
여성
남성 클라이언트
여성 클라이언트
사망(성별표시)
임신상태
사산아
자연유산
인공유산
결혼상태
m.2000
이혼
m.90 s.99 d.12
다수의 이혼 경험이 있는 남성
m.98 d.05
m.08 d.10
동거 관계
남매의 출생순위
02
05
입양 및 위탁아동의 표기
쌍둥이(성별표기 가능)

(2) 가계도 작성예시

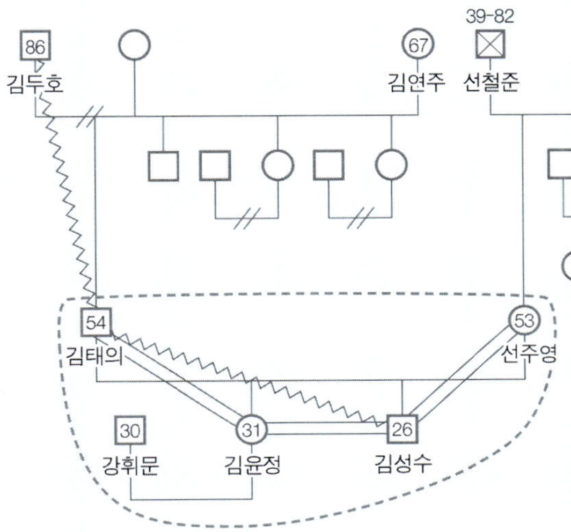

8) 정신상태의 검사

정신보건에서 활용되는 정신상태의 검사로 주어진 시간에 클라이언트의 정신기능을 평가하기 위하여 체크될 항목은 다양하며 이는 심리학적 건강을 파악하는 것에 유리하다. 이에 상담 시 혹은 일정기간 동안 클라이언트를 관찰하기 위하여 쓰이는 방법은 다양한 방법이 활용된다. 예를 들면, 외모에서 표정은 어떤지 계절에 맞는 옷을 입고 있는지, 행동은 적절한지, 의식수준에 대해서는 가족이나 연령 및 숫자 세기, 추상개념의 이해 정도에 이상이 없는지 등을 체크할 수 있다.

그 밖에도 감정의 기복과 장단기 기억력의 이상 정도와 기초지능을 살펴볼 수 있으며, 이상 심리적 요인에 대하여 환청 여부를 살펴볼 수 있고 그에 대한 판단력이나 과거의 병력은 없는지 등을 다각적으로 살펴보며 이는 클라이언트의 사고의 태도나 내용 안에서 판단될 수 있다.

가령, 외모와 태도 및 행동을 통하여 용모와 태도에서 날씨나 상황에 맞는지 위생의 정도와 걸음걸이나 앉아 있는 자세 등을 살펴볼 수 있는데, 이에 대하여 기록을 할 시에는 주관적인 생각보다는 객관적인 면담의 기록이 되는 것이 중요하며 자료의 보관이나 연계 협업작업에 특히 중요하다.

그 외에도 상담사에 대한 태도는 협조적인지 솔직한지, 면접에 협조적인지, 과제 등에 적극적인지 상담가의 질문이나 조언에 방어적인지 혹은 공격적이지는 않은지 신뢰감의 정도 등을 객관적으로 함께 기록한다. 관찰하는 경우에 클라이언트의 말에 편안함이나 경직 정도, 압박감이 있는지 등을 파악하며 클라이언트의 진술을 통하여 사고과정이 논리적인지, 질문과의 연관성, 목표 지향성의 정도, 회피성향이나 주변성이 있는지, 반복적인 되풀이 과정이 있는 지에 대하여 살펴본다.

정신분열증 환자의 경우는 단어의 샐러드(salad of words) 증상과 환각이나 환청 및 편집증 등이 발생할 수 있으므로 과대망상 등을 점검해볼 수 있다. 환각에는 현실적으로 감각을 자극하는 외부의 자극이 없음에도 불구하고 있다고 믿는 것으로 환청, 환시, 환후, 환미, 환촉 등이 있다. 그 밖에 정신분열환자에게 발생하기 쉬운 것으로 근거와 배경이 없는 믿음을 살펴보아야 하며 그러나 주의할 점은 클라이언트의 개별화 존중이며 클라이언트를 유형화하여 분류하는 것은 바람직하지 못하다.

구체적 점검방법으로는 종합심리검사를 실시할 수 있는데, 그림검사로 KFD, HTP, 신경심리검사로 BGT, 로르샤하와 문장완성검사로 SCT 등이 함께 활용될 수 있다. 그 밖에도 클라이언트와의 대화에서 파악할 수 있는 지능의 수준을 클라이언트의 지식 및 교육수준, 문화 배경, 가정 및 사회적 경험 등과 함께 연령에 맞는 어휘력 인지 등을 파악한다.

또한 상담에 앞서서 살펴볼 것으로는 클라이언트의 기분의 변화 및 기복과 감정이 의미하는 사고의 내용과 정서가 일치하는지에 대한 정도가 어느 정도 타당한지 억압된 부분은 없는지 혹은 과장되게 표현되는 부분은 없는지 판단한다. 예를 들면, 집단

폭력을 당했거나 가해의 입장에서 경험을 이야기할 때 보편적으로 느끼는 감정이 어떠한지에 대한 점검으로 만일 웃으며 이야기한다면 클라이언트의 기분과 감정이 어떻게 일치된다고 볼 수 있는가 하는 점이 있을 수 있다. 만일 이에 대하여 공감능력의 장애가 있거나 조울증의 경험이 있거나 하는 것을 점검할 필요가 있고 클라이언트의 기분이 우울을 포함하여 조증을 경험하고 있다면 양극성 장애드 의심해볼 수 있을 것이다. 그러나 우울성 등의 판단에 있어서 애도기간에서의 우울함이나 슬픈 감정은 정상적인 감정의 반응이므로 평상시의 우울과의 구분이 필요하며 아동과의 면접에서는 연령에 적합한 아동이 이해하는 방식의 의사소통과 아동의 감정표현을 이해하기 위하여 로샤 검사 등을 통하여 나무, 집, 사람 등의 그림의 분석을 통하여 아동의 심리 내적 부분을 이해하는 것은 구두로 상담 시 나타나지 않는 심리 내적인 부분을 살펴볼 수 있는 강점이 있다.

그 밖에 클라이언트의 기억에서 일어나고 있는 인지적 왜곡이 있는지 살펴보는 것이 중요하다. 특히, 인지의 과정에서 잘못된 신념이 있는지 살펴보며, 과거의 단기간 동안의 기억력에 대하여 점검과 과거에 대한 기억에 있어서 어느 부분의 왜곡이나 상실이 있는지에 대하여 점검할 필요가 있다.

건강가정을 위한 가족상담이론

Chapter

12

1 보웬[1)]의 가족치료

보웬(Bowen)의 가족치료는 개인의 자아분화의 수준과 가족력에 대한 가계도를 통하여 개인의 탈삼각화를 통해 가족치료의 문제에 접근하고자 하였다. 보웬은 분화(differentiation)의 정도가 가족들의 삼각관계를 유발하게 되며 가족구성원 중 한 사람이 희생양이 될 수 있다고 하였다. 이에 보웬의 치료기법은 가족성원 중 한 사람(IP)을 치료함이 전체 가족체계를 변화시킬 수 있다는 생각을 가지고 있었으며, 그 접근법은 다른 구성원과 상호작용하는 가족을 통하여 접근하고자 하였다.

또한 보웬은 분화의 수준이 세대를 통해 전수될 수 있음을 인식하고 세대 간의 관계를 살펴보기 위해 가계도 작성을 건강가정으로의 회복을 위해 활용하였다. 가계도 작성법[2)]은 가족구조를 도식화하여 가족성원에 관한 정보와 가족관계를 기록한다. 이러한 가계도의 활용은 가족 진단의 도구로 가족에 대한 정보를 한눈에 살펴볼 수 있도록 하였으며 복잡한 가족 유형을 쉽게 파악하게 하고 가족의 맥락에서 어떻게 개입할 것인지에 대하여 유용한 자료를 제공할 수 있다.

---

1) 보웬은 미국에서 출생하여 대가족의 장남으로 태어나 정신과 의사가 되었고 정신분석가로 활동하면서 정신분열증 환자를 치료하였으며, 모자 공생애의 가설을 통하여 보웬은 1954년 국립보건원에서 그의 이론과 기초를 확립하였다. 그는 환자들은 엄마와 불안정한 애착관계가 개인의 분화수준과 삼각관계에 영향을 준다고 하였다. 모자의 애착관계는 정서적으로 불안한 마음에 의해 이루어지며 이것은 스스로의 통제에 영향을 주는 불안정한 애착관계로 나타나는데 이것은 불안정한 애착관계를 통하여 자신을 지탱하기 위해 다른 사람들과 일정한 관계를 가지고 삼각관계를 형성하며 자아분화에도 영향을 주게 된다.

2) 가계도(Genograms)는 보웬(1978)의 가족체계이론에 근거한 사정도구로 2~3세대에 걸친 다세대를 통하여 가족구성원에 관한 정보와 관계를 도표로 기록 및 작성하는 방법으로, 가족 내 역동성을 이해하고 가족이 여러 세대에 걸쳐 발달시켜 온 가족의 역할, 유형 및 관계 등의 상호작용을 살펴보기 위해 고안되었다.

1) 주요 개념 및 원리

(1) 분화(differentiation of self)[3]

분화의 개념[4]은 보웬의 가족치료이론에서 대표적인 개념으로, 가족 내에서의 문제가 지적 체계와 정서체계와의 분화의 불균형이라 보았다 자기분화의 개념은 정신내적이며 인간관계적 개념으로 자신과 타인 간의 구분, 정서과정과 지적 과정의 구분 능력이다.[5]

이러한 분화는 자아의 형성을 통해 형성될 수 있는데, 어린 시절 부모나 중요한 사람들 간의 상호작용을 통해 자아가 형성된다고 보았다. 예를 들어, 타인과의 관계에 의해 변하지 않는 진짜 자아와 타인과의 관계에 의해 형성되는 가짜 자아가 있다고 가정한다면, 진짜 자신이 많은 경우에는 타인의 영향에 의한 감정반사행동이 적게 된다.

따라서 분화지수가 낮은 경우에는 지적 반응보다 감정반응이 주를 이루며 분화지수가 높은 75~100의 수준에서는 불안이 아주 높은 관계 속에서도 자신의 목표를 잃어버리지 않고 유지할 수 있다. 분화의 정도를 알 수 있는 지표로는 가족의 의견이나 감정적 힘에 의존하지 않고 스스로 주관적으로 의사결정을 할 수 있으면서도 가족에게 민감하게 반응할 수 있는 정도로, 진짜 자신의 감정과 지각을 유지하면서도 가족의 일원으로서의 생활을 영위하는 정도를 의미한다.

즉, 다른 사람과 건강한 경계를 유지하면서도 상호 책임과 균형을 이루는 정도라고 할 수 있다. 이를 위해서 때로 불일치나 적대감에 직면할 때에도 정직하게 진짜의 자신으로 남아 타인과의 관계에서 자신을 잃지 않으면서도 그들과 건강한 관계를 유

3) 보웬은 자아분화를 타인으로부터 자기의 분리와 지적 과정으로부터 감정적 분리라는 두 가지 측면으로 미분화된 가족자아집합체 또는 융합으로 확대하여 설명하였다.

4) 보웬은 핵가족 감정체제로 가족원들이 융해되거나 감정적으로 하나가 되는 상태를 표현하기 위해 '미분화된 가족의 자아 덩어리'라는 용어를 사용하여 핵가족 감정체제를 통해 가족들이 감정적으로 연결되어 있는 감정상태와 질을 설명하고자 하였다. 즉, 가족의 성원들이 가지고 있는 감정적 연결의 강도를 나타내는 개념이 핵가족 감정체제라고 할 수 있다.

5) 감정반사행동의 빈도에 따라서도 일정 정도 짐작이 가능하다.

지하면서 반사행동을 하지 않고 지적인 반응을 할 수 있는 정도라고 할 수 있다.[6)]

이와 같이 보웬이 언급한 자아분화의 개념은 정신 내적인 개념과 동시에 대인관계적인 개념으로 정신 내적 측면의 분화란 자신의 사고와 감정을 분리시킬 수 있는 능력으로 주위 사람들의 감정의 지배를 받기보다는 사고와 감정이 균형을 이루며 객관성을 가지고 있다.

(2) 투사

자아분화가 낮은 경우는 부부체계에서 감정반사행동이 증가하며 부부 중 한 사람이 신체나 감정적인 역기능상태에 처하기 쉽고 부부간의 문제를 자녀에게 투사할 수 있을 가능성이 있다. 이와 같은 가족의 투사과정은 핵가족 감정체계에 따른 미분화로 감정적 불안정을 다루기 어렵거나 혹은 인지의 과정을 통해서 처리하지 못하는 경우는 자신의 불안을 다른 가족구성원에게 투사하게 된다. 이러한 현상이 부모와 자녀간에 나타날 때 가족투사과정(family projection process)이라 한다.

이는 가족의 구성원이 자신의 미성숙함과 분화의 부족을 다른 구성원에게 전가하는 경우이다. 투사의 대상은 자녀로 볼 때에 장남이나 장녀가 되는 경우가 많으며 이때 자녀는 부모와의 삼각관계로 분화의 수준이 낮은 상태로 성장하게 될 가능성이 높다.

그런데 심각한 것은 이러한 가족투사현상이나 삼각관계의 행동양식은 다음 세대를 통하여 다세대로 전이될 수 있는데, 예를 들면 화를 많이 내는 감정반사행동의 양상을 많이 보이는 부모 아래 성장한 아이는 부모의 행동이 내면화되어 같은 방식으로 다른 사람과 관계를 맺을 가능성이 높아진다.

---

6) 보웬은 자신과 타인의 구분으로 정서적 과정과 지적 과정을 구분할 수 있는 능력으로 표현되는 확고한 자기(solid self)와 거짓자기(pseudo self)로 구분하여 제시할 수 있다고 하였다. 그는 분화의 종류로 정신 내적 측면의 분화와 지적 기능이 정서적 기능과 얼마나 분화되어 있는가를 살펴보았고, 대인관계적 측면의 분화로 다른 사람과 구별되는 확고한 자아발달과 자신의 신념에 의해 자주적이고 독립적인 행동이 가능한가 하는 두 가지 측면을 관찰하였다. 분화가 이루어지지 않은 사람은 미분화된 가족자아(undifferentiated family ego self)의 상태로 남아 혼합된 감정상태로 독자적인 정체감을 형성하기 어렵다.

이와 같은 현상은 삼각관계의 형성이나 가족투사를 통하여 세대 간 전수, 즉 다세대전수과정(multigenerational transmission process)이 되며 이러한 환경에서 자라는 자녀의 분화수준은 높아지기 어렵다. 이러한 차원에서 부모세대의 핵가족 감정체제는 자녀세대의 감정 분화수준을 일정 정도 예견할 수 있게 한다.[7)]

한편, 보웬이 주장한 바로는 자녀의 출생순위, 즉 자녀의 서열(sibling position)이 분화수준과 관련이 있다. 이것은 부모들의 기대수준과 관련이 있는 것으로 장남과 장녀의 경우는 부모의 기대수준에 의하여 분화수준이 떨어질 가능성이 있으며, 부모의 기대수준이 낮은 자녀의 위치는 자녀가 독립된 생각에 의하여 행동할 가능성이 높아지며 독립된 생각의 정도에 따라 분화수준은 올라가게 된다.

이에 대한 반사적 행동으로 부모와의 관계에서 해결되지 못한 정서적 애착의 처리로 과거로부터 자신의 삶을 위해 자신을 분화시키고자 멀리 떠나 생활하거나 부모에 대한 거부의 표현 등의 표출은, 실상 불안이 높고 정서적 의존이 높은 경우의 단절로 나타나는 현상이 많으며 물리적 단절과 감정적 단절의 형태로 나타나나 실제로 이러한 감정단절(emotional cutoff)은 융해관계에서 오는 경우가 많다. 따라서 가족 간의 외로움과 오해가 있다면 이러한 부분을 살펴볼 필요가 있음을 점검해보아야 한다.

핵가족 정서과정(nuclear family emotional process)[8)]은 과거 해소되지 못한 불안이 가족에게 투사되는 것으로 분화되지 못한 불안과 스트레스에 대한 대처능력의 저하는 각종 역기능으로 나타나기 쉬우며 결혼은 같은 자아분화의 수준의 사람 간의 선택에 의한 만남이 되기 쉬우므로 결혼 후의 부부 융화나 부부갈등은 이러한 문제의 점검을 요하게 된다. 또한 자녀의 이러한 미발달은 양육자인 어머니로 하여금 통제의 구실을 제공하게 되며 일종의 병리현상을 사용하여 부모로 하여금 더욱 관심을 쏟게 하는 기제로 작용하여 기존의 미발달적 가족 유대를 굳히는 결과가 된다.

---

7) 보웬은 정신분열을 연구하였는데 이러한 역기능의 문제는 가족체계의 누적된 미분화와 융합의 결과로 보았다.

8) 보웬은 핵가족 정서과정이 다음과 같은 현상으로 나타날 수 있다고 보았다. 정서적 거리(emotional distance), 부부갈등(marital conflict), 자녀에게 전이(transmission of the problem to a child), 배우자 역기능(dysfunction in one spouse)으로 나타날 수 있다.

따라서 보웬의 치료의 목표는 개인보다는 체계 내에서 불안을 경감시키고 자신에게 초점을 맞추어 자아분화를 촉진하는 것으로, 합리적인 객관성을 통하여 분화를 성취하여 감정과 사고를 분리할 수 있도록 하고 핵가족 및 확대가족과 유대를 끊지 않으면서도 독립성을 발달시키도록 하는 것이라고 할 수 있다. 따라서 동기가 높은 개인을 변화시키는 것이 전체 가족집단의 변화에 영향을 주며 치료과정이 다시 다른 구성원에게 영향을 미치게 되어 순환을 이룬다고 보았다.

(3) 삼각관계(triangular relation/emotional triangles)

삼각관계란 두 사람이 불안정한 관계를 형성하는 경우에 다른 사람이 그 관계에 들어오면 상대적으로 보다 안정된 관계를 만들고자 하는 것이다. 세 사람으로 형성된 삼각관계는 불안을 낮추는 역할을 하게 되는데, 그 근원은 불안의 전이현상으로 해석될 수 있다. 예를 들어, 남편과 아내의 갈등관계에 아이가 개입되어 완화되거나 전이시키는 관계 등이다.

이때 삼각관계가 고착된 형태로 지속되면 자녀가 증상을 일으킬 수 있다. 그런데 이러한 삼각관계는 사람이 아닌 대상이 될 수도 있으며 일 중독, 알코올 중독, 기타 취미가 될 수 있다. 이러한 삼각관계는 불안이나 긴장과 같은 위기상황에서 일시적인 도움을 줄 수는 있으나 가족 간의 갈등문제에 무감각하게 하고 가족 간의 감정을 혼란스럽게 하기 쉽다.

문제는 이러한 병리적인 현상이 사회정서적 과정(societal emotional process)으로 나타날 수 있는데, 이러한 사회정서적 과정은 가족의 기본이론이 사회로 확대된다는 것으로, 예를 들어 부모들이 명확한 원리 없이 10대 자녀들을 달래기 위한 항복이나 상황에 도움이 되지 않는 경직되거나 가혹한 반응은, 자녀의 일탈과 달래기, 억압 등의 악순환으로 이어져 사회의 하위집단끼리 융합되기 시작하는 경우 사회적으로 폭력과 불신이나 비행을 비롯한 범죄율로 이어질 수 있다고 보았다.

2 미누친[9)]의 구조적 가족치료

1970년대 이후 구조적 가족치료(Structural Family Therapy)는 미누친(Salvador Minuchin)을 주축으로 개발되었다. 이 이론은 증상을 병리적으로 보지 않고 역기능적인 구조로 보기 때문에 과거력을 위주로 하여 진단하지 않는다.

주요 개념은 체계론적 시각으로 경계선(Boundary)의 건강성을 통하여 진단하며 경계를 통하여 개인과 하위체계를 둘러싸고 있는 체계 간의 역동성을 살펴보게 된다. 미뉴친은 가족의 건강한 기능은 하위체계의 경계선[10)]이 분명한 경우로 보았다. 또한 가족의 역할수행을 위해 가족구성원 간의 일정한 형태의 상호작용이 있으며 이는 부부하위체계, 부모하위체계, 형제하위체계 등으로 구성되며 이들에 대한 제휴(Alignments)[11)] 등을 살펴보아 건강한 경계와 하위체계의 개입을 통한 재구조화로 가족을 치유하고자 하였다.

첫째, 부부하위체계(spouse subsystem)로 부부하위체계의 정서적 안정과 원활한 기능이 가족체계에서 중요하다고 보았다.

둘째, 부모하위체계(parental subsystem)로 적절한 부모와 자녀의 위계 안에 자녀는 부모의 보호 또는 권위 및 지도에 의하여 성장한다.

9) 미누친(Salvador Minuchin)은 구조적 가족치료의 선구자로 아르헨티나 출생으로 2차 대전 이후 미국에서 아동정신과 의사활동을 하는 가운데 1952년에 버려진 아이들의 치료를 위한 이스라엘의 방문에서 가족의 중요성을 깨닫게 되었다. 이후 1954년 미국에서 정신분석훈련을 받고 뉴욕 근교에서 비행청소년과 빈곤가족에 관심을 가지게 되었고 이후 《가족들과 가족치료(Families & Family Therapy)》(1974)를 저술하였으며 1981년에는 가족학연구소(현 미누친 가족연구소)를 설립하고 구조적 가족치료(Structural Family Therapy)에 대한 연구를 하였다.

10) 미누친은 가족의 경계를 다음과 같이 구분하였다. 즉, 이는 분명한 경계(Clear Boundary), 애매한 경계(Diffused Boundary), 경직된 경계(Rigid Boundary)이다.

11) 가족성원 간에 형성하는 정서 및 심리적 연결에 관한 것을 뜻하며 치료적 차원에서 병리적인 가족의 경우는 제휴의 재구조화에 개입하게 된다.

셋째, 형제하위체계(sibling subsystem)로 자녀들 간의 협동, 경쟁, 협상, 지지를 통해 가족관계 및 사회에서의 동료관계를 학습할 수 있다.

이와 같이 구조적 가족치료의 개념은 구조주의의 이론적인 전제를 기반으로 체계의 전체와 부분은 부분 간의 관계를 통해서 설명될 수 있다고 보기 때문에 사회관계나 인간관계의 규칙을 이해하기 위해서 가족 간의 지배적인 규칙을 살펴보고자 하였다. 구조주의는 이를 통하여 가족구성원의 상대적인 위치, 가족관계, 기능 및 문제 등에 관한 관점을 구조화하는 것에 기여하였다. 여기에 활용되는 개념은 다음과 같은 것이 있다.

1) 모호한 경계선

모호한 경계선이란 가족원 사이에 정보는 공유하지만 필요 이상의 밀착된 관계를 형성하게 된다. 지나치게 친밀하거나 깊이 관여하는 상황은 각자의 개인적 자아분화가 덜 이루어져 있다는 것을 의미한다.

2) 경직된 경계선

경직된 경계선이란 가족구성원 사이의 생각이나 감정 등을 공유하지 못하고 유리된 관계로 고립되고 친밀감이 부족하여 가족 외의 다른 집단에 강한 연합을 형성하기도 한다. 경직된 경계의 가족체계는 지역사회, 이웃과의 관계에서의 상호작용이 제한된다.

3) 분명한 경계선

분명한 경계선이란 경계가 적절히 투과적이고 유동성 및 융통성이 있는 경계선으로 바람직한 상호작용에서 설명된다. 구조주의의 가족치료의 기법으로는 가족이 보다 기능적인 교류 유형을 발달시킬 수 있도록 돕는 맥락을 만드는 것이 중요하다는 이론에 근거하여 다음과 같은 기법이 활용된다.

첫째는 교류의 창조(creation of transaction)기법으로 치료적인 효과가 연결될 수 있도록 가족구성원 간의 교류를 치료자가 이끌어 낸다. 이를 위해서 활용되는 기법으로는 구조화(structuralization)와 실연화(enactment inducement)가 있다.

또한 상호 교류와의 합류(joining with the transaction)를 통하여 가족의 체계가 순기능적인 순환에 적응(accomodation)을 유지할 수 있도록 한다. 이를 통하여 교류를 재구성화(restructuring the transaction)함으로써 보다 기능적인 가족구조에 있어서 가족구성원 간의 교류체계를 재편성(system recomposition)하고 가족구성원의 구조를 수정(structural modification)하는 것을 가능하게 할 수 있다. 구조적 가족치료의 특징은 가족의 교류 유형에서의 경계선, 제휴, 위계를 움직여 변화를 도모하는 기법이라고 할 수 있다.

미누친(Minuchin)은 이와 같이 가족의 구성원들이 상호작용하는 고착화된 패턴의 발견을 중요하게 생각하였다. 그는 같은 행동들의 반복을 통해 가족들은 지속적인 패턴을 파악한다. 이렇게 반복되는 패턴들을 통하여 가족의 상호관계를 지배하는 일련의 은밀한 규칙(covert rule)을 발견할 수 있다.

가족의 반복된 행동으로 나타나는 결과는 구조적 패턴을 보여 준다. 그런데 가족 내에서 어느 한 사람이 주도권을 가지고 모든 의사결정을 하는 경우 상대 배우자는 가족 외부에서 감정적인 지원을 얻으려는 심리로 가족의 외부로 주의를 돌리며 다른 하나의 구조를 만드는데, 이것이 취미이든 다른 인간관계이든 무엇이든 그 결과는 상황에 저항하여 자기 영속성(self-perpetuating)을 유지하기 위한 경향을 보인다.

4) 하위체계

구조주의에서는 부부하위체계나 부모하위체계를 통하여 설명되는 병리적 밀착현상에 주목한다. 이것은 인간이 자신을 보호하기 위한 심리적 방어이기도 한다. 예를 들어, 부부가 너무 엄격한 경우 자녀관계가 부부관계보다 밀착될 수 있으며 따라서 각자 분화된 자아와 권위가 필요하며 상호 건강한 방식으로 협상하는 방법을 익히는 것이 치료의 한 기술이 된다. 부부하위체계의 경우는 적당한 권위를 가지면서도 과도하지 않은 통제력을 통하여 부모로서의 역할을 아동의 성장과 발달 및 자율적인 권리에 사용할 수 있어야 한다.

한편, 형제하위체계는 자녀가 사회에서의 건강한 또래관계를 형성하는 데 도움을 주는 기본 사회화의 과정이 될 수 있다. 형제간의 상호작용은 상호 지지와 반대 등을 통하여 협동력과 양보 및 감정유보 등의 경험을 하며 자신을 방어하거나 경쟁하고 타협하는 방법을 익히는 가운데 형제하위체계를 통한 다양한 경험은 사회생활에 적용된다.

그러나 구성원 간의 밀착된 관계는 미분화성을 형성하게 되며 혹은 반대의 경우로 유리나 방임 등의 경향을 보이기도 하므로 가족학에서는 명확한 경계(clear boundary)를 중요시하게 된다. 또한 부부가 체계를 이루면 원 가족들로부터 그들을 건강하게 분리시키는 경계를 분명히 하는 것도 중요한 적응과제이며 자녀의 출생 이후 아내와 남편으로서의 기능적 역할은 전통과 함께 상호작용하며 적절한 관계성을 가지고 성장해 나가야 하는 과제를 안고 있다. 이것은 각각의 역할에 따른 정체감과 소속감 및 분화를 촉진시킨다.

반면, 병리적인 가족의 특색은 상황의 변화에 수정되지 않고 경직된 구조에 고착된다. 그에 따른 예는 부부갈등을 직접적으로 해결하기 어려운 경우 이를 직면하지 않고 자녀에 초점을 맞추며 자녀에 지나치게 애착을 가지는 경우, 오히려 자녀의 장애를 불러올 수 있다.

따라서 상담자는 특수한 상황에서 가족의 문제를 재현시키고 그에 따른 역할 제안과 모델링을 통해 가족의 상호작용을 수정할 수 있도록 지도한다. 또한 상담자는 가족구성원의 어느 쪽이 공격적이고 어느 쪽이 방어적인지, 누구와 심리적으로 밀착되어 행동하고 있는가 등을 관찰하여 개입하도록 한다.

즉, 상담자는 가족 간의 관계에서 숨겨진 문제와 메시지를 발견하고 도움을 줄 수 있어야 한다. 역기능적인 가족은 지나치게 경직되어 있거나 산만하거나 유리된 방임적 상태를 유발하는 경계선을 가지며 이는 오랫동안 학습된 경우가 많으므로 가족치료에서는 변화의 방향을 제시하기 위해 실용적인 허구적 구조를 제안하고 모델링하도록 시도한다.

이와 같이 다른 구조를 통해 경험된 행동을 통해 가족구성원의 느낌을 공유하도록 하고 바람직한 행동을 구축하도록 한다. 한국의 가부장적인 가족제도는 엄한 전통적 규율 속에서 억압을 배우는 역기능적 형태로 스트레스를 유발하거나 억지행동을 가장하기 쉽다. 따라서 미누친의 구조적 가족치료가 심리치료와 함께 병행된다면 보다 효과적일 것으로 생각된다.

3 경험적 치료의 휘터커와 사티어

건강가정을 지향하기 위한 경험적 접근은 1960년다 개인심리의 실존 및 인본주의적 접근에 기원을 두고 있다. 이 시기는 인간의 경험, 감수성 훈련 및 인간잠재력의 성취에 관심을 가졌던 시기이다. 따라서 경험적 가족치료(Experiential Family Therapy)는 통찰이나 설명보다 구성원의 특성에 맞는 경험으로 명료한 표현, 경청, 감정표현, 관찰 등의 경험으로 개인의 성장 기회와 표현 및 기회 등을 제공하려고 노력한다.

그들이 제공하는 경험이란 구성원이 자발적으로 자신을 열어 보일 수 있는 기회, 표현, 자유, 개인의 성장들을 의미한다. 경험주의적 가족치료자로는 휘터커(C. Whitaker)와 사티어(V. Satir)가 유명하다.

이들은 치료과정에서 내담자의 경험을 중시하고, 치료자의 구성원에 대한 관여가 사람의 변화를 촉진한다는 공통점이 있다. 휘터커는 개인적인 참 만남을 강조하고 치료자와 집단구성원 간의 인간 대 인간의 원조관계를 강조하였고 사티어는 치료가 성장과정의 경험이라고 주장하며 치료자의 성장을 돕는 성장기법의 역할을 강조하였다.

1) 휘터커(C. Whitaker, 1912~1995)[12)]

휘터커는 치료를 상징적 경험주의 모델(symbolic-experiential model)에 근거하여 내면의 표면화를 통해 특정이론에 근거한 치료보다 자신을 치료에 적극 활용하는 자발성을 주장하였다. 휘터커는 건강한 사람의 정의를 성취적인 사람이며, 그들이 경험하는 문제들에도 불구하고 성장하는 사람들이라고 하였다.

일상적인 가족은 자신의 심리 내적 차원에 자신의 신화, 언어적인 역사나 이야기를 가진다. 건강한 체계는 자신의 네트워크를 통해 다른 체계와 상호작용이 가능하며 자율적이고 상호존중을 기반으로 개방적이며 협상과정을 통하여 문제를 해결한다.

휘터커는 구성원이 친밀할 수 없고 개별화할 수 없으므로 치료를 받으러 온다라고 가정하므로 경험에 대한 구성원들의 잠재력을 촉진을 통해 집단의 잠재력을 방출하는 방식으로 기능을 회복하도록 성장을 치료의 초점으로 두고 있다. 휘터커는 임상의 경험을 통하여 변화는 특정 기법에 있는 것이 아니라는 사실을 알게 되었다.

12) 휘터커는 정신분열의 원인 중에 가족의 역할이 크다는 것을 통하여 내적 심리 딜레마와 대인관계의 딜레마로 정신분열증을 개념화하면서 가족을 치료에 참여시켰으며 이론에 의해 억제되지 않는 치료자의 자발적이고 창의적이며 적극적인 치료를 강조하여 이를 통해 치료자와 가족이 모두 성장한다고 보았다.

이에 가족과 함께 참 만남을 창조하여 방어를 줄이고 정서적인 자발성을 고취하는 것이 중요하다고 보았으며 경험적 치료과정에서의 깊은 관여로 인하여 전이－역전이현상이 일어나지 않도록 공동치료의 중요성을 강조하여 치료자들의 상호조언과 확인이 중요하다고 보았다. 이러한 공동치료는 다양한 방법의 시도와 함께 치료자에 대한 보호의 효과도 있다.

2) 사티어(Satir, 1916~1988)의 성장기법[13)]

사티어는 조직구성원들이 성장을 돕는 일원으로 보아 상호 가치 있고 사랑받고 있음을 느끼도록 배려하고 경청하며 의사소통에 있어서 건강한 상태를 유지하는 구성원의 존재라고 보았다. 그러므로 기능적이고 건강한 사람은 융통성이 있으며 문제해결에 적극적이라고 할 수 있다.

경험주의 치료자들은 가정에서의 각종 경험을 지지하고 격려하며 구성원들에게 그 자신이 될 자유와 연대감뿐 아니라 개인적 사생활도 존중한다. 따라서 이와 반대로 역기능적 사람이란 상호 정서에 무관심하며 냉담하고 강요된 규칙을 적용하는 분위기에서 의사소통하는 사람이라 할 수 있을 것이다. 따라서 구성원 간의 우정이나 가치나 창조성보다는 외적인 일에 몰두하는 경향이 있다.

이에 사티어는 인간은 근본적으로 긍정적으로 성장하기 위한 잠재력과 생명력을 선천적으로 가지고 있으므로 이러한 측면이 적절하게 양육되면 건강한 성인으로 성장할 수 있다고 보아 가족구성원의 성장적 의사소통방식을 강조하였다. 사티어는 인본주의에 입각한 온정적 태도로 치료자가 제공해야 하는 것은 물론 인간적인 성숙을

13) 사티어의 치료 모델은 전통적 의료 모델이 아니며 성장 모델(Growth Model)이다. 사티어의 경험적 치료에서 사용된 방법으로는 합류(Joining), 추적(tracking), 유지(maintenance), 모방(imitation), 실연(Enactment), 재구조화(Restructuring), 재명명(redefining), 경계선 만들기(boundary making), 재조직화(reframing), 과제(tasks), 장점탐색(search for strength), 상호 보완(complementarity) 등의 방법을 활용하였으며 경험적 가족치료자는 가족 개개인의 경험수준을 증가시켜 정직하며 친밀한 가족 상호작용을 통해 성장할 수 있다고 보았다.

위해 민감하고 정확한 의사소통을 위해 노력하였으며 문제해결을 위하여 자존감과 긍정적 의도를 확대하여 우호성을 도왔다.

이러한 과정에서 개인의 치료에 대한 기대를 분명히 표현하고 구성원에 따른 개인차이에 대한 견해와 지각이 다름을 상호 인식하며 의사소통의 불일치를 인정하는 가운데 보다 긍정적으로 상호구성원의 개별성을 인정하도록 하는 시도를 하였다. 즉, 서로가 다를 수 있음을 충분한 의사소통을 통해서 경청하고 친밀하게 상호 성장할 수 있는 방향을 모색하였다. 이를 위하여 사티어는 치료적 변화가 내면의 과정에서 일어난다고 보아 정서적 경험이 치료의 변화를 일으키므로 치료자와 내담자의 정서적인 교류를 통한 참 만남을 강조하였다.

이러한 참 만남을 통하여 치료자는 전문가의 역할을 유지하면서도 가족과 가까운 거리에서 자신의 영향을 발휘하여 진실한 변화를 촉진할 수 있어야 한다고 그녀는 보았다. 따라서 사티어는 면담과정에서 가족조각, 안무, 은유, 유머, 접촉, 의사소통, 재정의(부정적인 상황을 긍정적인 것으로 전환), 표현 등을 통하여 정서적인 친밀함을 회복하도록 노력하였다.

따라서 경험주의적인 치료는 현상학적 기술, 심리극, 내담자 중심의 만남의 관점을 통하여 자발적인 선택, 자유의지로 자기결정과 자기달성을 위한 인간의 성장능력을 강조하는 관점이다. 이를 위하여 각 개인의 개별성을 인정하여 스스로의 잠재력을 깨닫고 이를 개발할 수 있도록 내담자들의 느낌, 감정과 감수성, 상상 및 내면적인 경험에 가까워질 수 있는 다양한 방법을 사용하였다.

(1) 사티어의 의사소통치료

사티어의 의사소통치료의 주요 개념[14]은 성숙(Maturation)으로 자신에 대하여 충분히

14) 사티어는 자기존중을 통하여 타인의 독특성, 차이 및 유사점을 인정하고 이를 상호 탐색과 협상을 통해 의사결정을 하도록 하고 있다. 이를 위해 적합한 의사소통능력은 타인과 조화로운 관계를 맺게 하며 '일치형' 의사소통을 통하여 건강한 가족의 통합의 단계(the stage of integration)를 구축하고자 한다.

책임을 지며 자신 및 타인에 대한 지각을 기반으로 자신이 내린 선택과 결정에 대해 책임질 수 있어야 한다는 것이다. 또한 자신에 대한 자각에 의하여 자신의 의사표현을 타인에게 명확히 전달할 수 있으며 다른 사람의 의견에 대한 차이성(differentness)을 존중하여 실제 상황(how it is)의 관점에서 행동하므로 자신과 타인과의 사이의 의사소통의 상호 자유로운 선택을 존중한다. 이를 위해 사티어는 무엇보다 자아 존중감(Self-esteem)[15]을 핵심적인 회복과제로 보았다. 자아존중감이 높은 사람은 타인에 대한 존중과 배려가 가능하며 자신에 대한 사랑, 신뢰, 존중은 다른 사람에게도 적용될 수 있다고 보았다.

따라서 사티어는 치료의 목표로 자기 가치와 존중감(self-esteem)을 향상시켜 새로운 희망을 가질 수 있도록 하였다. 사티어는 이를 위하여 가족들의 의사소통에서 가족규칙을 발견하였는데, 구성원 간의 감정을 표현하는 방법, 거절이나 반대에 관한 표현, 이해하지 못할 때 다시 설명해 줄 것을 요구하거나 하는 과정을 관찰하였다. 이를 통하여 사티어는 가족의 분명한 규칙[16]보다는 감정의 규칙을 중시하였으며 가족구성원에 대한 문제의 원인을 나쁜 사람이 아닌 '나쁜 규칙'에서 찾았다. 즉, 의사소통의 언어 및 비언어적 과정과 메시지의 일치성과 불일치성에 관심을 두었다.

(2) 가족의 재구조화 작업

이를 위하여 다양한 치료방법이 적용되는데, 그의 일부로는 재정의(Reframing), 가족재구조화(Family Reconstruction), 가족생활 연대기(Family Fact Chronology), 가족조각(Family Sculpture), 역할극(Role Play) 등이 활용된다.

---

15) 자기 존중감이 낮은 경우는 불확실한 감정과 불안감을 통하여 불신, 외로움, 소외감으로 건강한 의사소통을 하지 못할 가능성이 높아진다. 반대로 자기존중감이 높은 경우는 자기 능력의 신뢰로 원만하고 정직하며 타인을 신뢰하고 가치를 인정하며 일시적으로 낮아진 자존심을 있는 그대로 표현하거나 보다 창의적으로 극복하고자 한다.

16) 가족규칙은 명백한 '명시적 규칙(meta-rule)'과 '암묵적 규칙'도 존재한다. 상위규칙은 '규칙을 총괄하는 규칙'이며 가족을 어떻게 유지하며 변화시킬 것인지를 포함한다. 그런데 역기능적 가족의 경우는 중요한 상위규칙을 가지기보다 경직되거나 가족규칙을 변경할 수 없다는 식의 상위규칙을 갖는 경향이 있다.

사티어는 만일 구성원이 이미 학습된 듯이 행동한다면 그 상황 속에서 그 사람의 최선이며 모든 행동에는 적절한 동기가 있다고 보았다. 그러나 모든 사람은 치유될 수 있으며, 치료과정에 치유가 내재되어 있다고 보았으므로 치료를 할 때 인간이 가지고 있는 신체적 활동과 정서 등의 모든 회로를 활용하고자 하였다.

가족의 재구조화는 문제시되는 태도나 사건 뒤에 숨은 좋은 의미를 재정립하기 위해 활용된다. 이러한 활동의 주요 사항은 내담자의 주요 사건의 어느 한 부분을 선택하여 재연하게 하고, 이를 통하여 새로운 정보와 자신의 다른 감정과 시각을 가질 수 있도록 재구조화하여 가족구성원의 인지적 재구조화와 건강성을 회복하도록 한다. 또한 건강한 가족규칙과 표면에 나타난 가족규칙 및 가족의 주제, 가족 신화 등을 함께 다루며 순기능적인 대처체계로 건강한 기능적 체계로 바꾸는 과정이다.

4 전략적 가족치료의 헤일리와 메더네스

전략적 치료의 개입기법은 직접 및 은유적 지시, 시련기법 등이 있으며 역설적 지시는 가족이 치료자의 지시의 내용에 저항함으로써 변화를 일으키도록 하는 전략의 기법이다. 경우에 따라 치료자는 변화가 필요한 가족들에게 변화하지 말라고 요청하는 것은 가족이 이러한 지시에 저항하여 궁극적으로는 가족 스스로 변화할 수 있도록 하는 기법이기도 하며 경우에 따라 재정의를 통한 가정이 요구되기도 한다.

1) 가정기법

가정기법은 가족의 저항을 직면하는 역설적 기법과 유사하나 보다 부드러운 기법으로 긴장상황에 대하여 반항심을 유발하는 대신 놀이를 하는 기분으로 하여 가족구성원의 저항을 우회하는 방법이다. 예를 들면, 분노를 조절하지 못하는 아이에 대한 헐크놀이와 같이 극단적 상황에 대하여 구성원의 긴장도와 자기방어 정도를 낮추어 변화를 가져오도록 유도하는 방법이다.

2) 시련기법

시련기법(The Ordeal Technique)에 대하여 헤일리(Haley)는 "사람은 증상을 갖는 것이 포기하는 것보다 많은 어려움이 있을 때 증상을 포기한다"는 전제를 통하여 증상에 대하여 역설적으로 개입한다. 예를 들면, 불면증이 있는 내담자에게 잠을 자지 말고 밤을 새워 운동을 하라고 지시하는 것 등이 있다.

전략적 가족치료의 핵심은 역설적인 경우가 많은데 예를 들어 내담자에게 문제증상을 계속해서 실행하라는 지시하는 지시 등은 내담자가 오히려 변화를 바라게 되는 모순적 상황을 통하여 변화를 이끌어 내는 방법으로 내담자의 저항을 처리하고자 하는 효과적 방법을 사용한다. 따라서 지시와 은유적 언어 사용, 역설적 개입, 시련기법 등의 전략적이며 다양한 방식으로 내담자를 치료적으로 이중 구속하여 클라이언트가 문제증상을 포기하거나, 어떤 쪽을 택하든 변화하지 않을 수 없도록 하는 방법이다.

3) 피드백 고리

전략주의 가족상담가들은 가족의 변화를 위하여 가족원의 행동이 바뀌는 일차적 변화(first order change)와 이후 가족체계의 규칙까지 바뀌는 이차적 변화(second order change)를 제시하여 완전한 변화를 가져오고자 하였다. 일차적 변화는 일시적이고 내재적으로 가족의 규칙까지 변화한 것은 아니나 진정한 변화는 가족 규칙까지 변화하여 가족의 행동뿐 아니라 신념까지 바뀌는 수준이라고 할 수 있다.[17)]

가족규칙은 명시적 규칙과 암시적 규칙, 그리고 상위의 규칙(meta-rule)이 존재한다. 상위규칙은 일반적 규칙 위에 작용하는 '규칙을 총괄할 수 있는 규칙'이며 가족원이 가족규칙을 유지하고 변화시키는 것에 대한 규칙이다.

이와 같은 규칙의 개념은 전략적 구조주의 모델이 가족의 구조적인 질서에 관심을 갖고 가족원이 갖는 통제나 힘의 균형, 그리고 가족의 위계질서를 중요시하였으며, 역기능적인 가족은 증상을 통하여 가족 항상성을 유지할 뿐 아니라 증상을 통하여 가족원을 통제한다고 믿었으므로 이러한 피드백에 개입하는 것이 중요하다고 보았다.

이와 같이 피드백에 대한 개입이 중요하다고 본 것은 순환적 인식론에 근거하여 의사소통의 내용보다 상호작용의 과정을 주시하여 개인의 심리 내적 문제를 가족구성원 간의 상호작용으로 전환시켜 상호작용에 개입하고자 하였다.[18)]

전략적 가족치료의 헤일리와 매더네스는 모두 가족 내의 위계에 염두를 두고 가족 치료 작업을 하였는데, 가족원은 자신의 위치에 맞는 권력과 통제력을 통하여 타인을 보호하며 돌보아야 한다고 보았다.

MRI 모델은 상호작용적인 것으로 문제를 둘러싼 상호작용의 연쇄과정에 대하여 관찰하고 개입하는 것에 관심을 두며 Haley는 동기에 관심을 두고 클라이언트가 다른 사람을 통제하려는 소망(desire)에 관심을 가지며, Madanes는 사랑하고 사랑받고자 하는 소망에 관심을 가지는 미묘한 차이가 있다.

17) 예를 들어 늦게 귀가하는 남편에게 잔소리를 한다면 그것은 기존 가족규칙을 적용하는 일차적 변화이겠으나 '혹시 일을 하는 데 시간이 부족하세요? 혹은 회식 때 이른 귀가는 너무 지키기 어려운 약속이세요?' 라고 한다면 그것은 가족 체계 규칙을 검토하는 이차적 변화를 요구하는 것이라고 볼 수 있다.

18) 1990년대 이후 가족치료분야에서 협동적인 치료와 인지적 변화에 초점을 두는 추세가 강화되면서 MRI모델은 전략적 접근을 유지하면서 포스트모더니즘의 치료적 방법을 도입하며 발전하고 있다.

(1) 헤일리

헤일리는 내담자의 개인 문제적인 접근보다 내담자의 가족을 포함하여 대인간의 상호작용 및 교류를 분석하였다. 즉, 전략주의 관점에서 볼 때에 증상은 가족원 간의 항상성을 유지하기 위한 기제로서 증상의 이면에서는 상호관계를 통제하기 위한 IP의 증상을 통한 관계통제의 전략이 숨어 있다는 것이다.

그 밖에도 심한 갈등을 겪고 있는 결혼관계에 있어서 적대적이며 심한 갈등을 겪는 부부가 자녀의 증상에 매달리면서 결혼관계를 유지할 수도 있다. 이때 자녀의 증상은 위기상태에 있는 부모의 관계와 가족을 유지하는 역할을 한다.

또는 아내의 불안증은 남편을 무의식적으로 자기 곁에 있도록 하는 통제의 전략이 될 수 있으며 아내는 증상을 통하여 남편과의 관계에서 권력과 통제를 얻고 있는 것으로 해석할 수 있다.

(2) 메더네스

헤일리와 메더네스(Madanes)는 모두 위계[19]를 중요하게 보았다. 그러나 헤일리와 메더네스와의 차이는 메더네스는 특히 인간의 딜레마가 사랑과 폭력 간의 투쟁 속에서 발생한다고 보았다. 즉, 인간은 보호와 관심의 차원에서 위계의 개념에 접근한 차이가 있다는 것이다. 다시 말하면, 가족은 서로 자신의 위치에서 상대를 잘 돌보는 역할을 하여야 하며 이를 수행하지 못하는 경우 폭력이 발생한다고 보았다.

메더네스의 상담의 특징으로는 가족을 변화시키는 목적으로 역설적 기법과 유사하지만 더 부드러운 기법을 사용하는데, 예를 들면 아이의 공격성에 대하여 긴장상황을 조성하고 반항심을 유발하는 대신에 놀이를 하는 기븐으로 저항을 우회하는 헐크 놀

19) 가족원은 자신의 위치에 부합하는 권력 및 통제를 가지는 경우에 위계질서가 유지되고 균형이 깨어지는 경우 위계질서에 문제가 발생한다고 보아서, 헤일리는 증상의 해결을 위해서 치료자는 관계의 이면에 존재하는 권력과 통제방식 및 권력투쟁에 관한 가족관계를 파악하여 명확한 치료목표의 설정과 구체적 개입방식을 계획할 수 있어야 한다고 하였다. 전략 모델에서는 위계와 조직의 문제에 대한 관심으로 구조주의 모델로 분류되기도 한다.

이 등으로 새롭게 접근하도록 하여 바람직한 변화를 이끌어 내도록 하였다.

4) 전략적 구조주의 모델

헤일리는 역할에 따른 의사소통이론에 관심을 가지고 상호 교환하는 메시지에 내재된 통제와 권력의 투쟁 안에서 '누가 그리고 무엇에 의하여 의사결정과 관계가 정의되는가?' 라는 쟁점에 근거하여 가족의 역동성을 관찰하였다. 위계질서를 혼란하게 만드는 원인으로는 세대 간 결탁이나 권력 다툼으로 부모가 특정자녀와 결탁하여 대항하기도 하며 다양한 양상을 보인다.

이에 가족의 위계질서를 평가하기 위해서 가족구성원 간의 반복적인 상호작용을 관찰하기 위해서 가족만의 독특한 유형을 분석해야 한다고 하였다. 헤일리는 개입방법에 대하여 지시와 역설적 개입과 은유적 언어의 행동을 통하여 독특한 전략적 치료 모델을 발전시켰다. 헤일리의 모델에서는 이와 같이 가족의 위계를 중요시하였으며 그러한 의미에서 구조주의적 모델로 구분되기도 하였다.

즉, 병리적 가족은 위계가 거꾸로 있거나 가족구성원 간의 연합의 특징이 있다고 보았으며, 가족 항상성에 대한 집착으로 상황의 변화에 대처하기 어려워 병리적 연쇄과정에서 벗어나지 못하는 현상을 보이고 있다고 하였다. 이것은 일종의 가족게임과 같은 것으로 역기능 가족이 힘을 얻기 위한 가족게임을 한다고 보았는데, 즉, 증상 자체가 게임을 의미하는 것으로 게임을 멈추기 위한 역설적 개입이 필요하다고 보아 역설적 지시의 기법을 활용하였다.

5) 전략적 치료과정

전략적 치료의 핵심은 병리적 가족은 치료자에게 도움을 청하는 행동을 하지만 막상

치료를 통하여 도움을 주려고 하면 저항하는 현상을 보인다. 그것은 가족의 유지방식인 항상성과 안정성이 위협받는다고 인지하게 되기 때문이다. 이것은 가족상담가와 내담자 가족 간의 치료자와 내담자 가족 간의 미묘한 권력투쟁을 가져오게 한다.

이러한 저항에 대한 개입으로 치료자는 이중구속의 상황을 통하여 내담자의 역설적 개입과정에서 증상을 포기하도록 하는데, 보통 증상을 더 강하게 유지하기 등의 방법이 활용되며 치료 초기부터 사용하는 것보다 다른 치료적 방법의 효과가 없는 경우 권장된다.

따라서 사정을 위하여 환자의 문제를 가족 전체의 문제로 재규정하고 치료적 개입의 범위를 가족, 확대가족 및 이웃까지 포함하며 치료자까지 범위에 들어가게 된다. 이에 기법을 적용하기 이전에 가족상담가는 문제의 규정단계에서 첫 면접으로부터 가족의 상호작용과 연쇄과정을 관찰함으로써 문제를 야기하는 가족의 위계질서 및 문제를 관찰한다. 이후 전략적이며 역설적인 개입 후에 치료자는 가족의 역기능적 상호작용의 연쇄과정이 변한 후 가족의 체계에서 분리되어 나오게 된다.

우리나라 사회적 돌봄을 위한 가족지원정책의 종류 및 전망

Chapter

13

1 아동복지사업

아동복지실천사업은 인간의 발달을 토대로 하고 있으며 아동상담사업으로 부모와 아동 간의 바람직한 관계와 지지 및 강화로 설명될 수 있다. 이는 가족성원의 기능을 개선하여 가족 붕괴의 위험을 방지하며 도움을 주는 원조의 관계를 형성하는 것을 목적으로 한다. 따라서 일 · 가정 양립에 따른 여성의 사회참여에 대한 문제에 사회복지서비스가 역할을 담당하고 각종 가족과 관련한 복지사업에 따른 개입이 아동복지사업과 매우 관련이 깊다고 할 수 있다.

그에 따라 상담의 제공이 건강가정지원센터 등을 통하여 요구되기도 하며 상담은 원리나 이론에 따라 접근방식이 달라질 수 있다. 연계상담으로 놀이치료, 미술치료, 모래놀이치료, 심리연극 등이 있으며 그 밖의 연계된 가족의 상담으로 부모교육 및 치료, 개별상담, 가족상담, 부부상담, 집단상담 등이 가능하다.

아동과 관련한 사업은 다음과 같은 것을 제시할 수 있다.

첫째, 가정위탁보호사업[1)]이다. 이는 아동이 친 가정에서 정상적으로 양육될 수 없는 경우에 제공된다. 둘째, 친부모의 자녀양육이 불가능하거나 의지가 없을 시에는 입양사업이 적용될 수 있으며 이는 2008년,「입양촉진 및 절차에 관한 특례법」으로 시행되어 입양이 적법한 절차에 의하여 이루어지고 있다.

이는 아동에게 영구적인 대리 보호를 제공하며 국내입양과 해외입양으로 분류될

1) 가정위탁사업은 부모의 사망, 실직, 질병, 학대, 방임, 알코올 중독, 약물 중독, 수감 등으로 가정에서 정상적으로 양육될 수 없을 때, 일정기간 동안 다른 가정에서 아동들을 보호, 양육하는 대리보호사업으로 1990년에 시범적으로 실시된 이래 2003년 가정위탁지원센터가 전국에 설치되어 확대되었다. 이후 2005년 7월「아동복지법」의 개정으로 가정위탁보호를 위한 법적 근거가 마련되어 실시되고 있다.

수 있는데, 해외입양의 비율이 상대적으로 높은 것에 대하여 2007년부터 보건복지부의 국내입양 우선 추진제를 도입하여 우리나라의 입양 희망아동이 국내 입양가정에 관한 경제적 지원 확대로 입양이 가능하도록 양부모 자격의 확대 등으로 국내입양의 활성화에 노력하고 있다.

2 보육사업을 통한 영유아 보호 및 양육

우리나라 정부는 보육사업의 일환으로 무상보육에 대한 서비스를 제공하고 있다. 무상이라는 개념은 정부가 사회적인 제도 안에서 보육을 담당하는 개념이라면 무상보육이라는 용어도 수정될 필요가 있을 것이다. 그러나 우리나라는 그동안 보육에 관한 영역을 민간이 담당함에 따라 민간에서 정부의 협력으로 보육의 개념이 보다 확대되고 있는 실정이다. 이에 대한 사회적 노력으로 「영유아보육법」 제2조에 따르면 보육사업을 영유아를 건강하고 안전하게 보호 및 양육하고 영유아의 발달특성에 맞는 교육을 제공하는 보육시설 및 가정양육 지원에 관한 사회서비스로 보육사업을 정의하고 있다.

그 밖의 보육 지원사업은 취학 전 유아가 하루 중의 일정한 시간 동안 타인에 의해 제공되는 보호서비스를 받도록 하는 것으로 정부가 새롭게 유치원을 대상으로 하여 주말유치원을 개설하거나 생계수준에 따라 가정으로 육아 도우미의 파견을 지원하기도 하며, 정규시간 이외의 야간보육서비스 등으로 보다 사회적으로 보육에 대한 서비스가 확대되어 나갈 수 있도록 지원하고 있는 추세이다. 보육사업의 종류는 다음과 같다.

1) 보육사업의 종류

① 보육장소에 따라서 기관시설 보육, 직장보육 등으로 구분될 수 있다.

② 보육시간에 따라서 종일제 보육, 반일제 보육, 주간보육, 주말보육, 야간보육, 도우미 파견을 통한 보육 등으로 분류될 수 있다.

③ 아동의 연령에 따라서 영아보육, 유아보육 등으로 구분될 수 있다.

④ 설립 및 운영주체에 따른 분류로는 국공립보육시설, 민간보육시설(사회복지법인, 개인, 단체, 각종 단체), 기타 비영리기관 등으로 분류될 수 있다.

3 지역아동센터, 공동생활가정(그룹홈)의 지원

지역아동센터는 이용시설로 지역사회아동의 보호와 교육, 건전한 놀이와 문화의 제공, 보호자 및 지역사회의 연계 등을 통하여 아동의 건전육성을 도모하기 위한 종합적인 복지서비스를 제공하는 것을 목적으로 하는 기관이다. 이는 방과 후에 아동들의 활동에 대하여 학습이나 취미활동의 지원을 사회적으로 지원하는 실천서비스이기도 하다. 그리고 공동생활가정(그룹 홈)은 경제적 여건이 취약한 아동에게 가정과 같은 주거여건과 보호를 제공하는 것을 목적으로 하는 기관이라 할 수 있다.

4 학교사회복지

학교사회복지의 역할은 가정과 학교의 문제가 있는 학생들을 포함하여 학교 내에 학생들이 필요한 복지를 제공받는 역할을 한다. 즉, 상담, 각종 사회복지 관련 실천 프로그램, 워크숍 등을 담당하며 학교 사회복지사는 학교뿐 아니라 지역사회와의 연계, 타 학교와의 연계사업을 진행하고 다양한 학교사회복지의 실천의 장을 넓혀가고 있다.

학교사회복지사의 역할로 학교와 지역사회의 연계를 통해 학생의 심리사회적 문제를 예방하고 해결하며 학생들의 역량을 고취하는 역할을 담당하게 된다. 그러므로 모든 학생이 자신의 잠재력과 능력을 학교와 지역사회를 통하여 최대한 발휘할 수 있도록 학생복지의 실현을 돕는 교육기능을 담당한다.

학교사회복지의 대상자는 학교상황에서의 문제의 소지자로 학습부진, 학교공포증, 공격적 · 반사회적 행동, 퇴행적 행동, 비행, 무단결석, 비사교성, 정서적 불안감 및 이상심리와 이상행동을 보이는 모든 학생이 대상이 될 수 있으며, 정상적인 학생이라도 청소년들의 성장을 도모하는 교육복지 우선지원사업 등을 주관하여 청소년의 학교생활을 돕게 된다. 그 밖에도 저소득층 가정의 학생교육, 복지, 문화수준 등을 향상시키기 위해서 학교가 중심이 되어 지역사회와 함께 교육공동체를 구현해 나가는 사업의 일환이라고 할 수 있다.

5 노인복지

노인복지[2)]는 가족의 노인돌봄 인력을 사회로 활용할 수 있도록 정책적으로 돕는 활동이다. 또한 노인들이 인간다운 생활을 영위하면서 가족과 사회의 일원으로 통합하며 성공적 노화를 구현하기 위해 제공되는 노인을 위한 다양한 영역의 서비스라고 할 수 있다. 비단 노인에 대한 구호적인 역할뿐 아니라, 지역사회의 기관을 통한 노인복지관 등의 서비스, 의료적 차원에서 노인장기요양서비스, 기초연금, 노인일자리사업, 보건복지부 관리하의 시니어 직능클럽 등의 다각적인 차원에서의 지원이 가족정책의 일환으로 제공되고 있다.

대상은 사회적 보호를 필요로 하는 일정 연령 이상의 모든 노인이며 목적은 최저수준 이상의 생활을 유지할 뿐 아니라, 사회적 욕구 충족과 생활문제의 예방과 해결, 그리고 사회적응 및 통합을 위하여 고령사회를 대비하여 가족정책의 일환으로 실시되고 있다.

6 의료사회복지실천

의료사회복지실천의 정의는 병원에서 제공하고 있는 의료적 치료를 보강하여 질병치료과정에 장애가 될 수 있는 사회경제 및 정서적 문제해결에 도움을 주기 위한 정책으로 퇴원 후, 환자가 가정이나 지역사회에 복귀할 수 있도록 하며 개인이 사회적

2) 2004년 「노인복지법」의 개정으로 노인보호전문기관이 설치 및 운영되고 있으며, 2008년 5월부터 노인장기요양보험제도가 실시되고 있다.

으로 적절한 사회화 기능을 발휘할 수 있도록 돕는 역할을 한다.

의료사회복지정책은 다음과 같다. 첫째, 지역사회 중심 보건의료사회복지사업으로는 지역사회 보건기관에서 지역사회자원을 효과적으로 활용할 수 있도록 돕는 의료 사회복지사업이 있다. 둘째, 호스피스 사업으로는 사회복지사가 의료팀의 일원으로 일생의 마지막 순간인 죽음을 자연스러운 삶의 한 과정으로 이해하고 수용하는 제도가 있다. 그 밖에 재활과 병원사회복지사업으로 병원에서 환자의 질병치료와 회복 및 사회복귀기능을 돕는 사업이 제도적으로 제공되고 있다.

7 정신보건사회복지실천

정신보건사회복지사업[3]의 정의는 정신장애를 가진 개인과 그의 가족은 물론 정신보건제도 일체를 포함한다. 전문기술의 방법은 의료복지정책 등 다각적인 접근방법을 활용하고 있으며 환자 및 가족의 정신보건과 사회적 기능의 향상과 예방과 치료 및 재활 등의 다양한 목적이 있다.

3) 1997년 1월 「정신보건법」 시행 이후 2000년도 연차적으로 정신장애인도 장애인에 포함되어 장애인 복지서비스 수혜가 가능해졌다.

8 알코올 및 약물남용과 각종 중독 프로그램

중독은 강한 습관성으로 인하여 치료가 어려워 조기에 개입하는 것이 무엇보다 중요하며 본인의 의지도 매우 중요하다. 알코올 및 약물남용 치료 및 가족의 심리치료를 위한 프로그램의 실시가 중요하며 중독에 대한 프로그램 등이 제도화되어 있다.

1) 해독 프로그램

해독 프로그램은 약물 과다 사용이나 중독으로 인하여 신체 및 정신적 피해 등이 치료과정 중에 금단현상을 일으키는 경우에 약물교육, AA(Alcoholics Anonymous)와 같은 자조집단, 상담 등의 서비스를 제공하여 약물 중독자를 돕게 된다.

이러한 프로그램은 정부와 민간치료시설에서 운영하고 있으며 치료 프로그램이 끝난 후, 클라이언트들은 입원치료시설 등에 의뢰되거나 기타 유지치료를 선택하게 된다. 일부 클라이언트는 입원치료를 마치고 난 후에 중간의 집에서 사회복귀를 돕는 치료활동을 병행하여 일반인으로의 복귀를 돕게 된다.

2) 중간의 집

중간의 집은 약물 사용을 끊으려는 의지가 있는 클라이언트들을 대상으로 하여 약물 중독치료에 전문적인 지식을 갖추고 있는 사회복지사, 전문상담가들이 치료와 재활을 담당하는 사회 정상복귀를 돕는 시설이라고 정의할 수 있다.

9 장애인복지시설

장애인복지시설은 장애인을 대상으로 하여 장애 발생 예방 및 장애인의 의료, 훈련, 보호, 교육, 고용증진, 자립, 재활 등 장애인 자립 및 보호, 생활의 안정에 기여하기 위한 공적이며 사적인 차원의 활동을 의미하며 '장애인의 완전한 지역사회의 참여를 통한 사회통합'을 목적으로 하고 인권 등이 전제가 되어야 한다. 장애인복지시설은 다음과 같은 시설이 있다.

1) 장애인생활시설

장애인생활시설은 재활에 필요한 상담 · 치료 · 훈련 등의 서비스를 통해 사회복귀를 준비하거나 장애로 인하여 장기간 요양하는 장애인을 대상으로 하는 시설이라고 할 수 있다.

2) 장애인지역사회 재활시설

장애인지역사회 재활시설은 장애인에게 사회복귀를 돕기 위하여 전문적 상담, 치료, 훈련 등을 제공하고 여가활동 및 사회참여활동 등에 필요한 편의를 제공하는 시설로 일종의 사회화를 돕는 시설이라고 할 수 있다.

3) 장애인직업재활시설

장애인직업재활시설은 일반고용이 어려운 장애인이 특별히 준비된 작업환경에서 특수한 직업훈련을 받고, 직업생활을 영위할 수 있도록 하는 시설로 다양한 작업훈련을 제공한다.

4) 장애인 유료복지시설

장애인 유료복지시설은 장애인이 필요한 치료, 훈련 등 필요한 편의와 서비스를 제공받고 이에 소요되는 비용을 시설 운영자에게 납부하여 운영하도록 하는 시설이다. 현대사회에서는 장애인의 자기결정권에 따라 탈 시설화의 패러다임에 근거하여 지역사회에서의 자립을 도모함으로써 사회통합을 구현해 나가고 있는 추세이다.

10 가족복지

가족복지사업은 가족복지정책 업무의 주관을 통해 다양한 형태의 가족에 따른 가족지원사업을 펼치고 있으며 건강가정지원센터를 통하여 다양한 여성과[4] 가족을 대상으로 한 맞춤형 서비스를 지원하고 아이 돌보미 지원사업, 다문화가족 지원사업, 한부모가족 지원사업 등을 가족을 위해 다양하게 지원하고 있다. 또한 기업에서도 가족친화 정책에 부응하는 다양한 시도들이 반영되고 있다.

---

4) 여성복지사업으로 여성복지는 특수한 욕구를 가진 여성에 대한 사업을 중심으로 운영되며 성매매피해자보호사업, 가정폭력피해여성보호사업, 가정폭력 · 성폭력방지 및 피해자보호사업, 각종 특수 상담사업, 일본군위안부 피해자 지원사업, 여성장애인 역량강화사업 등이 이에 해당한다. 이는 지역사회에 거주하는 여성들의 능력개발, 기술과 기능개발을 통한 자립 등 지역 내의 여성들을 대상으로 복지증진과 건전한 육성을 목표로 하는 시설로 사회복지실천현장으로 볼 수 있다.

11 교정복지

교정복지는 범죄자나 비행 청소년의 재활과 사회복귀를 원조하는 사업으로 지역사회에서 발생하는 범죄와 비행을 예방하고 문제해결을 위한 전문적 사회복지이다. 주로 교도소, 구치소, 보호관찰소 등의 교정기관에서 이루어졌으나 최근 교정복지의 트렌드는 서비스 대상자를 소비자로 보고 교정 복지에서 제공되는 서비스가 단순 교화가 아닌 특수한 클라이언트의 욕구에 부합하는 서비스의 일환으로 파악되어 제공된다.

12 사회복지실천으로서의 읍 · 면 · 동 허브

그동안 찾아가는 사회복지서비스는 서울 송파구의 세 모녀 사건 등을 통하여 공론화된 바 있었다. 이에 읍 · 면 · 동 허브는 새로운 지역복지전달체계로, '읍 · 면 · 동 복지전달체계의 최일선인 동 주민센터를 중심으로 사회복지전달체계의 개편방안으로 부상하고 있다. 이것은 전달체계의 일선인 읍 · 면 · 동을 지역사회의 민간사회복지기관 및 네트워크화하여 복지 수요자를 상호 연결하는 인적인 연결망인 허브로 구축하도록 하여 원스톱 통합서비스를 제공하며 국민의 복지 체감도를 높이고자 하는 것이다. 이것은 읍 · 면 · 동 주민센터의 업무체계 개편에 대한 활용에 관하여 많은 논의가 있어온 바를 토대로 주민센터가 단순히 서류를 떼거나 문화활동을 하는 공간을 넘어서 복지전달체계의 중요한 역할을 하는 소통의 장으로 거듭나게 하겠다는 것을 목적으로 하고 있다.

이에 따라 읍 · 면 · 동 복지허브화를 위하여 그에 대한 인력 충원이 이루어지고 있으며, 이에 읍 · 면 · 동 주민센터에 '맞춤형 복지전담팀'을 개설하여 해당 팀당, 민간 전문인력 3명과 팀장급의 복지공무원을 1명 이상을 추가로 배치하라는 것과 기존의 통리장을 사회복지사의 자격증을 소지하도록 권장하여 준 사례관리자로 활용하도록 하는 임용목표제를 제안하고 있다.

이러한 계획은 2017년까지 복지인력을 6,000명가량 증원하도록 하여 민간순환파견 근무를 통해 지역사회의 밀착형 사회복지서비스 제공 모델을 마련하고자 하고 있다. 이러한 사업은 2014년 7월부터 2015년 12월까지 15개 읍 · 면 · 동을 통하여 시범사업을 거쳐 현재 지역별로 확대해나가고 있다. '찾아가는 동 주민센터'사업은 그동안의 지역사회의 읍 · 면 · 동의 기능을 강화하여 각종 사례관리를 강화하겠다는 측면에서 실시되고 있고 지방에서도 이와 흡사한 형식으로 사회복지정책이 지역사회를 중심으로 부상하고 있는 추세이다.

또한 찾아가는 동 주민센터 사업은 사회복지정책의 접근성을 높이고 마을 공동체를 통하여 지속 가능한 복지 생태체계를 구현해가고 있다. 이러한 사업을 통하여 거주 지역 내에 존재할 수 있는 복지사각지대에 있는 취약계층을 정책적으로 지원하고 직접 발굴 및 방문하여 지역사회의 가족복지수요를 파악한다는 것은 중요한 시사점을 가진다.

이것은 지역사회가 주도적으로 복지 플래너의 위상을 가지고 지역사회 복지정책서비스를 구성하고 실천하는 것으로 지역주민과 소통하고 기존의 마을이 가지고 있는 자원을 최대로 활용하여 정부의 지원은 전적인 지원이기보다 지역사회를 통한 마중물 역할을 하도록 하며 지역사회의 자원연계로 보다 풍성하고 의미 깊은 사회복지의 정책이 되도록 하는 것에 의미가 깊다. 이러한 정책적 서비스는 지역사회의 많은 자원들이 연계망을 가지고 네트워크화되어 같이 소통하고 동참하는 시너지 효과를 발휘하게 된다.

그 뿐 아니라 지역사회에 사회복지실천상담 전문관을 배치하는 것은 방문하는 민원인이 이러한 상담서비스를 보다 쉽게 받을 수 있도록 하여 민원인의 복지욕구를 수렴할 수 있도록 하는 것이며 그에 대한 연계성을 높이는 방안이 된다. 이것은 지역마다 독특성을 반영하는 사례관리의 최근 트렌드라고 할 수 있으며 지역사회의 자원을 활용하여 최적의 해결방법과 수혜 누락방지 및 지원대상의 확대라는 다양한 이점이 있다.

또한 이러한 읍 · 면 · 동 허브의 정책은 주민이 리더가 되어 주체가 될 수 있으므로 주민 리더의 발굴에도 용이하며 주민의 관계망 형성을 통하여 마을의 자생력과 역량을 극대화할 수 있다. 따라서 인력을 효과적으로 활용할 수 있으며 마을만의 계획이나 관리에 주민 참여도를 높이는 등의 시너지 효과가 있다. 이러한 복지전달체계의 활성화를 통하여 기존의 희망복지지원단과 민간복지기관 등은 관과 민이 협업을 이루도록 하여 각 사례의 유형별로 배치되는 업무는 중복성을 피하고 자원 효율화를 도모하는 데 보다 효과적인 정책이다. 희망복지지원단은 따라서 현재 자체 임무의 수행과 함께 협업하여 읍 · 면 · 동 주민센터 지원업무를 함께 수행하고 있다. 이를 위한 인원의 충원은 2018년까지 복지 및 방문간호사 인력 2,450명가량이 충원될 예정이며 읍 · 면 · 동 허브사업에서는 전국적으로 6,000명의 증원이 계획 중에 있다. 한편, 복지플래너의 역할도 기존 복지전달체계에서 서비스 대상자별 맞춤형 서비스를 제공하고자 하는 트렌드로 바뀌어 나가고 있으며 지역사회 내의 생애주기의 변화나 기타 당면한 해결과제를 안고 있는 모든 주민을 대상으로 찾아가 필요 서비스를 제공하고 연계해주고자 하는 정책이다.

이와 같은 민관협력은 마을 공동체사업을 보다 효과적으로 하며 주민의 역량발휘와 기존의 통반장 활용 및 주민자치위원의 활동이 보다 활성화되는 데 도움이 된다. 이러한 사업은 찾아가는 동 주민센터 사업으로 최일선 단위인 읍 · 면 · 동 중심으로 사회복지전달서비스의 기능을 보다 민과 밀착된 체계를 실현하며 마을공동체 사업과 연계된 이러한 마을단위 커뮤니티 형성은 자치구별 운영의지 및 규모에 따라 다양한 역량발휘가 있을 것으로 예상되어 같은 정책 수행의 방법이라도 그 효과는 상이한 차이를 보일 것으로 전망된다. 민관협력을 통한 지역단위의 원스톱 통합적 서비스 제공 체계의 확보는 밀착된 맞춤형 서비스 제공과 지역주민의 다양한 복지수요에 민관 협력의 능동적 대처로 통합사례관리, 자원관리, 지역보호체계 구성 · 운영, 읍 · 면 · 동 복지 업무를 통해 통합사례관리와 자원관리를 확인할 수 있다(손지현, 2015).

이와 같은 정책은 기존의 사회복지서비스의 비연속성과 비접근성의 문제를 경감시키고 해당 지역에 대한 이해, 자원 발굴 역량 등에 따라 다양한 효과가 예상되고 있다. 이에 대하여 민소영(2015)은 사회복지공무원이 확충되었음에도 불구하고 그동안 전문적 개입이 요구되는 대상자에 대한 전문적 대응능력이 부족하다는 것을 한계로 지적한 바 있었다. 즉, 자원관리는 지역사회자원 현황에 대한 총괄관리가 자원조사 및 자원개발을 통하여 이루어지며 이러한 것은 복지자원통합 DB 운영을 통하여 지역 자원을 효과적으로 관리하고 지속적인 자원현황 업데이트로 정보 공유와 수요 욕구자와의 긴밀한 연계를 원활하게 하는 효과가 있다.

이를 위하여 지역사회보장협의체가 활용될 수 있으며 지역사회보장협의회는 지역복지를 강화하기 위한 방안으로 사회복지서비스 제공에서 지방정부와 민간, 그리고 민간과 민간 간의 공동 협력을 위해 조직된 기구로(김범수, 2010), 우선적으로 주민센터의 기능과 조직의 인력 개편을 통하여 업무효율화 등을 재정비한다는 것에 의의가 있으므로 이에 대한 보다 탄력적이고 유연한 대응이 요구된다.

이에 대하여 김수영과 김이배(2014)의 연구에 따르면 사회복지통합관리망 이용에 있어 관료제의 분업의 원리가 철저히 적용된 방식으로 이루어지고 있으며 개별 일선관료가 실질적으로 접근할 수 있는 정보는 철저하게 자신이 맡은 업무에만 한정되어 상담이나 장애인복지 등 특정 업무의 경우에 읍 · 면 · 동 소속 공무원이 전담하는 기능으로 시 · 군 · 구청 소속 공무원에게 접근권한이 없어 해당 업무에 대해 파악이 되지 않는 등, 같은 기관 내 뿐 아니라 시 · 군 · 구청과 읍 · 면 · 동 사이의 분업이 철저하게 반영되는 것은 본인 업무가 아니면 조회나 대행할 수 없도록 되어 있었다고 하였다. 또한 그동안 복지대상자의 개인 정보보호의 일환이었으나 복지대상자 개인이 가지는 복합적인 욕구의 비연계의 불합리한 점이 있었으며 이를 위한 대안의 실천이다.

따라서 담당공무원의 사례관리에 대한 전문성을 제고해야 하며 효율적인 조직의 활용이 필요하다. 이를 위해서는 지속적인 팀별 슈퍼비전이 실시되어야 하며 교육과 지역 간의 소통과 성공사례에 대한 정보교환도 경우에 따라 필요할 것이다. 한편, 현재 구역제 전담사례관리는 주무관의 역량에 따라 서비스 제공의 질이 다를 수 있으므로 이에 대한 자질 및 전문성, 인성 등의 점검도 필요할 뿐 아니라 학제 간 협업에 있어서의 세부적인 점검도 필요하다.

참고문헌

강민주, 전경숙(1995). "아동의 사회적 지지와 자기능력 지각에 관현 연구". **아동학회지, 16**(1), 197-210.

강영배(2009). "사회적 배제의 관점에서 본 청소년문제 및 정책에 관한 고찰". **청소년복지연구, 11**(4), 101-127.

강진상, 김중원(1991). **가족치료**. 하나출판.

강진호, 유형근, 손현동(2009). 마음 챙김 명상을 활용한 고등학생의 심리저 안녕감 증진 프로그램 개발. **중등교육연구, 57**(1), 213-243.

강진호, 유형근, 손현동(2009). 마음 챙김 명상을 활용한 고등학생의 심리적 안녕감 증진 프로그램.

강해자, 이길자(2001). "청소년이 지각한 부모와의 의사소통과 가족기능, 정신건강과의 관계". **스트레스연구, 9**(2), 61-60.

강혜정, 임은미(2012). "대학생용 다문화태도 척도의 한국판 타당화 연구". **아시아교육연구, 13**(4), 35-57.

고경은(2001). 빈공아동이 지각한 가족기능과 학교 적응과의 관계. 가톨릭대학교 대학원 석사학위논문.

고재홍, 조기영(2003). 청소년의 긍정적 착각과 심리적 안녕감 간의 관계. **청소년상담연구, 11**(1), 166-181.

고정자(1999). **결혼과 가족**. 형설.

곽윤영, 정문자(2010). 부모의 양육태도 및 대학생의 경제적 자립도가 대학생의 심리적 안녕감 및 자기효능감에 미치는 영향. **한국청소년연구, 21**(3), 121-141.

곽한영(2006). "법교육이 청소년의 법의식에 미치는 영향에 관한 연구: 여자비행청소년을 중심으로". 서울대학교 대학원 박사학위논문.

교육학사전편찬위원회(1995). **교육학사전**. 대한교육연합회.

구인회, 박현선, 정익중, 김광혁(2009). "빈곤과 아동발달의 관계에 대한 종단 분석". **한국사회복지학, 61**(1), 57-79.

권순용(2006). 청소년의 학교적응 관련변인의 인과적 구조분석. **중등교육연구, 54**(3), 329-349.

김경순(2006). "대학생의 심리적 안녕감 증진을 위한 프로그램 개발과 적용". 경성대학교 대학원 박사학위논문.

김경신(1993). "가족학의 이론적 관점과 적용". **대한가정학회지, 31**(1), 137-151.

김경아(2002). "청소년의 예절수행 세대전이 및 가정생활 건강성". 숙명여자대학교 대학원 박사학위논문.

김기형(2006). 고등학생과 대학생의 가족관계, 교우관계, 학교적응도와 심리적 안녕감과의 관계. 부산대학교 교육대학원 석사학위논문.

김두헌(1969). **한국가족제도연구**. 서울대출판부.

김명소, 김혜원, 차경호(2001). 심리적 안녕감의 구성개념분석: 한국 성인 남녀 대상으로. **한국심리학회지; 여성, 15**(2), 19-39.

김명희(2009). Bennett의 다문화 교육과정 모형에 근거한 다문화 교육 프로그램이 다문화인식과 자아존중감에 미치는 영향. 경인교육대학교 대학원 석사학위논문.

김선미(2000). "다문화 교육의 개념과 사회과 적용에 따른 문제". **사회과교육, 4**, 63-81.

김순규(2006). "빈곤청소년의 학교적응유연성 발달경로 -보호요인의 부가, 매개, 조절효과 모형을 중심으로". 전북대학교 대학원 박사학위논문.

김승권 외 5인(2000). **한국가족의 변화와 대응방안**. 한국보건사회연구원.

김양희(1993). **한국 가족의 갈등연구**. 중앙대출판부.

김여옥, 한민자(1996). "가족캠프", 한국청소년개발원 편(1996). 청소년 수련거리 시연 강습회. 한국청소년개발원.

김영모(1999). **한국사회의 이해**. 한복연출판부.

김영모(2001). **현대사회학**. 고헌출판부.

김영화, 이진숙, 이옥희(2002). **성인지적 가족복지론**. 양서원.

김영훈(2008). "청소년의 여가활동참여가 학교생활만족에 미치는 영향연구". 안양대학교 대학원 박사학위논문.

김유숙 저(2000). **가족상담**. 학지사.

김유숙 저(2002). **가족치료-이론과 실제.** 학지사.

김은경(2010). "다문화가정 모-자녀의 긍정심리성향 증진을 위한 긍정심리 프로그램 개발". 명지대학교 대학원 박사학위논문.

김정옥(1999). **결혼과 가족**. 학지사.

김주수, 이희배. **가족관계학**. 학연사.

김준호, 노성호(1991). "청소년비행의 발전단계에 대한 고찰". **형사정책연구, 2**(3).

김준호 외(2002). 가족구조, 기능과 청소년 비행. **한국청소년연구, 13.**

김준호 외 6인(2009). **청소년 비행론**. 서울청목출판사.

김진철, 장봉석(2010). "초등 예비 교사의 다문화 태도와 다문화 효능감에 대한 연구". **시민교육연구, 42**(3), 39-60.

김창대(2007). "왜 행복인가?: 불행의 심리학에서 행복의 심리학으로". **한국상담심리학회 대외심포지엄 논문집.** 한국상담심리학회, pp. 16-31.

김현미, 방희정, 소유경, 옥정, 김은경(2006). 한국남녀 대학생 집단에서 자아해석이 심리적 안녕감에 미치는 영향. **한국심리학회지, 11**(4), 437-458.

김현숙, 최송식, 김희재(2011). "국민정체성과 다문화태도의 관계-한, 중, 일 대학생을 중심으로". **국제지역연구, 15**(2), 141-168.

김현주(2010). 부모-자녀 의사소통 및 기본 심리적 욕구 척도개발을 통한 청소년 심리적 안녕감 설명변인연구. 충남대학교 대학원 박사학위논문.

김형태(1996). "가정과 청소년 문제", 한국청소년개발원 편. **청소년 문제론.** 한국청소년개발원, pp. 329-354.

김혜원, 김명소(2000). 우리나라 기혼여성들의 심리적 안녕감의 구조분석 및 주관적 안녕감과의 관계분석. **한국심리학회지, 5**(1), 27-41.

김혜원, 홍미애(2007). 우리나라 청소년들의 삶의 질 정도와 설명요인 분석. **청소년학연구, 14**(2), 269-297.

김혜원, 임동훈(2004). 남녀 고등학생들의 하위유형별 비행발생의 관련성 파악: 폭력비행과의 관계를 중심으로. **한국청소년연구, 15.**

김희재, 김현숙(2012). "한국과 일본 대학생의 국민정체성과 다문화태도". **동북아 문화연구, 33,** 83-104.

남세진, 조흥식(1995). **한국사회복지론.** 나남.

남희경(2002). 가족관계, 자아강도 및 대인관계의 부정적 정서간의 관계. 가톨릭대학교 대학원 석사학위논문.

류정희, 이명자(2007). 청소년의 심리적, 사회적 안녕감: 그 구조 및 주관적 안녕감과의 관계. **한국심리학회지 학교, 4**(1), 55-77.

모경환, 황혜원(2007). 사회과 교사의 다문화교육에 대한 인식과 교사교육의 과제. **한국교원 교육연구, 24**(2), 199-219.

민경미, 송현종(2004). 고등학생의 지각된 사회적 지지와 정서 표현성이 심리적 안녕감에 미치는 영향. **인문사회과학연구, 1**, 35-51.

박선미, 성민선(2011). 교사의 다문화교육 경험이 다문화적 인식에 미친 영향: 인천시 다문화교육 지정학교 교사를 대상으로. **한국사회과 교육연구학회, 50**(3), 1-15.

박성길, 리성종, 양종국, 김경모(1999). 특수인성검사. **법무부,** (1), 167-190.

박승희(2005). **한국사회복지정책론.** 성균관대학교출판부.

박태영(2001). **가족치료 이론의 적용과 실천**. 학지사.

박현선, 이상균(2008). "청소년기 비행친구의 영향에 대한 보호요인의 조절효과". **사회복지연구, 37.**

서현아, 천희영, 위수정(2011). "한국과 미국 예비 유아교사의 다문화 관련 경험에 따른 다문화 이해 및 다문화교육 관련 특성에 대한 연구". **한국보육지원학회지, 7**(4), 69-94.

석말숙(1989). 문제행동청소년 가족과 일반가족간의 가족 역동 비교 연구. 이화여자대학교 대학원 석사학위논문.

선곡유화, 박순덕, 이영선(2013). 한국 대학생의 다문화 인식 및 태도에 관한 연구 동향. **한국 다문화와 평화학회**, 173-203.

송성자(1996). 청소년의 심리·정서적 욕구와 단기가족치료의 접근. **연세사회복지연구, 3**, 77-102.

송성자(1997). **가족관계와 가족치료**. 홍익재.

송성자(1999). **가족과 가족치료**. 법문사.

송성자, 정문자(1994). **경험적 가족치료**. 중앙적성 출판.

송정아, 최규련(1997). **가족치료 이론과 기법**. 하우출판.

송진영(2009). 중년 취업남성의 다중역할 몰입과 심리적 안녕감 간의 관계. **한국사회복지조사연구, 22,** 59-81.

신경숙(2009). 예비유아교사의 학과적응, 진로결정도 및 종교활동과 심리적 안녕감과의 관계. **교사교육연구, 48**(2), 78-98.

신정인, 강영걸, 김영호(2010). 대학생의 대상관계가 분리개별화, 자기효능감, 심리적 안녕감에 미치는 영향. **청소년학연구, 17**(10), 189-212.

신주연, 이윤아, 이기학(2005). 삶의 의미와 정서조절 양식이 청소년의 심리적 안녕에 미치는 영향. **한국심리학회지, 17**(4), 1035-1057.

신현정, 박진성(2010). 유아교사의 심리적 안녕감에 영향을 주는 관련 변인 탐색연구, 14(2), 147-170.

안명자(2006). 알코올 중독치료 및 재활 서비스 개선 방안. 명지대학교 대학원 사회복지대학원.

안윤일(2000). 아동이 지각한 가족관계, 대인관계 해결력과 사회적 선호도와의 관계. 가톨릭대학교 대학원 석사학위논문.

안향림(1974). 가족치료를 통한 가족 역동에 관한 연구. 이화여자대학교 대학원 석사학위논문.

양계민, 조혜영(2010). 청소년 방과 후 아카데미 프로그램에 대한 효과성 인식이 참여청소년의 심리사회적응 및 학업성취요인에 미치는 영향. **청소년복지연구, 12**(1), 61-92.

양계민, 정현희(1999). "학교폭력이 청소년의 심리적 적응에 미치는 영향: 가해자, 피해자, 일반학생의 비교를 중심으로". **한국심리학회지 사회문제, 5**(2), 91-104.

양정남, 최은정, 문란영, 박건영, 박순희(2011). "자기효능감, 사회복지 옹호태도가 사회복지전공대학생의 다문화 수용성에 미치는 영향". **한국사회복지교육, 16**, 24-47.

어은주(1996). "한국도시가정의 건강성 및 관련변인고찰". 경희대학교 대학원 박사학위논문.

오무근(2009). 알코올 중독자 가족의 스트레스와 대처방식이 가족부담감에 미치는 영향에 관한 연구. 한남대학교 행정복지대학원.

옥선자, 정민자(1994). **결혼과 가족**. 하우.

우채영, 박아청, 정현희(2010). "성별 및 학교 급별에 따른 청소년의 인간관계, 스트레스, 우울과 자살생각 간의 구조적 관계". **한국교육심리학회, 24**(1), 19-38.

유성경(2007). "행복의 재발견: 역경 속에서 피어나는 행복의 꽃". **한국상담심리학회 대외심포지엄 논문집**. 한국상담심리학회, pp. 51-58.

유영주(1989). 한국가족의 기능연구.

유영주 외 2인(2000). **가족관계학**. 교문사.

유주연, 박경(2010). 자기애와 심리적 안녕감 간의 관계에서 감사성향의 매개효과. **청소년학연구, 17**(4), 1-23.

윤계순(2000). 해결중심 단기모델을 적용한 학교부적응 청소년 집단 프로그램 연구. 가톨릭대학교 대학원 석사학위논문.

이광규(1997). **한국의 가족과 종족**. 민음사.

이광규(1981). **한국의 가족구조분석**. 일지사.

이길자(2007). "청소년들의 가족개념에 대한 질적 연구－중학생을 중심으로－". 중앙대학교 대학원 석사학위논문.

이동귀(2007). "변화와 강점 중심 상담". **한국상담심리학회 대외심포지엄 논문집.** 한국상담심리학회, pp. 147-148.

이명자, 신현숙, 염시창(2009). 대학생의 자원과 심리적 안녕감과의 관계. **청소년학연구, 16**(9), 53-79.

이문국 외(2001). **사회복지 대백과사전.** 나눔의 집.

이미숙(1996). "사회적 지원의 심리적 효과: 주 효과와 완충효과의 검증을 위하 이론적 모델과 방법론". **한국사회학, 30.**

이미화, 조증열(2003). 청소년의 인기도와 심리적 안녕감에 관련된 행동특성. **경남대학교인문과학연구소, 17,** 25-38.

이민아(2010). 이민 전후의 연결망이 결혼이민자여성의 심리적 안녕감에 미치는 영향. **보건사회과학, 27,** 31-61.

이부영(2002). **자기와 자기실현: 하나의 경지, 하나가 되는 길(분석심리학의 탐구)**. 한길사.

이성훈(2010). "긍정심리치료에 근거한 집단상담이 청소년의 자아 탄력성, 학교생활적응력 및 심리적 안녕감에 미치는 효과" 경성대학교 대학원 석사학위논문.

이연수(1999). "충동성과 가족 응집력이 청소년들의 가출의도 및 가출행동에 미치는 영향". 가톨릭대학교 대학원 석사학위논문.

이유리(2009). "청소년의 부모-자녀 의사소통, 정서지능, 부모화 경험이 심리적 안녕감에 미치는 영향". 명지대학교 대학원 석사학위논문.

이은우(2005). "대학생의 정서지능, 자기효능감, 심리적 안녕감이 대학생활 적응에 미치는 영향". 계명대학교 대학원 석사학위논문.

이인재(2006). **저소득층 가정 청소년 탈빈곤 정책에 관한 연구: 한국사회의 신빈곤**. 한국도시연구소 엮음. 한울 아카데미.

이장호, 금명자(2006). **상담연습 교본 2판**. 법문사.

이정덕 외 4인(1998). **결혼과 가족의 이해**. 학지사.

이정민, 이유리(2010). 청소년의 부모-자녀의사소통, 정서지능 및 부모화경험이 심리적 안녕감에 미치는 영향. **한국가정간리학회지, 28**(3), 13-26.

이종신, 문혁준(2010). 장애아 어머니의 역할행동 연구. **유아교육연구, 30**(3), 5-24.

이진희, 김욱(2008). 노인교육 참여가 노인의 심리적 안녕감에 미치는 영향. **한국노년학, 28**(4), 887-905.

이채호, 고태순(2008). 보육교사의 직무만족도와 심리적 안녕감과의 관계. **아동교육, 17**(3), 173-185.

이춘재, 성현란, 송길연, 윤혜경, 김혜리, 박혜원, 곽금주, 장유경, 박선미, 황상민, 이은희, 이도헌, 조정호, 김선아 역(1998). **발달정신**병리학 −영아기부터 청소**년기까지−**. Charles Wenar 저, *Developmental Psychopathology: from infancy throuth adolescence.* 중앙적성출판사.

이현주, 이미나, 최인수(2008). 한국 청소년 안녕감 척도(K-WBSA)의 타당화 및 삶의 질 분석. **교육심리연구, 22**(1), 301-315.

이혜진(2009). 초등학생의 다문화 인식에 영향을 미치는 변인 연구. 경인교육대학교 대학원 석사학위논문.

이화여대 사회사업학과 편(1995). **가족치료총론**. 동인출판.

이효재(1978). **가족과 사회**. 진명출판사.

이훈구(1997). **행복의 심리학: 주관적 안녕**. 법문사.

이희경, 이동귀. **인간연구, 13.**

이희경(2007). "긍정심리학적 상담: 치료요인과 개입 기법". **한국상담심리학회 대외심포지엄 논문.** 한국상담심리학회, pp. 145-146.

장은선, 김광웅, 조유진(2007). 청소년의 스트레스와 비합리적 신념 및 자살생각의 관계. **청소년학연구, 14**(5), 27-47.

장임숙, 이원일(2012). "대학생의 다문화인식과 이주인권 정책에 대한 태도". **지방정부연구, 15**(4), 177-199.

전해숙(2010). 초고령 노인의 스트레스와 대처방안이 심리적 안녕감에 미치는 영향. **노인복지연구,** 51-69.

정민, 노안영(2008). 대학생의 외향성 및 신경증적 경향성과 심리적 안녕감 간의 관계. **한국심리학회지, 27**(2), 373-387.

정경옥(2010). "청소년의 학교 관련 문제행동과 부모의 경험에 대한 질적 연구". 명지대학교 대학원 석사학위논문.

정대영, 최정아(2010). 장애아동 부모와 일반아동 부모의 심리적 안녕감 비교. **한국정서 · 행동장애연구, 26**(3), 319-343.

정원식, 박성수, 김창대(2002). **카운슬링의 원리**. 교육과학사.

정은희(2002). "현실요법 집단상담이 빈곤 청소년의 학교 적응 유연성에 미치는 영향". 대구대학교 대학원 석사학위논문.

정주향(1993). 경계선성격 비행청소년에 대한 가족치료 사례 연구: 대상관계이론을 중심으로, 대구대학교 대학원 석사학위논문.

정혜정, 이형실 편역(1997). **가족치료-체계론적 통합.** 하우출판.

정혜정(2000). "청소년비행 예방 대책에 관한 연구". 경희대학교 대학원 석사학위논문.

조긍호(2006). **이상적 인간형론의 동 · 서 비교**. 지식산업사.

조명한, 차경호(1998). **삶의 질에 대한 국가 간 비교**. 집문당.

조윤정, 김경신(2000). "남자청소년의 문제행동과 개인 및 가족 력 변인". **한국가족관계학회지, 5.**

조정문, 장상희(2001). **가족사회학**. 아카넷.

조휘일 외(1999). **사회복지실천론.** 학지사.

조흥식 외(2001). **가족복지학.** 학지사.

조흥식 외(2002). **가족복지학.** 학지사.

조흥식 외 4인(2003). **가족복지학**. 학지사.

주애란(2006). "중학생의 인터넷게임중독 예방을 위한 임파워먼트 교육프로그램의 효과". 전남대학교 대학원 박사학위논문.

주현숙, 방희정(2006). 청소년의 관계적-상호의존적 자아해석과 대인관계 스트레스, 스트레스 대처 방식이 심리적 안녕감에 미치는 영향. **한국심리학회 논문집,** 284-285.

진옥화(2005). 알코올 중독 치료에 관한 연구-가족의 관점 중심으로. 상명대 정치경영대학원.

질병관리본부(2009). **2008청소년건강행태온라인조사 통계**. 질병관리본부.

차경호(1995). "한국, 일본 및 미국 대학생들의 삶의 질의 비교". 한국심리학회 편. **삶의 질의 심리학**, pp. 113-144. 한국심리학회.

차경호(2004). 한국과 미국 대학생의 주관적 안녕감과 심리적 안녕감과의 관계. **청소년학연구, 11**(3), 321-337.

청소년폭력예방재단(2007). 2007 학교폭력 실태조사 보고서. 청소년폭력예방재단.

최경석 외. **한국 가족복지의 이해**. 인간과복지.

최경일(2009). "학교사회복지사와 교사의 협력에 영향을 미치는 요인에 관한 현상학적 연구". **청소년복지연구, 11**(2), 103-126.

최선경(2001). 소년소녀가장세대 청소년의 사회적 지지와 일상적 스트레스에 관한 연구. 서울여자대학교 대학원 석사학위 청구논문.

최선화외 4인(1999). **사회문제와 사회복지**. 양서원.

최성학(2012). "일반청소년과 비행청소년이 지각한 가족의 의사소통비교연구". 백석대학교 상담대학원 석사학위논문.

최연실(2003). **가족학이론: 관점과 쟁점**. 하우출판사.

최일섭, 최성재(2000). **사회문제와 사회복지.** 나남.

최재석(1982). **한국가족연구**. 일지사.

최재훈(2012). 기업의 사회적 책임(CSR)에 대한 종업원의 인식이 조직유효성에 미치는 영향에 관한 연구: 개인주의-집합주의 성향의 조절효과를 중심으로. 아주대학교 대학원 석사학위논문.

최충옥(1996). "가정과 청소년 문제", 한국청소년개발원 편. **청소년 문제론**. 한국청소년개발원, pp. 16-29.

최현정, 우민정(2012). "예비유아교사의 다문화 태도 및 다문화 효능감에 관한 연구". **유아교육학논집, 16**(5), 315-338.

케슬린 M. 캘빈(1995). **가족관계와 의사소통**. 하우.

페이스 R. 엘리엣 저, 안병철. 서동철 역(1995). **가족사회학**. 을유문화사.

표갑수(1986). **청소년비행원인 이론**. 한국복지연구소.

한국가족학회(1994). 현대가족과 사회. 교육과학사.

한국청소년상담원(2000). 청소년문제 유형분류체계 개발연구 VII. 한국청소년상담원.

한국청소년연구원(1992). **청소년 심리학**. 한국청소년연구원.

한남제(1994). **현대한국가족연구**. 일지사.

함성철(2003). 경호원 직무스트레스가 조직 유효성에 미치는 영향. 경기대학교 대학원 박사학위논문.

함인희(1995). **가족과 한국사회**. 경문사.

허승연(2009). "청소년의 행복에 영향을 미치는 생태체계 변인". 숙명여자대학교 대학원 박사학위논문.
홍봉선, 남미애(2010). **청소년복지론**. 공동체.

Adams, D. M, Overholster J. C., & Spirito, A.(1994). Stressful life events associated with adolescent suicide attempts. *Canadian Journal of Psychology, 39,* 43-48.

Adelmann, P. K.(1994). Multiple Role and Psychological Well-being in a National Sample of Older Adults. *Journal of Gerontology: Social Sciences, 49*(6), 227-285.

Ahrens, C. J., and Ryff, C. D.(2006). *Multiple Roles and Well-being: Sociodemographic and Psychological Moderators.* Springer Science Business Media, Inc.

Ahrens, C. J., and Ryff, C. D.(2006). *Multiple Roles and Well-being: Sociodemographic and Psychological Moderators.* Springer Science Business Media, Inc.

Bandura, A.(1977). Self-efficacy: Toward a Unifying Theory of Behavioral Change. *Psychological Review, 84,* 191-215.

Bourm, R.(2000). Assessing Violence Risk among Youth. *Journal of Clinical Psychology, 56*(10), 1268-1288.

Butcher, D. A.(2000). The relationship among engagement in youth development programs, risk and protective factors, and problem behaviors: An exploratory study. Unpublished doctoral dissertation, Utah university.

Caplan, G.(1974). *Support Systems and Community Mental Health: Lectures on Concept Development.* New York: Behavioral Publications.

Chung, I. J.,(2004), "A conceptual framework for understanding the relationship between poverty and antisocial behavior: Focusing on psycho social mediating mechanisms". *Journal of Primary Prevention, 24,* 355-380.

Creswell, J. W.(2007). *Qualitative Inquiry and Research Design: Choosing Among Five Approaches.* Sage Publications, Inc.

Csikszentmihalyi, M. 저(1997), 이희재 역(1999). **몰입의 즐거움**. 서울: 해냄.

Curry, L. A., Snyder, C. R., Cook, D. L., Ruby, B. C. & Rehm M.(1997). "Role of hope in academic and sport achievement". *Journal of Personality.*

Diener, E., Suh ,E. M., Smith, H., & Shao, L.(1995). National differences in subjective well-being: Why do the occur? *Social Indicators Research, 34*, 7-32.

Drucker, P. F.(1973). Management: Task-Responsibilities Practices. New York: Harper & Row.

Engemann K. M. & Owyang. M. T.(2005). "So Much for that Merit Raise : The Link between Wages and Appearance". *The Regional Economist, 13*(2), 10-11.

Etzioni, A.(1964). *Modern Organizations. Englewood Cliffs.* New Jersey : Prentice-Hall, Inc. : 8.

Farrington, D. P.(2003). Developmental and Life-course Criminology Key Theoretical and Empirical

Issues The 2002 Sutherland Award Address. *Criminology, 41*(2), 221-255.

Fredricson, B. L.(2001). The role of positive emotions in positive psychology: The broaden-and-build theory of positive emotions. *American Psychology, 56*, 218-226.

Gable, S. L., & Haidt, J.(2005). What(and Why) is positive psychology? *Review of General Psychology, 9,* 103-110.

Gottfredson, M. R. and T. Hirschi(1990). *A general Theory of Crime, Stanford.* Calif, Stanford University Press.

Hamermesh, D. S. & Biddle, J. E.(1994). *Beauty and the labor market American Economic Review, 84,* 1174-1194.

Hirschi, T.(1969). *Causes of Delinquency*. Berkeley; Univ. of California Press.

Hoghughi, M.(1992). *Assessing Child and Adolescent Disorders-A Practice Manual*. London: Sage Publications.

Irene Levin & Jan Trost(1992). Understanding the Concept of Family. *Family Relation, 41*(3), 348-351.

Jahoda, M.(1959). *Current concepts of positive mental health*. New York: Basic Books.

Katz, D. & Khan, R. L.(1966). *The Social Psychology of Organizations*. New York : Wiley.

Kazdin, A. E.(1987). Parent management training evidence, outcomes and issues. *Journal of American Academy of Child and Adolescent Psychiatry, 36,* 1349-1356.

Kleiman, J.(1981). Optimal and normal family functioning. *The American Journal of Family Therapy, 19,* 37-44.

Klein, K., Forehand, R., Armastead, L., & Long, P.(1997). Delinquency during the transitionto early adulthood: Family and parenting predictors from early adolescence. *Adolescence, 32*(125), 61-80.

Korea Youth Counselling & welfare Institute(2000). Youth Problem Type Divided System Development Studies VII. Korea Youth Counselling Institute.

Likert, R.(1967). *The human organization: Its management and value.* New York : McGraw-Hill.

Lopez, S. J., & Snyder, C. R.(2003). 이희경 · 이영호 · 조성호 · 남종호 공역(2008). **긍정심리평가: 모델과 측정**.

Lyubomirsky, S. 저(2007), 오혜경 역(2008). 행복도 연습이 필요하다. 서울: 지식노마드. *American Psychologist, 3*, 216-217.

Matsueda, R. L.(1992). Reflected appraisals, parental labeling, and delinquency: specifying a symbolic interaction theory. *American Journal of Sociology, 97,* 1577-1611.

McDowell, I., & Newell, C.(1990). Measuring Health. A Guide to Rating Scales and Questionnaires. Oxford.

Mistry of Health & Welfare(2010). Ministry of Health and Welfare Year Book.

Munroe, A. and Perarson, C.(2005). The multicultural attitude scale questionnaire : A new instrument for multicultural studies. *Education and Psychological Measurement, 66*(5), 819-834.

Nestmann and Hurrelmann(1994). Child and Adolescent Research as a Challenge and Opportunity for Social Support Theory, Measurement, and Intervention: And Vice Versa. In Nestmann & Hurrelmann(eds.). Social Networks and Social Support in Childhood and Adolescent. New York: de Gruyter.

Nolten, Patrick, W.(1994). Conceptualization and Measurement of Social Support: The Development of the Student Social Support Scale. Doctoral Dissertation. University of Wisconsin-Madison.

Park, N.(2004). The Role of Subjective Well-being in Positive Youth Development.

Peterson, C. & Bossio, L.M.(1991). *Health and optimism*. New York: Free Press

Peterson, C. & Seligman, M. E.(2004). *Character strengths and virtues: A handbook and classification*. Washington, DC: American Psychological Association.

Peterson, C. 저(2006), 문용린, 김인자 공역(2010). **긍정심리학 드라이머**. 물푸레.

Ponterotto, J. G., Baluch, S., Greig, T., & Rivera, L.(1998). Development and initial schore validation of the teacher multicultural attitude survey. *Educational and Psychological Measurement, 58*(6), 1002-1016.

Randall, T. D.(1995). Assessing Family Strengths Using the Family Profile: Study for Validate and Evaluate Constructs Across Four Models of Family Functioning. Utah State University. M. S.

Roberts, L. M.(2005). Changing Faces, Professional image construction in diverse organizational settings. *Academy of Management Review, 30*(4), 685-711.

Rosenthal, B. S.(1995). The Influence of Social Support on School Completion among Hiaitians. *Social Work in Education, 17*(1), 30-39.

Ryff, C. D. & Keyes, C. L. M.(1995). The structure of psychological well-being revised. *Journal of Personality and Social Psychology, 69*, 719-727.

Ryff, C. D. & Singer, B.(1996). Psychological well-being: Meaning, measurement, and implications for psychotherapy research. *Psychotherapy and Psychosomatics, 65*, 14-23.

Ryff, C. D. & Singer, B.(1998). The contours of positive human health. *Psychological Inquiry, 9*(1), 1-28.

Ryff, C. D.(1989). Happiness is everything, or is it? Explanations on the meaning of psychological well-being. *Journal of Personality and Social Psychology, 57*(6), 1069-1081.

Saleebey, D.(2006). Introcution:Power in the people. In D. Saleeby(Ed.). *The strengths perspective in social work practice*, 1-24. Boston: Allyn & Bacon.

Salovey, P., Rothman, A. J., Detweiler, J. B., & Steward, W. T.(2000). Emotional states and health, Aet al., 2000). *American Psychologist, 55*, 110-121.

Scheier, M. F. & Carver, C. S.(1992). "Effects of optimism on psychological and physical well-being: Theoretical overview and empirical update". *Cognitive Therapy and Research, 16*, 201-228.

Seligman, M. 저(2004), 김인자 역(2006). **긍정심리학: 진정한 행복 만들기**. 물푸레.

Seligman, M. 저(2009), 우문식, 윤상운 역(2011). **플로리쉬**. 물푸레.

Seligman, M. E. & Csikszentmihalyi, M.(2000). "positive psychology: An introduction". *American Psychologist, 55,* 5-14.

Seligman, M. E.(2002). "positive psychology, positive prevention, and positive therapy", In C. R. Snyder & S. J. Lopez(eds.), Handbook of positive psychology(pp. 3-9). New York: Oxford University Press.

Seligman, M.E., Park, N. & Peterson, C.(2005). "positive psychology progress: Empirical validation of interventions". *American Psychologist, 60*, 410-421.

Sheehan, G.(1979). "In Stress, Mental Health, and Religion". *The Physician and Sports Medicine, 7*, 149.

Sheldon, K. M & L. King.(2001). Why positive psychology is necessary?

Smith(2009). *Exploring family theory.* Oxford.

Snyder, C. R., & Lopez, S. J. 편저(2002), 이희경 역(2008). **긍정심리학 핸드북**. 학지사.

Sokol-Katz, J., Dunham, R., & Zimmerman, R.(1997). Family structure versus parental attachment in controlling adolescent deviant behavior: A social control model. *Adolescence, 32*(125), 199-215.

Sprinthall, N. A., & Collins, W. A.(1995). *Adolescent Psychology: A developmental view*(third ed.). New York: McGraw-Hill, Inc.

Steve, R. B., & Marie K. C.(2009). *Positive Psychology*. 안신호, 이진환, 신현정, 홍창희, 정영숙, 이재식, 서수균, 김비아(역). 시그마프레스

Strauss, A., & Corbin, J.(1998). Basics of qualitative research: technique and procedures for developing ground.

Thoits, P. A.(1986). Social Support as Coping Assistance. *Journal of Consulting and Clinical Psychology. 54*.

Toprak, Cetin, Can and Demircan(2010). Suicidal Ideation and Suicide Attemps among College Students. Psychiatry Research.

Traub, Stuart H., & Craig B. Little(1975). *Theories of Deviance. Itasca.* Illinois: F. E. Peacock Publisher, Inc.

Triplett, R. A. and G. R. Jarjoura(1994). Theoretical and Empirical Specification of a Model of Informal Labeling. *Journal of Quantitative Criminology, 10*(3), 241-276.

Yoshikawa H.(1999). Welfare Dynamics, Support Service, Mothers' Earning, and Child Cognitive Development. *Child Development, 70*(3), 779-801.

Zohar, D. & Marshall, I.(2000). *SQ-Spiritual Intelligence: The Ultimate Intelligence*. London: Bloomsbury.

건전한 음주 캠페인 미니홈피 http://www.cyworld.com/nomoredrink

국회도서관 전자 도서관 https://u-lib.nanet.go.kr/dl/SearchIndex.php

보건복지부 http://www.mw.go.kr
여성가족부
한국보건사회연구원 http://www.kihasa.re.kr
한국음주문화연구센터 http://www.karf.or.kr
www.mogef.go.kr, Ministry of Gender Equality & Family(2008). Chung So Nyun Baek Su.
www.mogef.go.kr, Ministry of Gender Equality & Family(2011). Chung So Nyun Baek Su. Publish Register Number 11-1383000-000102-10.

저 / 자 / 소 / 개

■ 곽미정

상명대학교에서 2013년 행정학 박사학위를 취득한 이후, 경기대학교에서 2015년 사회복지학 박사학위를 취득하였다. 그 밖에 단국대학교 행정학 학사, 한양대학교 사회학 석사, 성신여자대학교에서 사회복지학 석사학위를 취득하였다. 사회복지개발원의 수석연구원으로 활동하였으며, 현재 김포대학교 보건복지과 교수로 재직 중이다. 주요 관심 분야는 사회복지실천, 행정 및 정책 분야이다. 주요 저서로는 『노인복지론』(2016)과 주요 논문으로는 "청소년 임파워먼트 프로그램의 효과성 분석"(2014) 외 다수가 있다.

■ 박상진

성균관대학교에서 1999년 경영학 박사학위를 취득한 이후, 제4기 고성군 지역사회보장계획수립 책임연구원으로 활동하였으며, 현재 경동대학교 사회복지학과 교수로 재직 중이다. 주요 관심 분야는 사회적 기업 활성화방안 연구, 지역사회 생산적 복지 개발 분야이다. 주요 저서로는 『지역사회복지론』(2013)과 주요 논문으로는 "대학생의 음주동기가 문제음주에 미치는 영향"(2016) 외 다수가 있다.

■ 손경화

연세대학교 문학사를 졸업하고, 2010년 경희대학교에서 박사학위를 취득한 이후 청암대학교 사회복지과 교수로 재직 중이다. 전라남도 다문화가족지원센터장을 역임하였으며, 현재 광양시가족센터장으로 가족복지정책 전문가로 활약하면서 전라남도 공무원을 대상으로 다문화교육 강사로 활동 중이다. 주요 저서로는 『사회복지조사론(2021)』, 『장애인복지론(2017)』, 『특수아동지도와 상담(2016)』 외 다수가 있다.

■ 오현숙

대구대학교에서 철학박사(사회복지학을 전공)를 취득하고 현재 호산대학교에서 휴먼복지학부장으로 재직 중이다. 주요 관심 분야는 노인복지, 평생교육복지, 청소년상담복지이며, 저서로는 『가족관계』, 『사회복지법제론』, 『정신건강론』 외 다수가 있다.

■ 윤동화

동신대학교에서 2013년 행정학박사을 취득한 후 조선대학교 사회복지학박사를 취득하였다. 그밖에 광주대학교에서 유아교육학석사, 전남대학교 행정학석사, 호남대학교 사회복지학석사을 취득하였다. 현재 고구려대학교 사회사업복지과 교수로 재직 중이며, 주요 저서로는 『보육학개론』, 『보육과정』, 『도형심리상담』 외 다수가 있다.

■ 전대성

전대성은 서울대학교 대학원 도시 및 지역계획 석사, 명지대학교에서 사회복지학석사를 취득하고 단국대학교에서 행정학박사를 취득하였다. 현재 경북전문대학교 사회복지과 교수로 재직 중이며, 관심 분야로는 정신건강, 사회복지실천, 인간행동과 사회환경, 노인복지 분야이며, 주요 저서로는 『가족과 문화』, 『사회복지개론』, 『사회복지실천론』, 『정신건강론』 외 다수가 있다.

■ 정명희

정명희는 평택대학교에서 사회복지학박사를 취득하고, 현재 중원대학교 사회복지학과 교수로 재직 중이다. 주요 관심 분야는 다문화사회복지 및 사회복지실천의 사례관리 등이며 주요 활동으로는 안양시비산종합사회복지관장, 한국다문화총연합회(KMC)사무총장, 한국사회공헌학회장, 한국가족복지학회 이사, 한국케어매니지먼트학회 이사를 역임하였고, 저서로는 『사회복지와 문화다양성』, 『가족상담 및 가족치료』, 『지역사회복지론』, 『정신건강론』 외 다수가 있다.

[개정판]

건강가정론

1판 1쇄 발행 — 2019년 2월 28일
2판 1쇄 발행 — 2023년 8월 25일

저　　자 - 곽미정 박상진 손경희 오현숙 윤동화 전대성 정명희

발 행 인 - 강철원
발 행 처 - 양성원
주　　소 - 경기도 파주시 검산로 173번길 29-12
전　　화 - 031-946-3861(代)
팩　　스 - 031-946-3864
이 메 일 - tnwpub@naver.com
홈페이지 - tnwpub.co.kr
출판등록 - 2015년 8월 31일 저 2015-000211 호

ISBN 979-11-6126-529-2

정가 20,000원

※ 저자와 협의하여 인지는 생략합니다.
※ 저작권법 제136조(벌칙)에 따라 위반자는 5년 이하의 징역 또는
5천만 원 이하의 벌금에 처하거나 이를 병과할 수 있습니다.